U0157855

从废园到燕园

唐克扬 著

广西师范大学出版社
GUANGXI NORMAL UNIVERSITY PRESS
·桂林·

图书在版编目（CIP）数据

从废园到燕园 / 唐克扬著. —桂林：广西师范大学出版社，
2021.1
ISBN 978-7-5598-2891-0

Ⅰ．①从… Ⅱ．①唐… Ⅲ．①北京大学－教育建筑－
建筑史 Ⅳ．①TU244.3-092

中国版本图书馆 CIP 数据核字（2020）第 094233 号

广西师范大学出版社出版发行

（广西桂林市五里店路 9 号　邮政编码：541004）
网址：http://www.bbtpress.com

出版人：黄轩庄
全国新华书店经销
深圳市精彩印联合印务有限公司印刷
（深圳市光明新区白花洞第一工业区精雅科技园　邮政编码：518108）
开本：880 mm × 1 240 mm　1/32
印张：14.5　　字数：348 千字
2021 年 1 月第 1 版　　2021 年 1 月第 1 次印刷
定价：92.00 元

如发现印装质量问题，影响阅读，请与出版社发行部门联系调换。

目 录

引 子

1920年这一年的秋季，在不复是清帝国首善之区的故都北京 ①，来往于西山和西直门之间的人们没准会看到这样不寻常的一幕：有一位身材颀长、高鼻深目的外国人，他不乘黄包车，也不像他那些颐指气使的同伴坐着汽车，一路绝尘而去。

——他骑着一辆脚踏车，那时这玩意儿对京郊的农民们来说也还算是稀罕物。因为时而左顾右盼，他骑得不算太快，在荒野里时不时地，他干脆就下了车，推着车沿着沟沟坎坎的土路徒步而行。这个神秘的外国人在虎皮墙圈起的私人地产周遭走动，像是以他的步伐丈量着什么，又像是个刺探情报的奸细。

人们不禁会想，这个外国人想干什么，他又是谁？

在中国现代史上这个外国人非同小可，若是介绍说，这位新任燕京大学校长的美国人名唤 John Leighton Stuart，可能没几个人知道他是何方神圣，可是他的中文名字却是尽人皆知的——他就是司徒雷登，美国教会在华传教史上最出名的传教士，那个出生于杭州、会说一口流利中文的"中国通"，1919年到1945年间的燕京大学校长，1946年起出任美国派驻中国国民政府大使，因了毛泽东《别了，司徒雷登》一文而进了我们中学课本的那个美国人。（图1）

---

① 1911年辛亥革命后北京数易其名，在本书中，为了叙述的一致和方便，将统称之为"北京"。

图 1　出任燕京大学校长时期的司徒雷登

在今天，人们已经无从想象20世纪早期中国人对"教会"和"传教士"的观感。可实际上，那与中国传统城市肌理无涉的教堂，是东西方文明冲突在中国近代史上留下的最触目的痕迹——这痕迹不仅是烙印也是伤疤，在那个年代，外国教会就是"帝国主义"的代名词，传教士就是"帝国主义代言人"，以庚子之变揭开帷幕的中国20世纪，对这群高深莫测的外来者一直怀有疑惧之心，既畏且憎的疑惧之心——对在过去六十年内数次见扰于列强炮舰的北京市民而言，这种疑惧之心使得洋人们的一举一动都会让他们产生本能的猜忌。

然而，这个叫作司徒雷登的洋人并不是在施行某种魔法，相反，他正站在一生重要成就的起点。在那一刻，他正带着轻松而激动的心情憧憬着：一所大学，一个无论对美国还是中国而言都崭新的教育机构，即将在这片已经太古老的土地上拔地而起。而这一瞬间或许是他一生中最值得回味的时刻——时光向后四十载，在美国华盛顿特区附近的家中，垂暮的司徒雷登近乎失去了他所缔造的一切，但回忆起1920年的这一幕时，他依然沉醉于其中：

> 我看了一下，它位于通向颐和园的大路上，离那里五英里远……这里朝着著名的西山，山坡上建有中国辉煌历史上一些美轮美奂的寺庙和宫殿。[1]

即使在近百年后的今天，也很难说，今天的人们是否能够对司徒雷登所目击的这一幕"感同身受"，理解这种创造历史的感觉——在这本书里，创造历史不是隐喻层面上的沧海桑田，而是实实在在的物理变迁。如果有一个了解这一地区的历史变化的老人，他既见过司徒雷登所拜访过的，尚处于前现代社会的北京西郊的大片荒地、沼泽和农田，也见到了今天西四环路限速八十公里每小时的车道上流淌的车流，既曾推窗，在毫无遮蔽的视野中看见西山晴雪，也曾在拥塞的楼居里目击了今天海淀平地而起的高层住宅，他一定会更深刻地体会到"陵谷变迁"这个词的含义。一个身处历史峰峦的转折点的人，通常会有更多的机会回顾过去和预见将来，认识到它们足够深刻的差异。

然而，很少有这样足够长寿的人。

---

[1] ［美］司徒雷登著，陈丽颖译：《在华五十年：从传教士到大使——司徒雷登回忆录》，东方出版中心，2012年，35页。

所以，想象代替了回忆，宏大的叙事遮蔽了更可感的细节。当历史被缩写为一个个传奇性瞬间的跃进时，它变成了一幅幅扁平的褪色的图像，带上了那些年代的特定记录手段的痕迹，也因此和我们今天的生活拉开了距离。例如，这样的一幅旧日燕京大学校园的风景（图2），大约是一张三英寸①黑白照片的放大，它柔和的深褐、浅绿调子多半是手工上色的结果——在1935年伊士曼柯达公司发明的彩色胶片正式投入商业使用之前，即使是再好的晴天也是没有颜色的。

对于我们这一代人来说，无论是"生于70年代"还是"生于80年代"，单单是我们自己的生活经验已经不能建立起近似于司徒雷登眼中的图景了。甚至我们的父辈们也不能，因为今天的中国人大多已经没有对于传统生活的感受，没有和祖父叔伯、兄弟姊娌一大家子人挤在同一个庭院里，烧火起灶、洗涮晾晒的经验了，因此，他们也不能强烈地感受到建筑历史中"改变"的意义。

要知道，1920年的绝大多数北京市民都还住在没有现代的供暖和炊事设备，没有自来水供应和下水管道的四合院里，而相当一部分穷人没有严格意义上的"住宅"可以栖身。②在这种情形下，那在北京西郊的农田和一片荒野之间拔地而起的燕京大学不啻海市蜃楼，那水泥砌就的画栋雕梁看上去类同于中国传统建筑，按传统建筑的尺度标准来看却高大得近乎荒诞，那采光明亮、隔音良好的房间，那一拉就亮的电灯，冬日依然温暖如春的室内，简直给人一种类似于神话式的体验。

---

① 1英寸等于2.54厘米。

② 1919年，北京市仅有不到10%的家庭把自来水作为日常之用，而居民用电户数直到1929年也只有10%左右。据史明正著，王业龙、周卫红译《走向近代化的北京城》，北京大学出版社，1995年，209、245页。

图 2 盛期的燕大校园，由今未名湖东南角水塔上往西北方向观望，图中右下方可见湖心岛岛亭，背景中可见玉泉山玉峰塔和颐和园万寿山

然而，司徒雷登对燕京大学的校址的"发现"并不是一个神话。这牵涉两个问题：

燕京大学是一所什么样的学校，它和中国近现代历史的纠葛源于何处？

以及，司徒雷登又是一个什么样的人，他是如何从熙熙攘攘的北京内城，一路寻觅到海淀的这所废园的？

第一章

废园

第 一 节

西山道上

从盔甲厂到海淀

从明朝初年北京在现有城址上建成以来，北京"城"已经有了几张截然不同的面孔（图1），和这种形态差别联系在一起的不仅仅是物理建设，最重要的，还是不同历史条件下的社会生活方式。在扩展出二环线以前，北京看上去还不是一块似乎会漫无边际扩展下去的大饼。多少年来，在外来者觊觎的眼光里，它都是黑乎乎的城门洞子里密致模糊的一团——大致说来，一直到民国初年，北京城市的发展还非常局限于那一圈城墙，为城墙铁桶般围定的那座城池里面，人口拥塞，而它的外面却是稀稀落落、发展缓慢的农业聚落，只有西北面得天独厚，坐落着诸多的皇家园林和离宫、庙宇。

1900年庚子之乱以后，由于政治军事上的惨败，一方面，清政府捂紧的国门从此不大情愿地向洋人洞开，在相对平稳的政治局面下，在北京的西方人拥有了最大权限的旅行自由，这座古老的城市变得前所未有地"开放"；另一方面，一部分西方人对炮舰政策的反省，带来了更温和的价值观念的"侵略"，这其中积极的方面，突

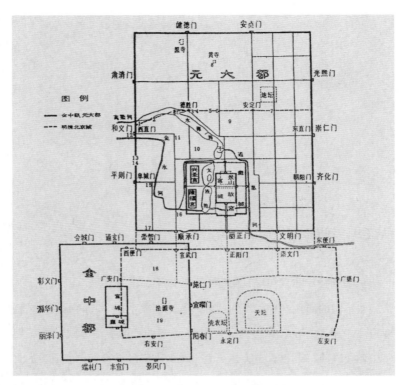

图1　金中都、元大都和明清北京城的地理方位关系

来源：北京市规划委员会、北京城市规划学会主编《长安街——过去·现在·未来》。

出地表现于他们对于北京近代市政建设的贡献：20世纪初以来，西方人在华事业的痕迹不再仅仅是教堂、领事馆和兵营，也是医院、工厂和学校。

　　1911年民国建立后的北京，就像是一个尘封已久而突然打开的盒子，在阳光的直射下，它那些陈年的贮藏迅速变质，有的就此土崩瓦解，有的则发生了某种化学反应，吸引了这般那样的虫蝇蜂蝶。（图2、图3）

图2　燕大宣传手册中描绘的东便门

来源：哈佛大学图书馆。

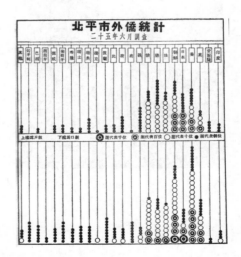

图3　辛亥革命后至抗日战争全面爆发的25年之间，北京城的外侨数目最终达到创纪录
　　　的数字

来源：哈佛大学图书馆。

一些西方人发出了这样的感叹："北京已经变得太新了！"①

1911年后的数年，就是在这样的历史情境里面，振兴在华北的美国基督教②教会教育的提议瞄准了北京，中国文化的心脏。通州协和大学（长老会和公理会合办，1889年创建）、北京汇文大学（卫理公会1888年创建）的重组和清华大学主要校舍的兴建引人注目地排在1919年建筑大事的首位，而它们都和一个为美国教会雇用的美国建筑师的名字联系在一起，他就是本书的主人公之一：茂飞（Henry K. Murphy）③。（图4）

图4　建筑师茂飞

① "Concrete and Ideas Retain the Old Beauty of Orient and Add Strength of West," *The Far East Review,* May 1926. pp. 238-240.

② "基督教"既可以用来指代所有相信耶稣基督为救主的教会，也可以特别地指代与天主教、东正教并列的新教，本文中的"基督教"是一种泛指。

③ 茂飞，又译"墨菲"，鉴于他来华从业时公开使用的中文名为"茂飞"，他与丹纳合开的事务所也名"茂旦洋行"，除部分引文外，本书中涉及他的地方均称"茂飞"。引文部分的人名翻译遵照原文。

对北京的传教士而言，起先的传教工作重心并不在交通和设施便利的北京，他们的眼光更多地投向北京所辐射的华北，势力所及之处，甚至到达山西、河北的偏僻农村。而在义和团运动中吃了大亏的传教士们也并非单纯的慈善家，他们改造中国人宗教信念的一个重要途径，是利用那时中国人对新学的普遍向往，兴办教育，招纳信众。最初教育的对象主要有两种，一种是穷苦而无法接受正规教育的年轻人，一种是已经加入教会的教徒的子女。

起初，由于美国教会系统的庞大芜杂，这项工作并没有得到美国国内的强有力支援。长期以来，在对华的基督教事业上，传教士们缺乏共识，也没有统一的远景规划。[1] 义和团运动中，通州协和大学和北京汇文大学两校均被焚毁，终于使人事纷扰不断的两校合并提上议程。[2] 到了民国建立后的第七个年头，即1918年，北京的美国教会高层达成初步协议，在城内成立一所新的大学，名字就拟作 Peking University。

这所新大学的名字的中文翻译是"北京大学"，和当时的国立北京大学（National Peking University）很容易混淆，显然不是个办法，势必得重新起一个。这看上去不是一个多大的事儿，却使得1919年由南京来北京商谈新校事宜的司徒雷登大吃了一惊：

---

① 按照史景迁（Jonathan D. Spence）的意见，美国人直到庚子之变之后才逐渐取代法国人，表现出对中国的东方主义的特殊兴趣。"The French Exotic"and "An American Exotic?"in Jonathan D. Spence, *The Chan's Great Continent: China in Western Minds*, W. W. Norton & Company, 1998.

② 后来陆续又有几所学校加入，例如协和女子学院，建立于1915年的华北教育联盟（North China Educational Union），以及协和医预。

我于1919年1月31日到达北京……我立刻开始意识到这两个学校之间的分歧比我原来想象的要严重得多。汇文书院毕业生代表团告诉我，不管这个合并后的新学校英文名叫什么，除非中文名字还叫"汇文"，不然他们就拒绝把它看成母校。①

　　我提议他们任命一个有中国人和外国人的委员会，以中立的态度，就现在未解决的问题做一个无条件的决定……②

　　就在司徒雷登返回南京，满以为万事大吉了的时候，燕京大学的董事们却急电让他再去一次北京。在那里，他看到的依然是陷在协调无望的人事纠纷里的校名风波。"亲爱的刘海澜博士起身，老泪纵横地说道，他已经受够了委员会的争吵"——终于，所有的人都意识到，"双方都要对原来坚持的东西做出牺牲，只为整个学校的大局着想"。③

　　就在这样的遭际下，由诚静怡提议的"燕京大学"这个名字诞生了，在"开诚布公，重新做起"的承诺下孕育着新的转变因子。特聘的校名委员会请到了包括胡适和蔡元培在内的五人团，在1919年，按照他们共同做出的决议，"燕京大学"的校名正式生效，这便是今天北京大学校园的名称"燕园"的渊源。④

---

① 〔美〕司徒雷登著，陈丽颖译：《在华五十年：从传教士到大使——司徒雷登回忆录》，32页。
② 〔美〕司徒雷登著，陈丽颖译：《在华五十年：从传教士到大使——司徒雷登回忆录》，33页。
③ 〔美〕司徒雷登著，陈丽颖译：《在华五十年：从传教士到大使——司徒雷登回忆录》，33—34页。
④ 不用"协和"或"汇文"，而用诚静怡提出的和各校校名都无关的"燕京"，也是各方利益妥协的结果。

貌似简单的命名问题却使得合并的计划一度搁浅，这多少反映了一个问题，那就是在华教会的旧式体制尚不能跟上民国初年为之一新的局面，而他们局促的物理状况和他们保守的思维方式也不无关系。合并之后，燕京大学分为互不相扰的男部和女部（图5），两部分别位于北京城内东南角的盔甲厂和佟府夹道，大学早期招收的学生大部分居住在这里，一直到1926年在海淀的新校址基本落成。

　　在那时候，西式学堂，尤其是"大学"，在中国还是个新鲜事物，没有人知道该为它准备什么样的物理载体，中国人不知道，美国人也未必清楚。刚刚进入北京城的美国教会，面对这一问题，多半是租赁或购买私人房产，因地就势改建以合乎自己的需要，谈不上什么系统规划。

图5　北京城内时期的燕京大学女校

1919年的秋天，司徒雷登接手的燕京大学是这样的景象："那里有五间课室。一间可容一百学生的饭厅，有时用这间大屋子开会，也有时用来讲道。还有三排宿舍，一间厨房，一间浴室，一间图书室，一间教员办公室。另有网球场和篮球场。此外刚弄到手一座两层的厂房，原是德国人建的，可以改做课堂和实验室。"[1]最终男校虽分为八院（一度有九院），其实也只有做办公室、礼堂、食堂和教室的一、二、四院有点规模，其余各院都是充作学生宿舍的简陋旧式平房，院内每屋两人到四人不等，它们分布在附近的胡同内，因为附近有一个很大的旧式厕所，卫生条件是可以想象的差。[2]（图6、图7、图8）

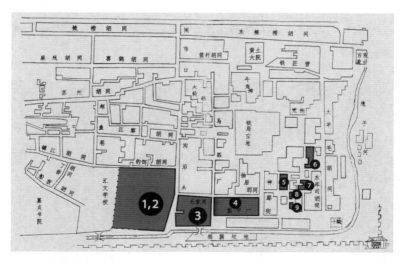

图6 燕大盔甲厂校址各院分布略图。图中数字序号为作者所加
来源：张玮英、王百强、钱辛波主编《燕京大学史稿》。

① 韩迪厚：《司徒雷登略传》，李素等《学府纪闻·私立燕京大学》，南京出版有限公司，1982年，105页。
② 吴其玉：《北京燕京大学的回忆》，燕大文史资料编委会《燕大文史资料》第二辑，北京大学出版社，1991年，10页。

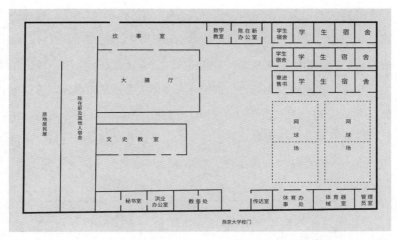

图7 燕大盔甲厂四院分布略图（据陈允敦老校友回忆草图）。作者根据《燕京大学史稿》
附录重绘

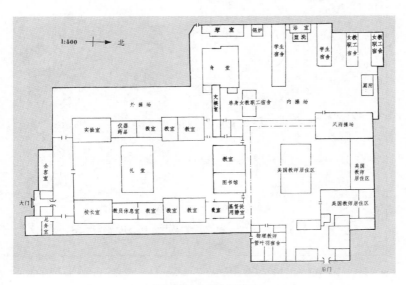

图8 燕大女校分布略图

来源：张玮英、王百强、钱辛波主编《燕京大学史稿》。

这样的"大学"的空间结构耐人寻味，它是一个封闭的、自成一统的小天地，和中国传统书院的物理形态（图9）相去不远。1916年，在全国广泛招生的国立北京大学已经有一千五百零三名学生，1920年便实现了男女同校，而迁校之前的燕大学生大多还来自各地基督徒家庭，男女分校，只有女生偶尔到男校上课。1919年，当著名的红楼已经落成三年时，燕大的年轻人还像在一个宗教机构里面修行；不像国立北京大学的学生大多走读，学生中已经结婚生子的也不在少数。

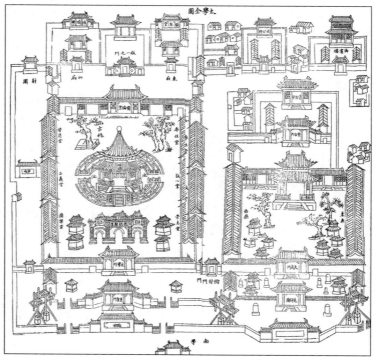

图9　前现代社会中国传统教育机构的物理形态之一：顺天府大学（国子监）

来源：《光绪顺天府志》。

燕大的学生很多是十八九岁的青春少年，生活、学习在一起。（图10）
他们的"大学"生活，从教务处到实验室，从食堂到浴室，紧密地安
排在局促的数十间平房里：

> ……大礼堂也是古式的建筑，屋子很高，地是洋灰的，
> 冬天靠几个煤炉取暖，烟筒通出墙外……新建的两层楼宿
> 舍，有热水管取暖，三人同住一室……原来的旧楼房，楼
> 上楼下各有三间卧室，两人共住一房。中间有个煤炉，烟
> 筒通后墙，工人经常来添煤，拿走煤碴（渣）及炉灰，烟灰
> 飞扬。①

图10　盔甲厂时代燕京大学学生的课堂讨论
来源：哈佛大学图书馆。

---

① 钟文惠：《回忆七十二年前的燕京大学》，燕大文史资料编委会编《燕大文史资料》
第九辑，北京大学出版社，1995年，13页。

……六院的门很窄，只有一扇像小户人家的门一样。旁边是副校长鲁思的住宅，他这住宅的门却是双扇朱红大门，大家的模样……走进六院的门往左转，是一条窄长的巷，到尽头处是前院，有一排房间，再往里走到后院，也有一排房间。每间房住两个人，摆了两张木板床，一张书桌，两人对面坐着共用，书桌上吊着一盏电灯，书桌旁的墙凹了进去做书架，放了……课本字典等。顶篷（棚）是纸糊的，前后窗和门的上半截都有格子，也是用纸糊上。冬天在两床中间，生了一个小火炉，烟囱从前窗或后窗通出去。[①]

　　对于来自千里以外的南方学生们，北京严酷的冬天令人生畏。早晨起来到盥洗间洗脸，水是冰冷的，没有热水；晚上虽然生了火炉，还是很冷，尤其刮风的时候，风从门缝窗隙吹进来，使得房里的暖气形同虚设，在房里预备功课、作文、写报告，常常要披上厚的衣服，穿上棉鞋，否则手脚便要冻僵了。

　　……有一天深冬的晚上，狂风怒吼，门窗和纸糊的顶篷（棚）阁阁乱响，我和同房贾富文都睡了，一夜狂风不息，我用被蒙了头睡，不去管他。第二天清晨醒来，觉得仿佛睡在沙漠里，我心里怀疑难道我还在梦中，到了蒙古戈壁大沙漠吗？我立刻坐起来，一看满被满枕都是沙，原来晚上大风把后边小窗吹了下来，风沙从洞开的窗口吹进来，

---

① 　徐兆镛:《燕大的趣闻轶事》，李素等《学府纪闻·私立燕京大学》，233—234 页。

几乎将我埋葬了！ [①]

这个"修道院"倒并不是全无是处：煤炉里面可以烤白薯，炉上可以煮吃的东西；晚上读书，更深人静的时候，常常听见老北京"萝卜赛梨辣了换"的吆喝声，学生们就跑出门外，买了清甜爽脆的青萝卜回房里吃，据说，这种萝卜"在煤气昏暗的房里吃了可以爽神"。

人们或许难以想象，盔甲厂附近的泡子河，曾启发了像许地山、司徒乔这样的小说家、画家，使得他们的作品中多了几分诗情画意。盔甲厂时期燕京大学最著名的，也最富色彩的人物，莫过于冰心（谢婉莹），从福建来的她在后人的追忆中总是"满蕴着温柔，微带着忧愁，欲语又停留"的文艺女神，一派理想的东方女性形象。（图11）1922年于燕京大学毕业后，冰心随即到美国康奈尔大学和韦尔斯利女子学院（Wellesley College）留学，学成后回到燕京任教多年。这期间她以

图11　年轻时的冰心（谢婉莹）

[①]　徐兆镛:《燕大的趣闻轶事》，李素等《学府纪闻·私立燕京大学》，234页。

文名世，《寄小读者》不尽然是风花雪月之作，但她笔下那感喟于乱世的"求美的心灵"从另一角度道出了北京城内的燕大的境遇。

一方面，墙外是"令人呕吐的臭味和不堪入目的街景"，"大街上晴天布满灰尘，雨天遍地泥泞，而且到处是人畜粪便。露天的水沟散发出难闻的气味，地下阴沟里的臭水又浸漫到街上来"；[1] 另一方面，学府内的温馨社区和杂乱的周边又形成了鲜明的对比，尤其是"女儿国"的女校，"楼上楼下前面都有走廊和很美丽的栏杆"。"佟府夹道校内师生不多，教员和学生相当接近……（教授）住的院落多是很幽美，墙上爬着紫罗藤（紫藤萝），有的有圆门，各院都不同，好像置身在红楼梦的大观园内。"[2]

"大观园"！这是个清末的中国人不陌生的隐喻。事实上，位于灯市口大街的佟府夹道正是旧日的王府。佟府，就是佟国纲和佟国维兄弟的昔日府邸，一个是顺治朝的孝康章皇后之兄，安北将军，一个则是内阁大臣，康熙的孝懿仁皇后之父。再往前，佟府还曾是明朝奸臣严嵩之子严世藩的旧宅。这个破败的大观园虽给人"古色古香"之感，却不能完全满足一所现代大学的需求，栖身在几所四合院中的燕京大学勉强独善其身，却规模小而影响有限。

早在协和和汇文合并之初，所有托事部（Board of Trustees）的高层就都意识到，学校的逼仄将是暂时的，新的燕京大学急需一个

---

① 史明正著，王业龙、周卫红译：《走向近代化的北京城》，15 页。
② 钟文惠：《回忆七十二年前的燕京大学》，燕大文史资料编委会编《燕大文史资料》第九辑，13—14 页。

新的物理载体来支持它的发展。但是，除了财政上的实际困难，问题还在于长期没有一个恰当的人能总揽全局。包括亨利·W. 路思（Henry W. Luce）在内的大多数人，虽然在教会披荆斩棘的早期事业中积累了丰富的经验，却不知道如何制定一个更具开创性的工作方针。所有人都清楚，燕京大学校长的职位是一个烫手的山芋。没有来自美国的充分支持，没有可以参考的成功先例，没人知道这条路会不会通往成功。怪不得司徒雷登抱怨说："我接受的是一所不仅分文不名，而且似乎是没有人关心的学校。"

燕京大学最终选定了司徒雷登，从燕京大学在后来三十年间对中国的影响来看，司徒雷登是一个独一无二的选择。他在中国度过童年，又被送回美国接受宗教教育，说得一口流利汉语，是个熟悉两边情况的"中国通"。

很多人大概不知道，年轻的司徒雷登对于中国的传教事业并没有特别浓厚的兴趣，大学期间一度试图逃避回到中国去工作；但是，一旦做出了选择，他就干得远比一般人出色。司徒雷登隶属于南方长老会，新教加尔文派的一支，他深信"基本的宗教真理与传播教义所采的方式，可以协调"[①]。这一背景使得司徒雷登在思想老派、行事方式陈旧的一般传教士中与众不同。对于新教徒和天主教徒的不同，马克斯·韦伯说过这么一句话："就'丰食与安睡不可兼得'这个问题而言，新教徒可算较喜好丰食，天主教徒则偏好安睡。"而司徒雷登显然是一个喜好丰食者。[②]

---

① 史静寰：《狄考文和司徒雷登在华的教育活动》，转引自林立树《司徒雷登调解国共冲突之理念与实践》，稻香出版社，2000年，7页。
② 参见林立树《司徒雷登调解国共冲突之理念与实践》，8页。

1919年，在华北的美国教会大学于合并之后寻求一个"从头做起"的"新"校址，燕京大学聘任作风开明、眼光敏锐的"新"派人物司徒雷登为校长，北京西郊与以往教会学校截然不同的燕京大学"新"形象确立，这几件事看上去纯属历史机遇的巧合，但如果我们联想到这一年发生的重大历史事件，尤其是以五四运动为开端的"新"文化运动，就会发现一切并非偶然。

1919年，在去北京考察的路途上，司徒雷登在天津造访了时为私立南开大学校长的张伯苓，另一个"热诚的基督教徒"。司徒雷登向张伯苓提到了学生运动中蕴含的基督教教育的巨大前景，他希望他的朋友和他一样可以意识到"学生运动的令人惊愕的重要性……学生们出色地组织了抗议活动，保持克制、秩序和热情"。"在运动中其他处所的学生将注目于北京学生的领导作用。这给了我们基督教大学巨大的机遇，以服务于中国历史上空前的危机。"

"如果我们不能唤起（我们的学生）对错误和压迫的憎恶，以及英雄的爱国主义和服务精神，我们的传教教育事业将归于失败"[①]——这种振奋人心的远景无疑是推动新的燕京大学规划的一个重要动力。新校建设固然基于实际需要，而意识形态的原因也同样关键，对于一个位于古老中国的文化中心的、全新的美国教会教育机构来说，那种新型的"教会学校和政府学校之间友好的合作关系"，无疑会像司徒雷登所说的那样，是其"巨大的机遇"。

不过，从我们讨论的主题，一个实在的、有着时间和空间的上下

[①] 1919年6月16日司徒雷登写于南京。Stuart Correspondence, 1919/06/16, B353F5436. 上述编号表示引文见于耶鲁大学神学院图书馆所藏燕京大学档案，B代表盒子编号，F代表文件夹编号。以下不再一一注明。

文的新校址来看，还有许多的意外和偶然在等待着司徒雷登。

1911年辛亥革命的胜利，导致北京城市近代化的进程从此更为迅猛，却也给燕大新校址的建设带来了问题。那时，拥有七十六万人口的北京虽然远远小于其他世界大都市，如芝加哥（两百一十万）、纽约（四百七十万）、伦敦（六百万），但是，由于面积狭小，住房低矮，它的人口密度却相当于它们的数倍，面对如潮水般涌入北京的外省区移民，北京内城分明已经显得太过于狭小了，和美国本土那时一般的新建院校的规划要求不符；拥塞的内城太脏太乱，对于教会教育所强调的精神追求，以及宗教和学术的清净，一个具有"更健康的价值"的所在显得更有吸引力。

因为他们所从事的事业离不开文化中心的位置，传教士们并不情愿离开北京内城，义和团时期就已在北京的高厚德（Howard Spliman Galt）尤其不情愿，他极力反对将燕京大学校址设在城关或城厢，更不要说"远离人民生活的农村"[①]。但同时他们中间的大多数人也意识到"看上去不太可能在城内找到一块合适的地皮"。1919年11月，纽约托事部指示司徒雷登：

> 11月11日你们的报告显示你们正在寻找城内的地产，董事会明确地决议，我们必须保证燕京的新校址足够大以适应未来发展，他们意欲建设一个大的重要的学校，而不

[①] 高厚德曾经在1909至1912年间担任位于通州的华北协和大学的校长。廖泰初：《燕大建校初期的高厚德先生》，燕大文史资料编委会编《燕大文史资料》第一辑，北京大学出版社，1988年，75页。

能让一块小的地皮阻碍了这一目标的实现。[1]

　　这实际上也是许多美国大学，而不仅仅是教会大学面对的两难。大学往往在创建初始就需要购入大量土地，以利十年百年的长远发展。地处偏僻的大学往往在这方面显得从容自如，例如位于小城绮色佳（Ithaca，今译伊萨卡）的康奈尔大学，就是遵循这种模式建立起来的。但是，在整个20世纪，那种偏于一隅的"学术修道院"的形象越来越不利于吸引年轻学生，而位于都市的著名大学虽有着区位优势，却很容易在土地资源上捉襟见肘。

　　在20世纪初，美国已经有哈佛、耶鲁、普林斯顿、康奈尔这样发展历史逾百年的名校，教育家们积累有丰富的经验，可供同时在纽约和北京两地进行新校筹划的燕京大学参考。可是，这种中心地位和长远发展之间的两难局面是无从一劳永逸地解决的，学校往往需要通过持久、渐进的社会协商，而不是靠毕全功于一役的"圈地运动"来获得地皮。

　　燕京大学的情形更加复杂。在1919年的校名风波之后，看上去一切本来一帆风顺，燕京大学甚至曾经筹划在1919年年底落实校址，1920年就正式开工建设。为了抓紧时间，在寻找校址的同时，燕大也委托纽约建筑师茂飞在不考虑具体校址的情况下，提前设计校园建筑。[2]

　　燕大校方的乐观情绪并非毫无依据，民国建立以来，随着令人眼花缭乱的政治局势，城市土地的所有权发生了戏剧性的变更。虽

---

① North to Stuart, 1919/11/30, B353F5437.
② 后面将会提到，茂飞的第一个方案产生于1919年12月，值得注意的是，那时燕京大学并没有将海淀的校址作为首选。

然按照民国政府优待皇室条例，清朝皇家的一部分地产得以保全，但那些为数众多的山陵、宫殿、坛庙、馆阁、苑囿却难以都作为"私产"。面对这一大片突然冒出来的公共地产，一片混乱中的民国政府没有足够的精力和财力予以看管，据说1919年民国总统已经"七个月以上没有工资了"。为了解决紧迫的财政问题，政府大有可能抛出一部分土地换取现洋。而囊中羞涩的不仅是政府，还有一大群濒于破产的旧日贵族，他们并无切实的维生之道，为了维持旧日的体面生活，还得典当家产，以供日进之需。这样的"买方市场"显然对燕大校方有利。

无疑，在寻找新校址的早期，满怀信心的燕大仍希望找块近城的地方，对他们来说北京城的西北角或西边，即西直门城厢一带，是最理想的选择，其次是东边靠近北京外交人员聚居区的地段，再其次是城北靠近北京北轴线和风景优美的什刹海的、相对宽阔和洁净的城市周边，最后才是三教九流聚居的、拥塞着贫民窟和臭水沟的南城附近。[①]（图12）

但是，燕大校方把新校址的事情看得过于简单了。经过几次起伏之后，他们发现：在中国，这类事情远不像他们想象的那般简单。

---

① Stuart to North, 1920/03/31, B353F5339.

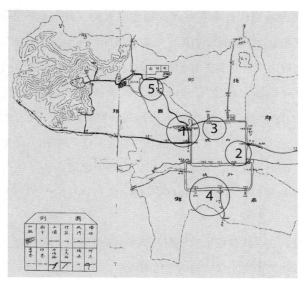

图12 燕大可能校址之间的次序关系。作者分析图

满洲人的地产

通过他们的中国同事以及其他社会关系，燕大先后找到了不下十处有望成为未来校址的土地，而可能出售、赞助或帮助购买土地的社会势力千奇百怪。比如1919年11月，司徒雷登在他的信中便提到，有一位对投资铁路有兴趣的中国人，"希望将他的计划与燕大的新校建设挂钩"，他已经在城南购买了两千八百亩[①]土地，并另外租了五千亩，想以此建设一个示范农场养牛、羊和猪。他找到燕大的原因是他

---

① 1亩约为666.67平方米。

想找些能以西方方式管理他的农场的管理员和"牲畜疾病专家"，以及一个有可能出任他的农业学校校长的人选。[①]

自然，这样的想法虽然有趣，却很难和燕大的远景规划契合。在寻觅校址期间先后浮现出来的三次真正的机遇，大多和先前的皇家地产有渊源，却两次因为突发的政治情势波动先后夭折。

1919年早期，燕大曾经看上一块位于北京城西的地产，大致在今天的月坛公园附近。我们无法确定，这块被燕大校方称为"月坛地产"的土地是否包括月坛内所有古建筑，但知道校址在月坛南，"（去西郊的）碎石路以西"，看上去那块地皮也包括一些零星的私人坟地。

对司徒雷登和他的同事们来说，这中间最首要的问题是所牵涉的复杂的法律手续。两个发展程度和文化截然不同的政治体系，让交涉变得困难重重。燕京大学并不是在做慈善事业，所以他们要以尽可能低的价格买进土地，并澄清所有的土地权益问题，燕大校方曾经一厢情愿地希望，政府能去代表他们说服附近的农民卖掉土地，燕大接受以较高的每亩价格成交，这样"总比让中间人取利要好"，也保证他们在道德法律上两不亏欠。然而，"政府可能还有些法律程序要完成"，燕大很快便发现民国政府的法律程序似乎没完没了。

经过几番交涉之后，司徒雷登略带焦虑地告诉路思："土地问题尚无进展……我估计政府可能不会给我们月坛，（虽然）这庙和我们心目中的校址迫近。"[②]

认为这块地皮唾手可得的想法显然过于天真——燕大认为，西直

---

① "Meeting of the Executive Committee of the Board of Managers of Peking University," B302F4690.

② Stuart to Luce (Henry W. Luce), 1919/10/26, B353F5436.

门附近的城墙有望被打开一个缺口，正对燕大将要购进的月坛地产。然而，当时的民国大总统徐世昌（图13）是一个风水迷，在西直门城墙上开口的想法实际没有指望——俗语说，"东城贵，西城富"，城墙的豁口会使得那里的财富白白流失。更糟的是当时的政治局势——由于日益高涨的民族主义风潮，整个安福系和亲日的内阁都摇摇欲坠，外国人的在华活动变得越发敏感和困难。被吓坏了的"小皇帝的爸爸"，也就是醇亲王载沣，清政府派出考察宪政的第一批官员之一，因此延迟了向燕大校方售出"一块位于猎场上的地产，包括农庄和花园"。更不要说，还有散布在地产之间的一些坟墓，对于燕大校方而言，它们是"最困难的因素"，因为它们牵动着对于祖先坟墓万分敬重，而又对"洋鬼子"的事业疑惧参半的中国人的神经。

图13　徐世昌

就在1919年和1920年交替的当儿，建筑师茂飞在燕大新校址尚没有着落的情况下来到了北京。他在北京待了两个星期，和燕大校方"非常仔细地制订了建筑方案"[1]。（图14）显然，这样一幅规划图是毫

---

① 　Stuart to Moss (Leslie B. moss), 1919/12/30, B353F5437.

图14　茂飞和丹纳所做的第一个校园设计。诸种迹象证明，它基于西城墙外的一块假
　　　想的基地，坐西向东

无现实依据的，它出现在一个没有头绪，也没有上下文的空间里，那座被严整的四合式建筑群落（quadrangle）所界定的校园可以放在世界上任何一个国家的郊外，却不是北京的城市近郊。如果没有中轴线后的那座宝塔和建筑样式的中国面貌，说这所大学和美国大学——比如托马斯·杰斐逊设计的弗吉尼亚大学（图15）——的空间布局更接近一些，大概也没有人反对。

　　直到1920年1月，司徒还在给路思发去月坛地产的照片，看出情势棘手的董事会还在授意司徒不要错失时机，"中国新年可能是个（达成交易的）好时机"，纽约甚至授权说，只要这块地产在城外，他就可以自行决定而无需向纽约请示。但是交易变得越来越没希望，"我们被在各个机构官员之间踢来踢去，他们无望也无诚意帮助我们"。

　　就在他们几近绝望的当儿，1921年4月，通过刘廷芳博士的关系，

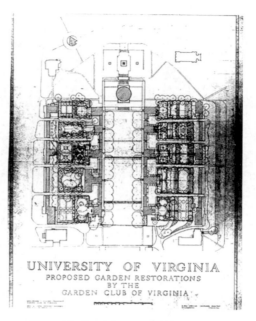

图15　托马斯·杰斐逊设计的弗吉尼亚大学
来源：弗吉尼亚历史文化博物馆。

军阀冯玉祥军中同情基督教的客卿王铁珊为燕大找到了一块新地，那是西直门外时称农事试验场的所在，这个地方民初为人所知，更多的是因为在那儿饲养和展览的野生动物，俗称"万牲园"（图16）。王铁珊所找到的那块地在整个农事试验场西部，按司徒雷登的说法，有"如画的池塘茶园"，原是"某个达官贵人的度假场所"（大概指的是那时尚存的俗称"三贝子花园"的继园）。王铁珊并说，如果此处不行，就把圆明园故地给他们作为后备，一样的价钱，但是面积多达"十二个平方英里"①。

---

①　1平方英里约为2.59平方千米。

图16　"万牲园"中的中式建筑育蚕室

来源：商务印书馆 1932 年印行《风光名胜集》。

　　在司徒雷登的眼前，这块被燕大校方称为"动物园地产"的地皮还是很动人的：

　　　　此处离城有一段距离，因此足够安静和独立……离去清华学校和颐和园的大路只有一点点路，因此旅游者和参观者想要去的话都很方便，（基址上的运河）对水上交通的可能性而言是颇打动人的，景观的价值非常吸引人……另一好处是这块地的周边已经有不错的围墙了，所以省了一大笔（重建围墙的）钱，建筑的布局急需重整，但结果的景观效果将更为理想。[1]

①　Stuart to North, 1920/04/23, B353F5440.

经过一番斡旋以后，王铁珊找到了1920年4月20日司徒雷登电报中所提到的至少一百亩地，索价墨西哥鹰洋一万五千元，先付一半。而在另外一边，因为司徒雷登试图依赖于这种"托朋友办事"的中国俗套，校址委员会中有人担心不经过托事部是否会有麻烦，司徒雷登解释说，按照中国人的办事风格，这种人情交易只能如此。[①]

看上去这笔交易几乎铁板钉钉，大功告成了。不料，风云突变，就在1920年5月19日前后，北京政府中的熟人突然告知司徒雷登，由于他们未便明言的"政治局势"的变化，取得动物园地产已经不大可能了。

"政治局势"代指的是五四运动以后中国日渐高涨的民族主义情绪。1920年，这种政治敏感并不是夸大其词，"火烧赵家楼"后，"卖国贼"是无论谁都要掂量掂量的一项尊号，面对多少以洋派自矜的燕京大学也不例外。当时，包括王铁珊在内的，试图帮助燕京大学的政府高官并不是不清楚这一点，他们本试着用一种有"中国特色"的方式来淡化这种危险：

> （政府官员们）先来个模棱两可、措辞含糊的协定，先把事情通过了签字了事，付一小部分钱，然后公开宣布此事，然后就有利于进一步的，可让我们安心的操作。政府先将地产租给校方五十年，到了五十年期满，如果彼此高兴，不必付钱就可更新合约……从他们的角度看，这一切是照顾了他们的面子，因为将一块有历史意义的地皮公然卖

---

①　Stuart to North, 1920/04/23, B353F5440.

给外国人是不合适的。[1]

　　然而，人算不如天算，1920年5月19日，司徒雷登沮丧地承认"（由于当下的政治局势）保全动物园地产的举措归于失败了"[2]。倒霉的事情还在后面，不久后的夏天，燕大获知西北城角外一英里京绥铁路以东有"一百多公顷或多些土地"，在别无他想的情形下，按照当时很流行的做法，有铺保就可以签约，校方花了一笔可观的钱，找城西北一个大银号作保签了协议，不承想当地一个官员告诫说这种协议不完全合法，校方最终只好撤了协议拿回款项，吃了一个闷亏。

　　传教士们终于把目光投向了西郊的海淀。

　　燕京大学校方最初知道海淀，是因为当时由庚子赔款而建立起来的清华学校[3]。1919年年初，美国建筑师茂飞帮助清华设计了第一批体面的西式建筑，包括今天仍在使用的大图书馆和大礼堂。可能正是通过茂飞的关系，燕大知道了更多海淀新营建的细节，但在1920年春天之前，传教士们并未认真地考虑在海淀建校的可能。在司徒雷登的信中，他只是曾提到过，1919年的秋天，他在去横滨正金银行（Yokohama Specie Bank）[4]的路上见到过一块地，它大约"离城五英里半，离清华火车站半英里路远，离去西山和清华的碎石路很近"。

---

① 　Stuart to North, 1920/04/23, B353F5440.

② 　Stuart to North, 1920/05/19, B353F5440.

③ 　清华学校直至1928年才由国民政府更名为清华大学。

④ 　原文（Stuart to Luce, 1919/10/26, B353F5436）记载正金银行"离西门四个半英里"，通常所说的北京正金银行旧址在正义路四号。正金银行和海淀校址的联系是否有错误目前无法查证。

因为地产的主人是清朝摄政王多尔衮的后代，睿亲王仁寿，燕大校方习惯将它称为"满洲人的地产"。在1920年初夏，紧接着动物园地产的失败适时而至的这块地产，成了燕大校方的救命稻草。

尽管还没有完全放弃在西直门周边的努力，燕大开始严肃地考虑海淀地产的可能性——海淀是远了点，但在1920年春天那样的情形下，燕大校方找到的是一条妥协之路，也是一段看得见摸得着的启程之旅。至于它是不是通往美国教会在华事业新的发展高峰，当时还没有人可以预见。当无可选择时，唯一的选择也许就是最好的选择，司徒雷登和他的同事们没有花多少时间，就认定他们看似勉强的最后选择，其实是桩不赖的买卖。

从盔甲厂到海淀的路是长了点，但是这条路所连接的，是段非常富于象征意义的旅程。若干年后，投考燕京的年轻人如此描述这段旅程：

> 当我第一次从北平城内南池子趁上燕京校车，驶出西直门，走在夹道的柳荫里时，遥望前途，心里真像有百花齐放，闪动着一片光彩，把生命中以往的一切阴影都扫荡净尽……大约走了五里路，经过了一个古旧的海淀小镇，便望见长长的围墙之内，有参差疏落的树木，然后，墙外一对栩栩如生的巨型石狮子把守着巨型的绿瓦朱门，赫然出现在眼前。[1]（图17）

这条通往西山的道路所具有的，并不完全是只有文学家才乐于

---

① 李素：《燕京旧梦》，纯一出版社，1977年，6—7页。

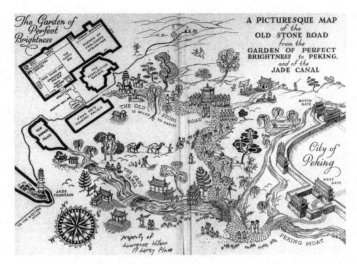

图17 《圆明园至西直门的旧石路和长河图解》中展示的由西直门至西山的郊野风景

理解的隐喻。从北京城内"无风三尺土，雨后一街泥"的土路，到连接北京内城和西郊的碎石林荫道，到海淀燕京校园最终建成的柏油马路，我们经历了从前现代的都市走向自然风景的空间序列。而其间的变化，并不仅仅是闹市变为乡村，也是落后转为进步，由纷繁的人事嘈杂的市声，变为地平线上孤零零的"文明社会"的精神堡垒的梦想。这里面既混杂了中国传统中对世外桃源的期冀，也包含着20世纪初期，西方工业社会对于城市之外的"自然"的敬慕与艳羡。

　　千百年以来，封建王都中的城市风景，并不都如后来人们的想象中那般精彩，真正精心建设和细心保养了的北京，是私人的、四合院里的自家世界。这个世界之外，诸如四合院间的过道、街坊与街坊之间的隙地，甚至城市的主要干道，往往都是些"零余空间"，没人疼、不招人爱的地方。街道是倾倒粪便的地方，也是居民日常生活的垃圾场，担负城市排水重任的暗沟毁坏多年，无人过问。^①一切只因为，那些大伙"公有""公用"的地方，并不是一个需要"公共意识"的空间：

> （城市道路）中间最宽之部分称甬道，约比两侧的路面高三尺左右。天子行幸等在甬道上撒黄土，作为御道……两侧道路的宽度不足甬道的一半……

> 北京的土质是所谓的黄土，松散易干，故甬道必须不断添补黄土，而添补时又必须挖掘甬道两侧路上的土，又因节省搬运所用土砂的劳力，甬道两旁便自然形成沟状，其深度有的达七、八尺，一刮风，便黄土飞扬，天空会忽然变成黄色，真有所谓"黄尘千丈"之景观。每逢下雨，甬道两旁雨水阻留，往往形同沟渠。若是连日霖雨，据说甬道两旁的水深处，时有行人溺水。^②

这样的"衣袂京尘"，与公共"景观"中期求的"开放空间"并无太多关涉，由袁宏道《满井游记》一类小品文而为人们所熟悉的郊野风景（图18），恰恰毗邻北京城市左近最破败的地区，平日里多半无人过问。明清两代，只有富裕的士绅和皇族，才能在他们的地产内

---

① "在北京城内，由于长期倾倒垃圾，致使一些胡同高于住宅区。《燕京杂记》载：'人家扫除之物，悉倾于门外，灶烬炉灰，瓷碎瓦屑，堆如山积，街道高于屋者至有丈余，人们则循级而下，如落沟谷。'"见王伟杰、任家生、韩文生、马振玉、李铁军等编著《北京环境史话》，地质出版社，1989年，107—108页。
② ［日］服部宇之吉等编，张宗平、吕永和等译：《清末北京志资料》，北京燕山出版社，1994年，20页。

图18 《西山名胜图说》。在画面中段正中央下方，圆明园的左方，燕京大学校址大略
所在的鸣鹤园—集贤院一线，被简化为若干大小不等、语焉不详的南北院落，
院外一无所有

来源：哈佛大学图书馆。

维持有限的、不失生活品质的人造"野趣"，而一旦他们失势破产，
这些园林也就迅速地颓败为蒿草丛生的废墟。[1]

　　显然，这种"自然"并不是1920年左右在中国的西方人所能理
解的趣味。辛丑条约后，获得了自由出入北京权利的西方人发现，在
铁桶似的北京城的西北城角外，另有一个更有意思的去处，那就是西
山——相形之下，西方人对于位于西山的皇家园林区的兴趣和它们的
旧日主子有所不同。特别是在1911年帝制被推翻，民国建立后的十年
间，正如柯律格（Craig Clunas，或译为克雷格·克鲁纳斯）所言，西
方人对于中国园林的兴趣正经历着一个变化，即把中国园林正名为一
种中国文明的伟大成就，特别是就它的"亲近于自然"的方面而言。[2]

---

[1]　关于"废园"和"废墟"的关系，详见本章"废园劫后"一节的讨论。

[2]　Craig Clunas, "Nature and Ideology in Western Descriptions of the Chinese Garden," in Joachim Wolschke-
Bulmahn ed., *Nature and Ideology: Natural Garden Design in the Twentieth Century*, Dumbarton Oaks Research Library
and Collection, 1997, p. 29.

史景迁进一步指出，法国人在20世纪初对于中国的东方情调和神秘色彩特别有兴趣，民国建立以后，美国人接了法国人的班，[1] 他们的兴趣尤其表现在他们对那些"如画"（picturesque）的旧日园林与自然的"亲近"的看重，他们看重的，是种"在灵与肉上兼备的健康价值"。[2]

对于1911年后的中国人而言，旧日园林的遗址，比如圆明园，其实已经具有了宣扬新的爱国主义和民族主义的潜质。[3] 但是这一点于西方人而言似乎无足轻重，对于他们先前造成的种种破坏与灾难，他们也未有丝毫愧疚。对于蜂拥至西山地区旅游的西方人而言，他们更看重的是逃离尘嚣、投向自然怀抱的那段旅程。在那个时期的 D. H. 劳伦斯、托马斯·曼等一大批西方作家作品中表现出来的自然之旅的象征意味，因此又涂上了一层东方主义的迷离色彩。

早在1918年，商人于连·阿诺德（Julean Arnold）就已经在给燕大董事会写的信里提出建议，当时正在寻找新校址的燕大校方应该考虑城外北郊或西郊，即与西山接近的地区：

> 不仅学校本身会有好得多的空气，去美丽的西山野营和郊游也会大大便利。这一切都是把学校放在（北平西北郊）的理由。[4]

---

① "The French Exotic" and "An American Exotic?" in Jonathan D. Spence, *The Chan's Great Continent: China in Western Minds*.

② Craig Clunas, "Nature and Ideology in Western Descriptions of the Chinese Garden," in Joachim Wolschke-Bulmahn ed., *Nature and Ideology: Natural Garden Design in the Twentieth Century*, p. 29.

③ Geremie Barmé, "The Garden of Perfect Brightness: a Life in Ruins," the Fifty-seventh George Ernest Morrison Lecture in Ethnology, at the Australian National University, Canberra, 1996.

④ Arnold to Reisch, 1918/11/11, B304F4719.

可是当时并没有多少人拿他的话当回事，主要的原因和前面司徒雷登所提到的一样，"我们的人认为它太远了"。而燕京大学通过购买海淀地产的决议之后，这距离就不再是什么问题了。

据司徒雷登说，当时北京政府曾有这样的提议，拟建一条自北京去西山温泉的城市铁路，而第一站就是拟迁校西郊的燕大。这样的提议多半从未进入实质性的讨论，我们看到，类似的宏伟计划直到今天才将将实现——然而，司徒雷登认真地用它作为一个说服决策人的理由。"因为有了（可能建造的）铁路和汽车，"司徒说，"新校址也许不像看上去那么远。"而且，西山已经变成了一个很时髦的旅游观光点。司徒雷登认为，每天都会有许多去西山旅游的西方人和中国人光顾新校址，因为它面对着当时唯一的那条去西山的机动车道路，因此而来的知名度将有助于宣传燕京大学。[1] 这还不算，新校址的景观和卫生条件也非常理想，它有着"便宜到达"的与城市间的交通以及安静的学术环境。在拥有新校址、扩大学校规模之后，学校会招收许多来自基督徒家庭、说英语的学生，因此对校方来说，新校址的"道德上的优势"将是显而易见的……此外，据说国立北京大学有意迁校到玉泉山，这样一来北大、清华、燕大三足鼎立，清华学校是美国和中国教育沟通的渠道，北大（国立大学）是新文化运动的中心和年轻的一代中国人的精神生活中心……

这广达四十英亩[2]的新校址不仅仅是没有缺点，简直就是完美了。

在晚年的回忆录中，司徒雷登把我们描述的复杂烦扰的寻址过

---

[1]　Stuart to Wheeler, 1920/09/27, B353F5440.

[2]　1英亩约为4046.86平方米。

程，简化成了两段文字：

> 同时，大家还达成一致在城墙外找一个校址，离城不能超过一英里。后来证明这是个苦差事。几个世纪以来，外省来京定居的官员都会给他们的家庭成员留好墓地，于是在城边买了大块土地。北京周边就布满了这些不相关的私人墓园。很多年久失修，也不知道主人是谁……因此，最后选址的事情演变成一个"迁坟事件"了，所以也就半截入土了。
>
> 我们围着北京到处转，有时候走路，有时候骑驴，有时候骑自行车。但是没能找到一个合适的地方。有一天我应朋友之邀去清华大学，他们中有一个人说："为什么不买我们对面这块地呢？"我看了一下，它位于通向颐和园的大路上，离那里五英里远，但是因为交通方便，所以比那些虽然地理位置近，但是交通不便的地方好一些，而且是个吸引人的地方。这里朝着著名的西山，山坡上建有中国辉煌历史上一些美轮美奂的寺庙和宫殿。①

这被大大简化了的"宏大叙事"看重的不是原因，而是结果，在司徒雷登的笔下，获取燕京大学校址的繁冗过程成了一幕过于戏剧化的活剧，苦苦的寻找几乎变成了不经意的邂逅。在1919年某时徜徉

---

① ［美］司徒雷登著，陈丽颖译：《在华五十年：从传教士到大使——司徒雷登回忆录》，35页。

于西山道上的司徒雷登，"次年夏天"又去陕西省城见了这块土地的主人，陕西督军陈树藩。据说，司徒准备了二十万美金的巨款，陈却告诉中间人说，他买这块地是为了给他父亲养老的，留让之权操在父亲的手中……碰巧陈父是个爱好秦腔的戏迷，中间人因此有机会在演出后的酒桌上（看上去像一个典型的中国故事）趁机提出购地的意向。不久，陈树藩就给司徒雷登和董健吾送来了请帖。

接下来的一幕简直就像电影里的一个镜头：

> 我们重新坐下，陈督军又开始发言，说："我购置勺园，是作家父晚年退休养老之用，绝无出让之意，也无谋（牟）利之图，有朋友劝我价让燕大，这是违反我聊尽孝意的初衷，我们坚决不肯，毫无商量的余地……"（司徒雷登听到这里，双目对我瞪了几下，非但表示惊讶，而且呆若木鸡，不知所措）不料督军继续讲下去的是："我遵照家父宏愿，不是卖给燕大，而是送给燕大。"[①]

这活灵活现的描述显然有众多与事实有出入之处。[②] 事实是，为了购买这块地皮，司徒雷登确实专程去陕西与陈树藩面谈，由他的回忆录，并参照高厚德的记载可以看出，当时陈树藩的父亲是把这块地

---

① 董健吾：《关于司徒雷登的一段回忆》，见燕京大学校友会（北京）《燕大校友通讯》，第8期，30页。

② 很可能，司徒雷登并非像他所暗示的那样，在1919年就已经提出购买这块地皮作为燕大校址，否则为西直门附近那几块地皮而努力就没有理由了。更可能的情形是，1920年夏天，燕大校方已经陷于绝望的境地，所以司徒雷登才"想起"了海淀那块地产，决心竭力一试。

转让给了一位姓邓的北京人。1920年10月15日，燕大校方首先和邓签订了契约，作价六万银元，后来，陈树藩不满邓越过他们向燕京大学索价，就经过协议把这块地产从邓那里要了回来，最后由陈自己亲自出面，把这块地皮以半卖半送的方式给了燕京大学，作价四万银元——便宜的三分之一的款项捐作了奖学金，另外加上几个襄助陕西教育的条件。（图19）

图19　燕大向纽约申请购买海淀校址的电报

在对待新校址的态度上，也存在着同样戏剧性的转变。自然，所有人心里都清楚，这郊区的校址并不是按计划、有步骤得来的，而多少是一个意外收获（windfall）。但是既来之，且安之。既然银货两讫，那么不管怎么说也得积极地看待新校址的"郊区"价值。于是人们又想起了阿诺德所说的"好得多的空气"与"美丽的西山"。

正如我们将要看到的，这种故事开了头便积极地寻求后续故事的基本态度，成了对于新校址"景观"营造的重视的一个重要基础，也成了后来整个校园规划风格变更的一个重要契机。司徒雷登后来写道：

> 校址有很多上乘的古树……风景妙不可言。我们的大门将会对着西面，直冲颐和园和西山……我相信这些可以变成有效的景观营造。[①]

其他人的见解与之类似：

> （校址）面对着闻名遐迩的西山，有全北京最美丽的天际线……我们的学校的选址再好也不过，它有着郊区的健康价值……[②]

"景观"的因素，就这样并不神秘地进入了燕大规划者们的视野。早些时候，在西直门几处产业的落实过程中，司徒雷登等人对"景观"

---

① Stuart to Wheeler, 1920/09/27, B353F5440.
② Yenching University, *Peking News*, October 1921. *Peking News*（《北京通讯》）为燕京大学在海外宣传所刊行的刊物。

也似乎颇有兴趣，不过，没有证据证明，景观是他们最重要的考量。但是，当一个郊外的新校址变得不可避免时，海淀新校址能为燕京大学带来的显然要远远多于它的"健康价值"和"和自然的亲近"。

在当时的西方叙事中，1911年中华帝国的解体带来的是一个前现代的中国的寿终正寝，这个贫穷封闭的古老国家突然在一夜间变成了一个可敬的古老文明。在当时络绎不绝的西山外国游客的心目中，西山代表的是"中国伟大的过去"、一个凝滞的无历史的"自然"，与一个现代的、处于无休止的变化中的现实中国相对照——阿诺德在我们前面提到的那封信中说到一种"令人叹为观止"的发展，它给古城北京带来的巨大变化已经使得一些外国人发出了"一切都变得太新了"的感叹。[1]

在这个意义上，海淀校址不仅仅位于北京城和西山之间，也位于中国的过去与现实之间，因而它也具备了为在华美国教会推行由它支持的高等教育进行鼓吹的条件。美国教会形象地把这种努力概括为促进中国除"旧"布"新"的进步，同时"不丢失'旧'中的好的东西"。（图20）

那将是一个美国人设计的、"中国式"的校园。

---

[1] "Concrete and Ideas Retain the Old Beauty of Orient and Add Strength of West," *The Far East Review*, May 1926, pp. 238-240.

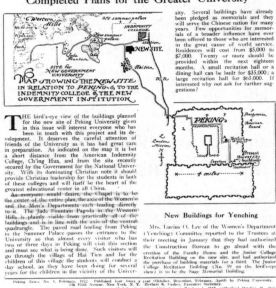

图20　1922年2月印行的《北京通讯》图解海淀校址和北京城以及西山的关系

第 二 节

废园劫后

湖山形胜和野火鸣镝

1920年11月12日，就在正式购买"满洲人的地产"的一个多月后，应高厚德之邀，燕京大学校方延请的纽约建筑师茂飞和高厚德、斯塔奇博士（Dr. Stuckey）一起踏勘了燕京大学校址。

茂飞和丹纳事务所的勘察报告摘要如下：

……地产在北京西北7英里之外，去颐和园的大路边，从北京使馆区驱30分钟的汽车，由大路，地势由西向东升高直至地产东沿，拔起6英尺[①]，这块地可以很好地转适于茂飞设计的大学。地产最初是一处满洲官殿，和圆明园一同被英国人焚毁——圆明园在东北不到1英里以外。

……整块地产含有人工小山，水道和岛屿，有溪流由西注入，源头与玉泉山和颐和园的相同。巨大杉树和松树、

[①]　1英尺等于0.3048米。

人工岩穴和石窟加强了此处的自然美，从地产的最高点可以看见周遭的乡野景色。

总体状况：遵高厚德先生之嘱，我们对地产和附近地方的状况进行了测绘，也进行了地势测绘，估计附近建筑石头的数量。因为附近有许多花岗岩石头，状况适足满足建筑新房子的需要。地势测绘可能是最重要的，因为这对利用地面上**不规则性**的自然艺术的潜质最有好处，从而可以让建筑师茂飞先生着手安排他的大学建筑的群组。[①]

在勘察报告中，附有几组应纽约托事部要求拍摄的照片（图21），在照片后，茂飞不仅仅描述了每一帧照片中的重要景物，还详细注明了它们拍摄的方位，以便和测绘图进行比较。这些珍贵的照片披露了燕园罕为人知的"最初"，在一系列数英寸见方的黑白照片里，这"最初"没有缤纷的油彩，只有广袤单调的乡野景色，巨大的松树和小土山点缀在视野里缓缓展开的一片平畴之中。

美国风景史学家约翰·B.杰克逊（John B. Jackson）[②]曾经说过，要了解一个场所、一处村庄、一座城镇如何组织自身的逻辑，最好是回到它的"最初"，回到那只有十来个人、一两处栖身之所的洪荒之初。

[①] Murphy and Dana, "Report of Visit to Sites of Buildings for Peking University," Nov. 12th, 1920. 本书正文中所有以黑体突出显示的部分，均表达本书作者的强调，并非引文原文为黑体。

[②] 约翰·B.杰克逊最有影响的著作是《美国空间》（*American Space*）。作为文化地理学家，杰克逊公认的最大成就是为美国独具的"寻常处所"（everyday places）中的景观正名并发现了它们的价值。

图21　茂飞和丹纳事务所的勘察报告中所附的照片，今天人们所熟悉的湖光塔影，竟是源自这样一座废园之上……

　　一个最终面积达到两千余亩，容纳数千学生的现代大学校园，是怎样在一座四望无人、荆棘丛生的废园上拔地而起的？

　　燕大校址上的旧园林的历史最早可以追溯到明代米万钟（1570—1628？）的"勺园"。① 作为万历年间著名的书法家，米万钟与董其昌、邢侗、张瑞图并称"明末四大书家"，更以"南董北米"的盛誉昭示着北方文人领袖的身份。然而，十余年的南方宦游经历似乎对他影响至深，回到北方任职直至去世的近二十年里，他在北京共留下三处园林胜迹，三园的营造都多少显露出他南方生活经验的印痕。尤其是勺园，在当时的帝都北京素以江南风致闻名，这一点在多种明人笔记中均有记载。

----

① 　勺园的营建时间，焦雄在《北京西郊宅园记》一书中说是明万历三十九年至四十一年（1611—1613）间，侯仁之在《燕园史话》一书中指出是在万历四十年至四十二年（1612—1614）。

例如，浙江人王思任在《米太仆家传》中说："公在海淀作勺园，引水种竹，大似望江南。晚作漫园，领兼葭之趣。然喜为曲折辗转之事，门移户换，客卒不得入，即入也不解何出，客方闷迷，公乃快。"又"米家园、米家童、米家灯、米家石"被列为当时的"四奇"，为时人所津津乐道。

好一个"客方闷迷，公乃快"的江南园林风致——这位喜欢把客人折腾得晕头转向的万钟先生"曲折辗转"的情怀，似乎与"北米"的磊落形象略有出入。不过这种"曲折辗转"，以及对"园、童、灯、石"的并举与癖好，却和明末文人生活中的异样情调契合，隐藏着某种"兼葭之趣"之外的意味。

勺园究竟如何使得访者"闷迷"其中？如今只能从《燕都游览志》一类的文字中寻觅了：

> 勺园径曰风烟里，入径乱石磊砢，高柳荫之。南有陂，陂上桥曰缨云，集苏子瞻书。下桥为屏墙，墙上石曰雀浜，勒黄山谷书。折而北为文水陂，跨水有斋曰定舫，舫西高阜题曰松风水月，阜断为桥曰逶迤梁，主人所自书也。逾梁而北为勺海堂，吴文仲篆。堂前怪石蹲焉，桧子松倚之。其右为曲廊，有屋如舫，曰太乙叶，周遭皆白莲花也。东南皆竹，有碑曰林于澝。有高楼涌竹林中曰翠葆楼，邹迪光书。下楼北行为槎枒渡，亦主人自书。又北为水榭，最后一堂，北窗一拓，则稻畦千顷，不复有缭垣焉。[1]

---

① 〔清〕于敏中等编纂：《日下旧闻考》，北京古籍出版社，1985年，1319—1320页。

可以想象，从入园起，游园者的视线便不断为由乱石、高柳、屏墙、高阜、围墙、曲廊、莲花、竹林所组成的各种"障景"所规范和引导，那也便是清初孙承泽《春明梦余录》中所说的"路穷则舟，舟穷则廊，高柳掩之，一望弥际"。由茂飞的踏勘，我们知道整个燕大校园也不过高差六英尺，即一人身高，从地产的最高点望去，周遭景色本应一览无余，但依赖植物配置、人造土山和障墙围屏，这有限的物理空间却营造出了透迤深曲、高低跌宕的江南景致，与"稻畦千顷"的本地风光截然不同。依据侯仁之先生的考据，结合自燕大教授洪业以来诸位学者的复原推测，我们可以知道《燕都游览志》的作者孙国敉所描写的勺园只是一个不大的狭长区域，但它集中了十所以上的建筑和由乱石、湖泊、竹林、莲花等组成的众多不同地形地貌的景点。[1]（图22）

对于未来的燕园，一个美国传教士心目中憧憬的"中国式"校园而言，勺园所在的海淀旧日园林故址近于完美——再没有比因园造园，"园中园"或"园外园"更顺理成章的了。

然而，我们不应忘记的是，在燕京大学勘察校址时，几个金发碧眼的洋人眼中并没有丝毫四百年前昔日园林的痕迹，真实的景况是，经过米万钟身后近四百年的营建和毁弃，勺园早已无迹可寻了，它早

---

[1] 侯仁之：《记米万钟〈勺园修禊图〉》(附米万钟《勺园修禊图》)，袁行霈主编《国学研究》第一卷，北京大学出版社，1993年，557—566页。大范围内而言，燕京大学校址南北高差较大，约为4米，见侯仁之《燕园史话》，北京大学出版社，1988年，78页。自本书首版于2008年出版后，又有学者对包括侯仁之先生的勺园原址推断在内的研究成果提出新的意见，主要集中于勺园园址不应是南北狭长的形状，因为根据文献记载，勺园在东西方向上布置了相当多的景物，东西方向不应该与南北方向相差太大。见贾珺《明代北京勺园续考》，《中国园林》，2009年第5期。更多参考见陈明坤《吴彬〈勺园祓禊图〉考》，中国美术学院博士学位论文，2017年，43—75页。

图22 赖德霖所复原的勺园想象图
来源：赖德霖提供。

已融入一幕"存"与"易"的活剧中，相形于汪洋恣肆的文字与想象，物理现实中所剩下的几近于零。

20世纪20年代初，人们对前朝的园林胜景还总算有所感受，那便是从"满洲人的地产"上残留的地形地貌中，或许还能分辨出一丝古怪的"自然美"——代表着东方式的"不规则艺术"。那些"人工的岩穴和石窟"使茂飞想起的，是他来中国之前，在加利福尼亚州太平洋博览会上看见的出口外销的中国风情，还是一百多年前盛行于欧洲的"自然风致"中的人造废墟？对他此前业已完成的那宏大设计图景，这"不规则"的自然美又意味着什么？

在那设计中，齐整的、不考虑地形而普适于一切乡野基地的建筑群组，势必抹平一切坑坑洼洼、沟沟坎坎，高大的建筑体量将使得矮小的假山相形见绌，支离破碎的小湖将不得不被填平，为可以行驶汽车的大路让道。在这甚少起伏的基地上，若想要呈现英国式的自然风致，本已有些难度；若要进而融合中国式的"不规则艺术"，则是难上加难。距离清王朝的崩溃不过十年，造园这门行当在中国已经一落千丈。纵然基地上随处可见废园里留下的大石，想再现清代叠山的风采也已不太可能。就像燕京大学后来在调查报告中提及的那般，在集北方皇家园林之大成的北京，他们所能发现的叠石工匠，也只有区区两个而已，而且这纯粹依赖大师心得和个人劳动的手艺，收费之高使人却步。[①]

这一切茂飞应当想过。

从"废园"到"燕园"还有很长一段路要走。但有迹象表明，茂飞并不视这段路为畏途——他并不像今天的建筑师和建筑史家们一样，有着某种难以割舍的"影响的焦虑"[②]。

虽然废园的历史渊源显而易见，但那时候，它们却未见得对茂飞形成多少实在的羁绊。这位没来过几次中国的美国建筑师，在此前已

---

① "Landscaping Problems at the Peking University," 1926/06, B304F4720.

② 影响的焦虑（anxiety of influence）是美国批评家哈罗德·布鲁姆创造出的一个术语。在此处，我们或可用它来指代当代建筑师大多从"大师建筑学"里寻求营养的现象。参见董豫赣《大师与中国》，《读书》1998年第2期。

经娴熟地造起四所"中国式"大学了——不管这"中国式"是否真的经得起推敲，重要的是，它们得到了他的主顾的认可。建筑师并不总像历史学家一样，对史实的准确性怀有一种道德感的牵系。对茂飞而言——也对于未来的燕大建设者而言，基地上的"自然"状况仅仅意味着"唾手可得的建筑材料"和影响施工条件的实际因素。[①] 至于是否建造一个中国式的园林环境，恐怕并不在茂飞的优先考量之中，从燕大校方1922年前忙于各种实际事务的状况判断，恐怕当时连这个"燕园"的影子都没有。[②]

中国园林还是"中国式"的校园？是"自然、如画"还是"因地制宜"？

在各种实际困难纠葛纷乱的"最初"，这些不对称的组合似乎是风格史中难以打开的死结，但是，任何选择都不会是绝对的偶然。废园所在的基地是江南样式旧园林的胜地，湖光塔影最终从多种可能性中脱颖而出，这一切并非没有隐约的脉络可以索引。这些脉络并不一定导向昔日园林的历史影像，却和另一种"自然"的大势密切相关。

---

① 见 *Peking News*, August 1924。这篇报道声称，贝公楼"比纽约的一个街区还要长20英尺"。

　　茂飞后来声称他对基地"充满热爱"，他"从一开始便希望（基地上的）风景特色受到尽可能小的侵扰"，并且"当不得不夷平地面以建筑房屋时，将细心地以土和石作围护起古树，湖的轮廓和小山的等高线将大致予不改变"。

　　事实上，"一开始"当茂飞为燕京大学完成第一个规划方案时候，燕京大学甚至还没有找到他们的新校址。燕大明确地授意茂飞在"不管（燕大）得到什么样的基地"的情形下设计这个方案。换而言之，基地的地形情况并不在建筑师考虑之列。并且，当燕大回顾建校初期的实际困难时，也指出"不大可能模仿一座中国园林将其转适于一座现代大学的需求，近来这种古老的艺术已经几近失传"，见 "Landscaping Problems at the Peking University," 1926/06, B304F4720。

② 正如下文所述，大多数影响燕大规划的"中国园林"面貌的变化都是在1924年之后开始的。

今天，海淀是号称"中国硅谷"的中关村和高校区的所在，高楼密布，商业繁华，和北京中心区几乎不分轩轾，但数十年前，哪怕三十年前，这幅都市图景都截然不同——众所周知，在北京城市突破城墙的束缚、大规模地向外扩张之前，海淀镇几乎是北京西北郊，乃至北京郊外，唯一发展为独立聚落的大规模市镇，而它的四周均是乡野农田，和今天车马如龙的繁华景象截然不同。（图23）

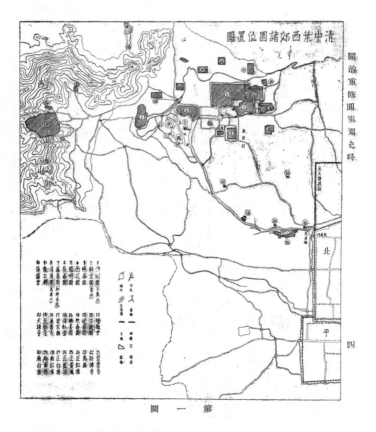

图23 《营造学社汇刊》四卷二期所载清代中叶北京近郊园林示意图

在北京西郊的地形图上，有一条有趣的五十米等高线，它所标示的"巴沟低地"和周围地形的落差，使得玉泉山—万泉庄水系不是像北京地区的大多数河流一样流向东南，而是在这一地区遽然折向东北。河道和泉源的常年流经，将五十米等高线以北的地面侵蚀得越发低洼，水流周转，便形成了一个半圆形的承水盆地。而紧邻盆地、不受地势卑湿之累、地势高耸的"海淀台地"，相应成为理想的农业聚落所在。[①]（图24、图25）

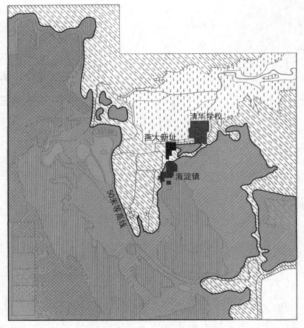

图24　北京西郊地形图上的50米等高线示意图，以及这种地形变化和北京西北郊地理格局的关系。基于侯仁之《北京海淀附近的地形、水道与聚落》一文中的插图绘制

①　侯仁之：《北京海淀附近的地形、水道与聚落》，《侯仁之文集》，北京大学出版社，1998年，117—120页。

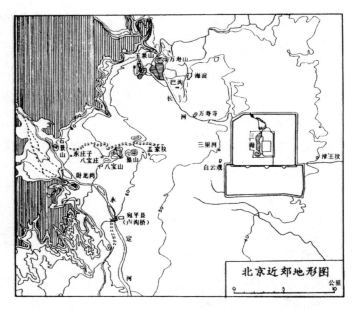

图25　海淀台地是北京的地形由西北往东南方向一路下坡的大势中的一个"意外"
来源:《侯仁之文集》。

沿着台地和湿地边缘发展的农业垦殖，形成了最早的北京西郊园林的基础:

> 海淀正北以及西北一带，地势低下，是旧日园林散布的区域。现在燕京大学西南一隅与海淀北部互相毗连的地方，正是旧日园林中开辟最早的一部分。京颐公路从东南而西北，斜贯海淀镇的中心。凡是经由这条公路向北来的，一出海淀镇……即见地形突然下降，如在釜底，田塍错列，溪流萦回，顿呈江南气象。数里以外有万寿山、玉泉山平地浮起，其后更有西山蜿蜒，如屏如障。南北一镇之隔，

地理景观，迥然不同。[1]

20世纪早期，人们看到的这些"田塍错列，溪流萦回"，具有江南气象的湿地风貌，同时也是四百年以来米万钟们营建"海淀"的结果。海淀，顾名思义，原是大型的内陆湖泊，这一称呼通行于中古时代的中国。而米万钟的勺园及园中"勺海"，也取自"取海水一勺"的语意，当时一片汪洋的景象可以想见。然而从元明两代开始，由于海淀聚落（大致等于52.5米等高线）的兴起，"稻畦千顷"的景象背后是过度垦殖，原先广阔的湖泊面积显著减小，形成了一个个大小不等的衍生湖泊，由此产生的地貌倒是与江南地区非常接近。《帝京景物略》有文为证：

> 水所聚曰淀。高梁桥西北十里，平地出泉焉，澎澎四去，潆潆草木泽之，洞洞磐折以参伍，为十余奠潴。北曰北海淀，南曰南海淀。或曰：巴沟水也。水田龟坼，沟塍册册，远树绿以青青，远风无闻而有色。[2]

不仅这一带的自然景象频繁地被比作江南风光，连地名也带上了使人遐想的痕迹。

> 新祠歧路带前途，十里草生春不孤。忆我有乡迷处所，

---

① 侯仁之：《北京海淀附近的地形、水道与聚落》，《侯仁之文集》，116页。
② 〔明〕刘侗、〔明〕于奕正著，孙小力校注：《帝京景物略》，上海古籍出版社，2001年，320页。

坐看雨气出西湖。[1]

这些得江山之助的文心画境，不仅仅是诗人心绪的流露，它们所记录的经海淀往西山一带的熙攘客流和田园风光，同时也是北京城市发展的历史见证。自从女真人的金朝在北京地区第一次建都以来，西北郊的重要就不仅仅体现在它的风光，也体现在自然资源对于都城的战略意义上。海淀台地阻断了西山高耸的地势向北京的自然降落，不利于城内获得生活用水，为扭转玉泉山水系东北流向的趋势，才有了昆明湖东的堤防和青龙桥的节流水闸，以及在万寿寺前开凿、向东南流入北京城的人工水道长河。

这一"堵"一"分"，便使得古湖泊海淀愈发缩小，不仅风光秀美，而且更便于人居。这样的形胜之处，历代的王公贵胄、显赫之家自当先据要津，西郊园林的开辟从此未曾停止：从明代皇亲李伟规模宏大的清华园，直至以虎皮墙围起整个昆明湖的颐和园（清漪园），从"只取一瓢饮"的米万钟的勺园，到"移天缩地在君怀"的"万园之园"圆明园，不一而足。这些园居者或访客自身并不从事农业生产，饮食生活都仰附近聚居的农民就近供给，海淀一带的农业垦殖由此持续发展，海淀镇的商业兴盛自不必说，有清一代，海淀一直是京西著名的稻米产区。直到中华人民共和国成立初期，在燕京大学—北京大学的西垣墙外都可以看得见一望无际的水田。

这部分地区的灌溉供水，同时也就是燕京大学新校址内旧园林的水源，万泉庄水系在此处汇合了昆明湖及长河东泻之水，绕经燕大和

---

① 〔明〕刘侗、〔明〕于奕正著，孙小力校注：《帝京景物略》，322页。

燕大校址西边的畅春园之间，北流东转，经圆明园故址南缘，过清华大学北流以入清河。（图26）

提及北京西郊的历史地理演进并不是"发思古之幽情"，而是试图阐明这样一个事实：很大程度上，茂飞在1920年年末所目击的"自然美"殆非天工，而出自人力。这段人类干预的自然史还有一点值得说明——茂飞或许意识到了，却可能没当回事——西郊园林的历史与西方人在此的"功业"本自密不可分。正如本书开篇所言，近二百年来，由西方影响带来的野火鸣镝及现代化进程，一直是北京西郊城市发展中的一个不可或缺的因素。

在米万钟身后约二百年的清乾隆年间（1736—1795），海淀已经

图26　北大校园内的朗润园一度有着宛如江南的景致。作者摄于1997年

为西方人所确知。当时，著名的圆明园业已在燕京大学校址北垣外一箭之地建成，厌烦了城内暑热的清代诸帝常年在此处理政务，因此带动了这一地区的空前发展。除了圆明园、绮春园、长春园（此三园或合称为圆明园）、清漪园、畅春园这些规模庞大的皇家离宫之外，尚有淑春园、弘雅园（集贤院）、鸣鹤园、朗润园、镜春园这些后来被包括在燕京大学校内的小园，或作为宗室大臣的赐居之地，或作为临时的办公地点。（图27）

直到北四环路修建之前，北京大学附近很多反映这段历史的地名尚保留着，最为人所知的莫过于一条名叫"军机处"的小巷，通往海淀镇上众多为人们至今回味的饭馆。"军机处"的路面比北京大学南墙外的海淀路高出一米多，除了高度向人们昭示着海淀台地的边缘所在，它的名字还再清楚不过地告诉人们，此处正是当年清朝

图27　20世纪30年代的朗润园

大臣租赁民房办公的场所，而海淀台地的北缘，也在当时成了皇家和庶民的分野。

米万钟的勺园在此时已经改名为"弘雅园"，康雍乾时期，这里一度成为贵族积哈纳（郑亲王）的府邸。因为清代规定皇族赐园不得世袭，受赐者死后园宅必须归还，1784年之后，弘雅园不再归私人居住。到了1793年，第一个来华的西方使节，由于"礼仪之争"而广为人知的英国人乔治·马戛尔尼勋爵（Lord George Macartney）被安排在此居住。[①] 马戛尔尼的访华日记，以及回国后根据这些日记写成的中国行纪，让地球那半边首次知晓了东方帝国虚张声势的内里，也使得燕京大学的校址第一度为西方人所知。

在书中，马戛尔尼仔细描述了他所居住过的中国园林的情状：

> 分拨给我们居住的此地住宅由数个庭院和互不相连的厅堂组成，位于一个中国样式的园墅中。园墅中蜿蜒蛇行的小径和狭窄曲折的河流环抱一个小岛，岛上有一个凉厅，一丛间错着草坪的各色树木，由于不规则而显得多样，因大石而具野趣，园子有一道围墙环绕，门口的一队士兵负责看守。[②]

[①] 参见洪业《勺园图录考》（*Mi Garden*），燕京大学图书馆引得编纂处编《哈佛燕京学社汉学引得丛刊》特刊第五号，北平哈佛燕京学社，1933年。

[②] Helen H. Robbins, *Our First Ambassador to China*, J. Murray, London, 1908, p. 274. 在东方主义者那里，"中国样式"（Chinese style）是一个用以对中国文化进行"程式化"的产物。见本书第三章第一节有关讨论。

值得说明的是，后来燕京大学的历史学家洪业在他的《勺园图录考》中也引用和翻译了这段文字：

> 所备为余等居住者，为数庭院，各有堂厢，共在一园内。园为中国式，曲径缠绕，小河环流，中成一岛，上有凉榭一，草地与杂树相间错，高下不齐，顽石乱堆。全园居高垣内，园门有兵守之。房屋中有颇宽敞优雅不陋者。惟久未修理。[①]

洪业的翻译简洁文雅，但是它流露出的欣羡语气，或多或少地埋没了这段描述所指向的历史情境。英国人心目中的天然开敞的"园墅"（park），和他们眼前充满"蜿蜒蛇行（serpetine）的小径"与"狭窄曲折的河流"的中国"园林"（garden）并不完全是一回事儿。事实上，英国使团中的好些人在弘雅园中并不惬意，不管是"蜿蜒蛇行"还是"狭窄曲折"，"不规则"还是"野趣"，这些词在上下文中都多少有点贬义，和它们象征着的神秘而阴暗的东方人的心计不谋而合，环绕在园子外的那道围墙和负责"看守"他们的清朝士兵进一步解释

[①] 洪业：《勺园图录考》，58页。安德生《随使中国记》一书中的记载也可以帮我们大致了解某些西方人对于中国园林的另一种观感："御苑之门为平常石砌门洞，有兵守之。门内似一操场，行李下车，操场之中央有小舍一所，小官数人，在此等候。穿之，达御苑内部，然通走处仅约四英尺，故车不可入。此苑所处等地，不仅甚低，且实湿洼，而两端又皆污池，臭气颇难受。一池旁有数屋，以居英兵……苑有庭院二，各有堂厢，皆甚陋，且久未修理。环院为走廊，上覆以木油以彩色。庭中及房舍外有数树，皆不甚美。地铺小石，亦有数处小草地，然似久未修剪也……此地似久未居人，居之者蜈蚣蝎蚊而已，到处皆是。"原文见 Aeneas Anderson, *A Narrative of the British Embassy to China*, pp. 119-122，转引自洪业《勺园图录考》，59页。

了一切。

　　法国前文化部长佩雷菲特生动地描述了弘雅园纷争的前因后果。虽然马戛尔尼一行带来了重要的外交和商贸使命，但在这场中国近代史上最著名的"聋子的对话"中，乾隆并不打算以平等的姿态对待这群远方来客，相反，这群显然水土不服的洋鬼子面对的是东方最大帝国的君主娴熟的权谋。他们一会儿被摞在一边十天半月无人过问，一会儿被拉出去"腐败"而累个半死，一切都是为了煞煞他们志在必得的嚣张气焰。眼看着他们长途跋涉快到天子脚下了，这伙人却就这样被软禁在这有围墙和有卫兵把守的弘雅园中，住地戒备森严，和外界完全隔绝："不管我们用什么借口，他们都不让我们出去。所有通道都派有官员和兵士把守。这座宫殿对我们来说只是一所体面的监狱而已。"（图28）

图28　《停滞的帝国》中马戛尔尼使团画家所作的插图。"这座宫殿对我们来说只是一所体面的监狱而已"，此图中描绘的石舫，难道就是今天未名湖畔的那一座？

显然，习惯了"自然风致"的英国人对这样的园林境界无法欣赏，在这对他们而言并不舒适的囚笼里牢骚满腹。这些房子"过去是给外国使节住的；但很明显，这房早已没人管了"。"屋子里到处是蜈蚣、蝎子和蚊子。""英国人不得不睡他们海上航行时用的吊床和行军床。""这个国家老百姓睡的床都很不舒服。"[①]

　　佩雷菲特确切地说，这是因为"不同的文化有不同的床"。具有讽刺意味的是，当英国人毫不留情地揶揄这园子的一切时，清帝国的最高统治者们却在为他们缜密而不失巧妙的应对暗自得意。乾隆五十八年七月初八的谕旨称：将安排英使一行"在弘雅园居住"——这园居在皇帝看来显然是一种高规格的接待，"英使将看到该看的东西，规定以外的一律不准看：'……皇帝同意英国贡使乘坐龙舟游览昆明湖。湖水必须相当深，你们要派人疏浚昆明湖，务使一切完美无缺'"。"政府对一切都作了精细周密的安排。即使波将金给叶卡捷琳娜二世看的村庄也不比这布置得更好了。"[②]

　　这装门面的游园会并未如清廷所愿，使"英夷"震慑于天朝上国的文物制度，相反，当英国人走近圆明园，看清了装饰有龙和金色花朵的园墙上原来"工艺粗糙，镀金的质量很差"，他们原有的憧憬和欣羡便烟消云散。

　　四十多年后，英国人首次在南中国海以坚船利炮打掉了这停滞帝国古老的高傲，英国兵舰第一次入侵便行驶到大沽口外，首都北京震

①　［法］阿兰·佩雷菲特著，王国卿、毛凤支、谷昕、夏春丽、钮静籁、薛建成译：《停滞的帝国——两个世界的撞击》，生活·读书·新知三联书店，1993年，149页。
②　［法］阿兰·佩雷菲特著，王国卿、毛凤支、谷昕、夏春丽、钮静籁、薛建成译：《停滞的帝国——两个世界的撞击》，151页。

动。事隔十多年，第二次鸦片战争爆发，英法联军更是来势汹汹，虽然对中国而言两万人实在算不上一支大军，但这两万人却在停滞于冷兵器时代的清军面前占有绝对优势，打得僧格林沁的蒙古骑兵也望风披靡。1860年10月18日，英法联军由通州直趋圆明园，继马戛尔尼和1816年被驱逐的阿美士德勋爵之后，他们的孙辈额尔金勋爵最终又踏进了圆明园，只不过这一次他是这座"万园之园"的终结者。

在这之前，弘雅园早在嘉庆六年（1801年）改作汉、满文职各衙门堂官的公寓，以"群贤毕至，少长咸集"之意改称"集贤院"。传说在战争期间，园林中那些先前的"国宾馆""公务员宿舍"，转而成了关押外国战俘的拘留所，英国谈判代表巴夏礼（Harry Parkes）被囚此处，受到了中方的虐待。这后来成了英法联军焚毁并洗劫圆明园的借口之一。据说，在决议烧毁圆明园的前夜，法国人似乎要稍稍克制一些，而愤愤不平的英国人却声称，在这附近的某一处所，他们的代表受到了酷刑——"被俘之英法人，手足拘缚三日，不给饮食，如此暴行，即在圆明园中为之"——烧毁包括集贤院在内的皇家园林，就是最好的报复。① 园毁后不复再建，海淀镇的黄金时代遂在圆明园的一炬中灰飞烟灭。

饶有意味的是，三百年来，西方人的每一次出现都给西郊的山水园林带来某种重大的变化：以王致诚、郎世宁为代表的耶稣会士在18

---

① 欧阳采薇译：《西书中关于焚毁圆明园纪事》，《北平图书馆馆刊》第7卷，第3、4号，民国二十二年（1933），第110页。

中国学者对于英法方面的声言多有怀疑，主要的质疑是巴夏礼及其随从很可能并非被羁押于圆明园附近。详见王开玺《英法被俘者圆明园受虐致死说考谬》，《北京师范大学学报（社会科学版）》，2010年04期。

世纪帮助乾隆皇帝建起了圆明园中那些模仿路易十四时代作品的"西洋楼"，给它带来各种珍稀玩意儿和"奇技淫巧"的陈设；马戛尔尼则揭开了这座园林神秘的面纱，使它置于苛刻而不怀好意的审视下；最终，又一位英国人出现了，给它带来了灭顶之灾。

现在轮到了美国人茂飞，他生活在科学昌明的20世纪，来自业已成为世界超级强国，但才刚刚开始海外扩张的美利坚合众国。茂飞并不是一个历史学家，面对着贫穷积弱，甚少人看好，甚至很少有人愿意去理解的古老中国，他将在对这历史过往几乎一无所知，或可以说一窍不通的情形下，在废园之上重建一座崭新的"中国园林"。

废池乔木

1920年到1921年间，司徒雷登和茂飞先后探访燕大校址。当时，新校址的美好前景似乎已经在向他们招手——司徒雷登、路思和中方的教师将代表校方去美国募捐，筹得建校所需款项，与此同时，建筑设计、规划、原料筹备和施工并不是你等我我等你，而是齐头并进。燕大校方曾经乐观地估计，只需两到三年——最快的情形下，到1924年——大学的主要建筑就将建成投入使用，在城内盔甲厂和佟府胡同暂且容身的燕大男女师生将可以迁入新校址，这所既由来已久，又方兴未艾的学府将获得前所未有的发展机会。

但是，正如我们前文曾发问的那般："废园"呢？那矮小的假山，起伏不平的地势，水塘和小湖呢？

在燕京大学新校规划匆匆行进的步伐中，它们的命运犹未可知。

建筑师茂飞1920年年底在北京就地绘制的测绘图，同时也是一张重新描绘燕大未来发展的蓝图。这张图预示着未来燕大校园建筑布局的重大改变。先前，在没有看到新校址的情形下，建筑师设计了一个单一轴线的对称布局，以四合或三合的建筑合院（quadrangle）为基本单元的校舍布置在轴线的两侧，在轴线的尽头则是一座中国样式的宝塔。在新的设计中，根据实际的基地状况，建筑师则要重新考虑两个重要方面：其一，基地的形状不甚规则，原先严格对称，近乎正方的布局显然已经不再是最实际的方案，这是消极地解决问题的一面；其二，基地的地势虽然起伏不大，却自有特色，建筑师需要在这种特色中找到重新安排规划的基本逻辑，这则是积极地开拓思路的一面。

　　在"开拓思路"方面，曾经有一种流行的说法，包括司徒雷登传记在内的多种记载均说：茂飞一次到燕京大学基地考察时，站在一座小山上极力寻找地形与中轴线之间的内在联系，他突然望见玉泉山，很高兴地说："那边就是我想找的端点，我们的轴线应指向玉泉山上的那座塔。"这种说法自有其依据，从今天的平面图上看，北大西校门内那条通向办公楼的直道如果向西延展，确实和玉泉山的最高峰基本在一条直线上，而从南阁和静园之间的机动车道向西去，也可以真切地看到玉泉山的对景。

　　一切虽出自人工，倒也宛如天成。

　　在对这种自洽的景观营造表示欣赏的同时，人们多少忽略了基地情况带来的某种必然性，那就是"解决问题"的方面。当时，燕大获得的土地东起成府村西界，西至由海淀去颐和园的大路，北临尚未获得的"徐大总统花园"（淀北园，主要包含鸣鹤园—镜春园），南到所谓"丁家花园"和"南大地"，另一些对这一区域园林历史至关重要的部分，比如勺园，还没有包括在第一次勘察的土地中。在随后的年月里，燕大锲而不舍地努力着，希望能够购进保证学校未来发展的足够土地，但是这种买卖情愿的交易，并不是每次都能天遂人愿。燕大曾经希望当时的民国总统徐世昌，也就是"徐大总统花园"的主人，将北边的那块地转让给学校，但是徐世昌远没有陈树藩那般慷慨。由于徐家的反对，直到抗战全面爆发，这计划也未能实现，以至于燕大校园规划的北路一直颇显局促。

这样的情形下，1920年年底茂飞获得的是一块形状不规则的基地，略近于"丁"字形而在南面突出一块。（图29）

很显然，这样的基地形状更适合两条正交的轴线，而无法安置下原先茂飞理想中近似正方形基地的全部元素，而司徒雷登所说的"建

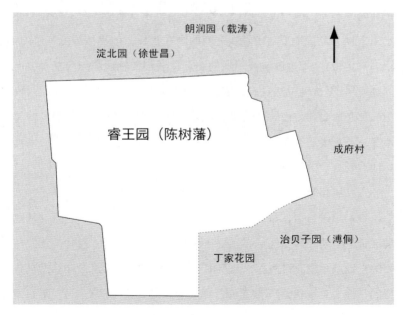

图29　1920年年底茂飞获得的不规则形状基地示意图

有……美轮美奂的寺庙和宫殿"的西山，凑巧就在新校址差不多正西的方向，在这样的情形下，东西向伸展并指向玉泉山塔的轴线是势在必然。

很大程度上，基于测绘图的新设计图（图30）只是将原有的设计作了一番折中，以便可以挤进地产的边界：原先纵深递进的主轴线被"折断"成了东西和南北方向的两截，起初位于主轴线终点的宝塔被移到了两条轴线的交点上，这样，位于主轴线上的三所建筑也自然被移去了，新增加的，是南北轴线上的八组女生宿舍，每组包含两座相对的三合院落；另一个较大的变化则是东西向轴线进深的延展，四合的建筑群落在轴线两旁各增加了一组。

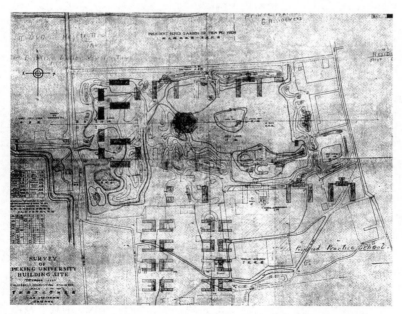

图30 1920年10月茂飞基于海淀校址测绘图的设计草案，这张蓝图指示着两种截然不同却又重叠在一起的图景

再也不是纸上谈兵，真实的基地似乎是从天而降，可面对微妙复杂的地形，在北京做客的茂飞并没有产生出新的想法。这张设计图只是按照建筑布局和地形进行的简单拼合，真实的基地状况并没有给茂飞的这张设计图增加什么太新的东西，建筑师此时只是着眼于解决问题，并没有精力来开拓思路。他用实心涂绘表示的基地那些较为肯定的建筑，多半位于地势平坦之处，而虚线表示的三座三合院落建筑，则横穿基地上小湖南岸的一堆土山，建筑师对在此处大肆动土似乎还有最后的犹疑。

无论如何，这张蓝图同时指示着两种截然不同，却又武断粗率地重叠在一起的图景。一种是基于旧日园林的细小多变的地形。基地的右上方是一处已经淤积干涸的小湖——今天鼎鼎大名的未名湖是也，这处小湖迂回辗转，连接着湖南以及基地西侧一串破碎的池塘和水池，形成了近十个原被水面环绕的小岛，岛上多半有人工堆垒的土山，陡峭处，高差达到三十英尺。

另一种则对应便捷"高效"的规划师思路，一只大手将理想的、古典主义的构图从纸面直接按到基地上，建筑的齐整轮廓与规则布局硬生生切断了看似杂乱无序的等高线组，且不顾这意味着移土还是填坑，也不管水道的进出与疏导。可以想象的是，一旦后者得以实现，废园的山水地貌或将荡然无存。

又一次地，一座中国建筑"废墟"的物理存在受到了生死攸关的挑战。

自从1860年的大火过后，集贤院（或弘雅园、勺园）的基址就再也没能恢复昔日的盛况。已经成了一片废墟的园址被赐给清贝子溥伦，直至它湮没无闻，只剩下两个几近干涸的小水塘。集贤院的北部，是又称睿王园，或墨尔根园的淑春园旧址——它差不多就是燕大第一次获得的"满洲人的地产"的大部分——同样遭到破坏，而这座规模远大于集贤院的废园后来的命运并不比前者好多少。1881年，光绪皇帝的生父，曾经担任过总理海军事务大臣的奕譞（1840—1890）到访淑春园时，这座园林不待外来者的侵扰，已经自行躺在一堆衰草之中了：

> 是园乾隆年间归和相坤，籍没后，入官。传闻：禁园工作，每取材于兹，足证亭台之侈之巨。后辗转为睿邸园寓，虽栋宇仅存，山水之秀美固自若也。余园近在比邻，曾未获游览。迨庚申变后，遂就荒芜。[①]

这位后来总领北洋水师的清末重臣，后来动用海军经费修建颐和园以取悦慈禧太后，为千夫所指。在这一时刻，他却像历史上的清流前贤一般，对牵系家国的园林营造事事萦怀。冒着失去官爵的危险，奕譞曾经为太后重修圆明园事两次上疏，两次廷辩，在同治面前"面诤泣谏"，泪流满面。

有众多的文字记载和文学作品描绘1860年英法联军火烧圆明园的始末及其余波，其中，大多数感慨显然反映了这样一种恒常久远的中国传统，那就是名园或建筑的兴衰事关国家命运与社会的变迁：

---

① 洪煨莲：《燕园的考据——和珅及淑春园史料札记》，李素等《学府纪闻·私立燕京大学》，89—90页。

物之废兴成毁，不可得而知也。昔者荒草野田，霜露之所蒙翳，狐虺之所窜伏，方是时，岂知有凌虚台耶？废兴成毁相寻于无穷，则台之复为荒草野田，皆不可知也。尝试与公登台而望，其东则秦穆之祈年、橐泉也，其南则汉武之长杨、五柞，而其北则隋之仁寿、唐之九成也。计其一时之盛，宏杰诡丽，坚固而不可动者，岂特百倍于台而已哉！然而数世之后，欲求其仿佛，而破瓦颓垣无复存者，既已化为禾黍荆棘丘墟陇亩矣，而况于此台欤？夫台犹不足恃以长久，而况于人事之得丧，忽往而忽来者欤？而或者欲以夸世而自足，则过矣。盖世有足恃者，而不在乎台之存亡也。[1]

当太守披荆斩棘，在荒草野田中刚刚建起一座高台，在苏轼的眼中却看到了几个世纪上下的风水轮转，从春秋乃至隋、唐，毁弃和营建宛如一对孪生兄弟，形影不离，而刚刚建好的凌虚台已经又在想象中的"禾黍荆棘丘墟陇亩"中了。宇文所安（Stephen Owen）说得更直白：

> 让我们假定我们面对着一座城市的废墟……两种不同的解释在我们的心中争斗不休；它可以是由于一部分居民犯的过错而导致的毁灭（作为道德秩序的自然），也可以是因为某个循环过程此时正值无法避免的下行阶段，城市的毁

---

[1] 〔宋〕苏轼：《凌虚台记》，《苏轼文集》，中华书局，1986年，350—351页。

灭正是其中的一部分（作为与道德无关的机械运转的自然）。如果这两种假设处于不可调和的对立之中（推行善政的城市被毁，是因为在历史循环的进程中它的气数已尽），摆在我们面前的就是悲剧的对应物。如果能使这两种假设携起手来，摆在我们面前的就是一部道德史。如果就让这两种假设这样令人不舒服地并置着——不是把情感的发展转化到对真实原因的认识，而是在揭开面纱前止步不动——那么，摆在我们面前的就是一种特殊样式的中国哀歌。①

　　艺术史家李格尔（Alois Riegl）曾指出，18世纪时欧洲有一种独特的园林风尚，那就是将人工仿造的废墟看作营造浪漫情调的标配。在中国历史中，却少有像李格尔所总结的西方传统那样，对一所已经成为废墟的建筑加以悉心保护，更不必说仿造一个了。

　　这或许是因为，对于古代中国人来说，不变和变永远是同一枚硬币的两面，造化的永恒流转不是体现在"时间胶囊"的坚不可破，而是在于物质和人力的循环不已，所谓"生生不息"——显然，古代中国人还没有"可持续性发展"的观念。正如宇文所安所说，传统中国人对于"废墟"的兴趣更集中于一种矛盾的并置：一面是废墟的物理存在所能激发起的"怀古"意绪，一面是对引起废墟或衰败的自然律的悲观和无所作为。对废墟，人们多半采取听之任之的态度，而更多的时候，反正变化不可避免，自称敬畏历史的中国人希望一切古物能

---

① ［美］宇文所安著，郑学勤译：《追忆：中国古典文学中的往事再现》，生活·读书·新知三联书店，2004年，68页。

够"整旧如新"。^①

然而，"废园"不仅仅是一种审美现象，抽象的文化立场后面还有更深刻的社会原因。

中国园林的"兴废"或许是件非常频繁的事情，三百年以上历史的园林胜迹几乎全都荡然无存。侯仁之的《燕园史话》中则系统描述了燕京大学新校址上众多清代园林的兴废，三个多世纪以来，不仅仅是英法联军的一把大火，仅这些园林不堪维系的财政负荷，就已经足以使它们湮没于荆棘之中了。且看燕园中几个主要园林（图31、图32、图33）的历史沿革：

> 勺园：为明米万钟始建，又名风烟里，约建于万历四十年（1612年）至万历四十二年（1614年），为明末京西著名园林之一。后康熙皇帝将该园赐给郑亲王积哈纳作为邸园，并亲笔题写匾额"弘雅园"三字。乾隆四十九年（1784年），郑亲王逝世，此园收归内务府所有。自乾隆以后，清帝经常在圆明园设朝听政，为了方便从城里赶来的官员上朝前后落脚休息，便于嘉庆六年（1801年），正式将弘雅园改名为集贤院。咸丰十年（1860年），英法联军火烧圆明园

---

① 正如巫鸿所讨论过的那样，尽管中国诗文中不乏凭吊废墟的怀古诗篇，但废墟本身并不受到悉心的保护，它们本身的物理状态也极少成为视觉艺术表现的主题。见他在研讨会"中国视觉文化中的废墟"（Ruins in Chinese Visual Culture）上的主题发言。"Ruins in Chinese Art: Site, Trace, Fragment,"Symposium: "Ruins in Chinese Visual Culture", the University of Chicago, May 17, 1999.

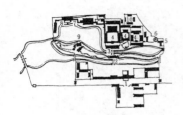

承泽园平面图
1. 大门，2. 二门，3. 三门，4. 正房，5. 小堂，
6. 城关，7. 叠廊，8. 北楼，9. 亭，10. 观音庵。

蔚秀园平面图
1. 宫门，2. 万泉河，3. 正房，4. 戏台，5. 南湖，
6. 小花园，7. 亭，8. 金鱼池，9. 紫琳浸月。

淑春园平面图
1. 东大门，2. 水文陂，3. 石舫，
4. 慈济寺，5. 南门，6. 西门。

鸣鹤园平面图
1. 正门，2. 二门，3. 城关，4. 戏台，5. 蓍药，6. 丽春门，
7. 延沇真赏，8. 金鱼池，9. 方亭，10. 颐养天和，11. 福岛，
12. 西泡子，13. 井亭，14. 花神庙，15. 龙王亭，16. 钓鱼台。

图31　燕大废园园址平面图，顺时针方向依次为：承泽园、蔚秀园、鸣鹤园、淑春园
来源：谢凝高、陈青慧、何绿萍《燕园景观》。

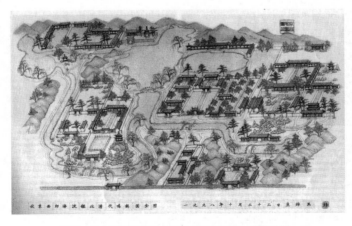

图32　北京西郊海淀镇北清代鸣鹤园全图，焦雄绘制
来源：焦雄提供。

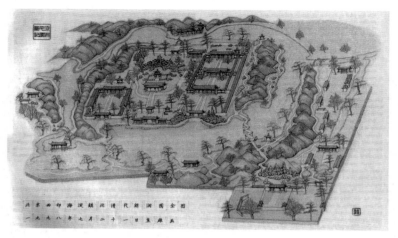

图33　北京西郊海淀镇北清代朗润园全图，焦雄绘制
来源：焦雄提供。

后被毁。

　　淑春园：在乾隆中叶之前就已有"淑春"之名。当时的淑春园中以水田为主，建筑并不很多。后乾隆将其赏赐给宠臣和珅，为和珅私园。和珅被查抄后，淑春园被分为东西两部。和珅之子丰绅殷德为十公主（和孝公主）的丈夫，留住西部，东部则赏赐给成亲王永瑆。道光三年（1823年），永瑆与十公主先后去世，据清朝惯例，淑春园收归内务府管理。自此，淑春园逐步衰败。道光末年，淑春园旧址赏给清初摄政王多尔衮的后代睿亲王仁寿居住。因此淑春园又有睿王园之称，或"墨尔根园"（满语中"墨尔根"与汉语"睿"字意义相近），此名一直延至1921年燕京大学购得此地为止。英法联军火烧圆明园时，睿王园同遭破坏。

　　鸣鹤园：与镜春园原本同属春熙园，是圆明园附属园林之一（按张恩荫的意见，在道光初叶之前，鸣鹤园是乾隆帝第八子永璇的御赐花园）。乾隆年间，赐予宠臣和珅，成为淑春园的一部分。嘉庆七年（1802年），将淑春园一分为二：东部较小园区赏赐给嘉庆四女庄静公主，名曰"镜春园"；而西部较大园区则赏赐给嘉庆第五子惠亲王绵愉，即为鸣鹤园，俗称老五爷园。咸丰十年（1860年），鸣鹤园一并遭到破坏，只有几处建筑遗存。同治三年（1864年），绵愉去世，鸣鹤园仍为他的后代所拥有。因长期无力修葺，该园便日渐荒落。

镜春园：由来同上。道光二十一年（1841年）时，镜春园归道光帝第四女寿安固伦公主居住，俗称四公主园。光绪二十二年（1896年）九月，镜春园又并于鸣鹤园内。镜春园盛时的园门在园东南侧……全园布局由两处建筑群组成，主要建筑以中部建筑为主体……四周原有碧水环绕，略成圆形，很像一面镜子，或镜春园因此得名。现在只有西面的小湖依然如旧，就位于通往朗润园大路的东侧。1860年镜春园同遭破坏。

朗润园：原名春和园，是当时圆明园的附属园林之一，清代嘉庆年间赐予永璘为邸园，又俗称庆郡王园。道光二十二年（1842年），永璘的后人奕采被夺去爵位，按照清朝惯例，春和园也被收归内务府管理，咸丰二年（1852年）大规模重修后改赐给了恭亲王，并更名为朗润园。奕䜣于光绪二十四年（1898年）病逝之后，朗润园又一次收归内务府管理。当时慈禧太后经常在颐和园垂帘听政，朗润园由于相去不远，便被作为内阁军机处和奏事诸大臣的会议之所，每逢三、六、九都要在此集会商议朝政。光绪三十二年（1906年）慈禧太后令诸王大臣议官制于朗润园。根据会议的结果，当时的六部名称都有所改变，成为晚清重大历史变故的见证。[①]

这其中还不包括尚未在我们的故事里登场，但人们耳熟能详的另外几座名园：蔚秀园、农园，和不那么为人们所知的承泽园、畅春园，以及虽不属于历史建构，却自燕大赢得令名的燕南园、燕东园。

从承传关系的图表（图34）中，我们并不总是容易辨别这些园林的前生来世，因为它们时而同属于一所园林，时而分而为数个独立的小园。当园林所有权改变时，不仅名称改易，布局也往往随之变更[②]——不仅要创生出新的边界和中心，还要营造出自洽统一的风格和品性。而新入居者即令是风雅之士，也不见得会体恤旧主的情怀，无论是合是分，新园林的风格总要表现新主人的心意，而有的名园就在这转手之间，湮没了它的本来面目。

---

① 对北京大学校园内历史园林记述甚多，以上诸园的简介主要依据其中总结较为全面准确的《风物：燕园景观及人文底蕴》一书，略有改动。见肖东发主编《风物：燕园景观及人文底蕴》，北京图书馆出版社，2003年，56—98页。上述简介中，有关"淑春园一分为二"的表述存在矛盾之处，并无结论。可以肯定的是，随着时间的变化，淑春园所包括的范围有所变化，即使在同一个历史时期，燕京大学所获得的校址上也肯定不止一座园林，它们的产权所属关系时有兼并和分裂。因此，不难理解各种空间表述中为什么会出现"打架"的状况。

② 比如洪业就指出，仅仅就现有文献，我们只能判断集贤院和勺园遗址的地盘彼此相跨，但很难知道它们是否完全一致。见洪业《勺园图录考》，61页。

图34　燕园新建、历史园林的沿革。作者示意图

　　特别值得提到的是，圆明园附近的"私园"、"赐园"或"官园"的模糊概念体现着中国传统社会里对"公""私"的别样理解。有清一代的世袭制度比前朝有所紧缩，不管是皇族还是官员被赏赐了一所园林，都难指望世世代代将它传承下去，这样一来，大多海淀的"私园""赐园"都谈不上是真正私人专有，里面的营建是否长久一致，往往和园主人的政治前途，乃至身体状况相牵系；从另一方面来说，享用"官园"的住客也未必能够少费心思，它的所有权和使用权之间的关系同样是说不清道不明的。虽经赏赐，但皇帝的恩宠并不总是免费的，不可随心所欲——"官园私住"是一桩很大的罪名，虽然那时公私之间只隔一层薄纸，但是在耳目众多的天子脚下，"独立王国"是不大可能存在的。

　　嘉庆初年，勺园故址上的弘雅园归满人永锡管辖，永锡总领京郊的八旗事务，有很大的实际权力，想要在海淀众多闲园中挑一所用于"公务"，还不是小事一桩？然而，正值以严酷而知名的嘉庆皇帝施行新政，与他之前那位好大喜功的乾隆皇帝截然相反，嘉庆紧缩，不再像他老子那样在西郊园林的营建上大做文章，为了显示勤政务实，他偏偏不放过这点小节，要拿永锡开刀。据《东华录》，嘉庆五年二月戊戌："……永锡管理圆明园八旗事务，诸事高兴，擅自将弘雅园私行居住。见在十七月内。"嘉庆皇帝愤怒地批道："朕自己尚不长去圆明园居住，而永锡擅自将官园私住……是有此理？"
于是将永锡"镶蓝旗汉军都统，及所管圆明园八旗事务，俱行革职，
交办宗人府查处"。

永锡的"官园"到底是如何个"私住"法，官私之间如何定义，
均无详细说明，或许有某些未见于史料的题外之旨，也不无可能。第
二年，也就是嘉庆六年五月，嘉庆着弘雅园改为"公寓"。有人认为，
之所以改名"集贤院"，倒不一定是要凑王羲之"少长咸集，群贤毕
至"的趣，却是因园名是乾隆皇帝御题，现在换了皇帝，需要避"弘"
字讳。既然改了用途，名字也跟着改掉。

就便歇息的臣子从此不用城里城外来回奔波，自然感激涕零，集
贤院中住得确实不错，然而，感恩的笔调中却透露出另一种玄机：

> 小住集贤夏日长，湘帘竹簟觉生凉。
> 一池有水亲疏浚，三径无花亦就荒。
> 得句如仙钦旧作，续貂搁管愧当场。
> 近臣侍直沽恩泽，赐院分居列栋梁。[①]

当一所园林的主人由皇子转为朝臣，由一人独擅变为数人共享，
由偶寄闲情的风月之所，变为官府衙门的后院，主子们和这园林的责
任干系就发生了很大变化。身为高官的住客亲自疏浚园中池塘，听起
来似乎不可思议，不过想到这诗最终不免为皇帝过目，也就觉得顺理

---

① 福庆宿集贤院诗，"九卿各有值房"，见《兰泉诗稿》，燕京大学图书馆藏抄本，卷
二十四页七，转引自洪业《勺园图录考》，60页。

成章了。尤其"公寓"这个词的含义很有意思：这里的上下文中，"公寓"听起来更多的是"服务于公事的寓所"，而不是"公享公有的寓所"，个中的新意容后再表。

"官""私"之争给了我们两个看待废园的新鲜视角。其一，园林的所有权至关重要，园林胜概所维系的政治历史格局并不抽象，因所有权的变化，园林的改变可以落实到物理操作的层面上；其二，园林易手而随之兴废，反映园林的维护经营远重要过它的最初设计——其实，一座园林是不大容易有个一成不变的"设计"的，随着人类干预的程度与方式的变化，它会不断"长成"不同的情状。中国园林，乃至一般意义上的园林景观，虽然源于自然，但是一种有赖于人工调控的自然。漫说废园，即便一座崭新的园林，如果一两个月不经打扫，也会面目全非，甚至湮没在真正的"自然"之中。

我们并不十分准确地知道这些废园是如何倾颓毁坏的，因为人们更多地只关心它们身前的荣耀，而不是身后的凄凉。然而，所幸，燕大校园咫尺之外的圆明园成了一个众所周知的，或许是中国历史上唯一一个被准确地记录和保存下来的"废园"。比照1860年以后的圆明园，我们可以大略窥见燕京大学校址上那些废园的命运。这些陈陈相因的历史叙事与20世纪初期的西方人对于圆明园遗址的兴趣表现了两种完全不同的文化观念，导致了截然不同的现实后果。

众所周知，在1860年英法联军纵火烧毁了圆明园，但这般大的一座园林，不易一次建成，也不可能被全部付之一炬。比如被称为蓬岛瑶台的福海中心景观，因为孤悬在湖中，便得以在这次浩劫中幸存，如此幸免于难的建筑散见于园内多处；另外，山水花木，以及那些不能或不易燃烧的石作、金属雕像，也一样逃过了这次"火劫"。同治朝雄心勃勃打算重修圆明园，"拟修葺范围，除长春园外，圆明、万春二园不下三千余间"，虽然最终不了了之，但是同治十三年"翌岁次第兴筑。至七月末停工止，大宫门等处，只余宽瓦一事，惟天地一家春、正大光明殿、安佑宫等处较大建筑，以木植缺乏，进行稍缓耳……"[①]这样一座"残园"废兴相继，从同治末年次第兴筑的工地，到最终又是一片废墟，经历了一个世纪之久的漫长过程，套用赵光华的说法，除了"火劫"之外，还有"木劫"、"石劫"和"土劫"。（图35）

图35　圆明园长春园西洋楼海晏堂遗址。作者摄于2006年

---

① 　刘敦桢：《同治重修圆明园史料》，《圆明园》学刊第一期，1981年。

正如张恩荫所写到的那样，庚申劫后的圆明园首先遭到的是一次"外敌入侵战乱中的内匪劫难"，偌大的圆明三园"除了孤零零的绮春园宫门、福园门门楼及正觉寺等个别建筑物之外，统统被拆抢一空"，是为"木劫"。1911年民国成立之后，按照清室优待条件，圆明园仍归皇室所有，园内住有太监看管，民国政府负责派兵保护。也就是从这时起，圆明园遗址又经历了长达数十年之久的一次"石劫"，北洋政府和北京地方有势力的军阀长官，纷纷从园中整车整车地拉走城砖、太湖石和云片石。

燕京大学不幸也在这场巧取豪夺的"石劫"的劫掠者之列[1]——和英法联军的报复泄愤，或是庚子年间爆发的社会动荡相比，这场掠夺是在和平年景里的蓄意之为，可以假借种种正当名义。它们使人联想起中国建筑史上的一些"燕用"[2]的往事，而人们并不总是把这些挪用与移置看作"破坏"。

第一种是"借用"，比如当时北京的一些公共场所，包括颐和园、中山公园、文津街图书馆，以及民国闻人熊希龄创办的香山慈幼院，纷纷从圆明园运走大批石刻、湖石和云石，这些石材虽然现身于一个截然不同的建筑背景中，大多还可以维系它们本来的面目；第二种或可称作"利用"，拆下的砖石，本身价值或许不高，便为拆取者破碎割裂，改作更实际的用途，先前的工匠们在这些材料上耗费的心血便

---

① 1920年在海淀寻找新校址的司徒雷登并不讳言，"满洲人的地产"很大程度上意味着废园上"唾手可得的建设材料"。Stuart's cable to New York, 1920/10/27, B353F5441.
② "传说宋朝汴梁有一位巧匠，汴梁宫苑中的屏扆、窗牖，凡是他制作的，都刻上自己的名字——燕用。后来金人攻破汴京，把这些门、窗、隔扇、屏风等搬到燕京（今北京），用于新建的宫殿中，因此后人说：'用之于燕，名已先兆'。"梁思成：《从"燕用"——不祥的谶语说起》，《拙匠随笔》，中国建筑工业出版社，1991年，17页。

算是枉费了。

这些材料的第三种去向则是匪夷所思的，或许可以称作是一种非常中国的现象，那便是"改造"。正如冰心在小说《冬儿姑娘》里所提到的那样，当时有不少不肖商人，雇用当地贫穷农民，把圆明园基址上的汉白玉"改造"砸成小粒，掺在大米里以牟取暴利[①]——即便是废墟中普普通通的石块，也不能逃脱粉身碎骨的命运！

圆明园遗址蒙受的最后一大劫难就是"土劫"，中国建筑的最基本材料——夯土，因为土质细腻，往往还会为人们所循环利用，免不了被折腾来折腾去，或是和泥砌墙，或是重新烧制成砖，从而得以借尸还魂。更有一段时间，当地盛传"土中有宝"，一时间被称为"掘土贼"的盗掘者络绎不绝，防不胜防。颇为讽刺的是，和土地最为亲近的农民，同时也是叠石为山、堆土成丘的一代名园的终结者。据说，在光绪末年，圆明三园遗址出租给附近农民耕种的即有水旱地三千零三十六亩，1918年前后遗址内开始迁入住户，最终竟有常住人口两千多，被挖平的土山面积不会少于山丘总面积的50%——这种循环往复的过程倒也应了那句"源于尘土，归于尘土"的谶语。[②]

和这种长达一个世纪的毁弃形成映照，今天圆明园在人们心目中的视觉形象也经历了这么一个历史成形的过程。提到圆明园，人们脑海中会立刻浮现出一座巨大残破的汉白玉拱门的形象，然而，圆明园绝不仅仅是这座以欧式喷泉景观为特色的"大水法"。马戛尔尼曾经参观过的这座建筑，只不过是圆明三园之一的长春园中，欧式宫殿西

① 冰心：《冬儿姑娘》，《冰心选集》，人民文学出版社，1979年，94页。
② 张恩荫：《试论圆明园"废墟"形成历史与"遗址公园"应有形象》，《圆明园研究》，08期。http://www.yuanmingyuanpark.cn/ymyyj/201010/t20101022_4171251.html.

洋楼中的一角。然而，1860年的大火后，以石材为主的西洋楼所残存的部分却是别处无可比拟的。大水法等更是基本完好地保存着。长期以来，关于圆明园的"生前"，诸如"圆明园四十景图"这样的视觉再现，或是著名工匠样式雷的地盘图册（图36），乃至同治重修圆明园时期的模型烫样，都很少有皇室以外的人能够看到。它"身后"的历史上，却先后有数次比较有名的外国人的摄影活动，使得它的"遗像"广为人知。这些人可以拍到的，大多是西洋楼附近的遗迹。无疑，燕京大学基址上的昔日园林也经历了"火劫""木劫""石劫""土劫"的漫长磨难，"借用""利用""改造"的除旧布新。

燕京大学拿到"满洲人的地产"的时候，有两种势力对这些园林过去和将来的命运至关重要：一种是园子最初的主人，睿亲王仁寿和

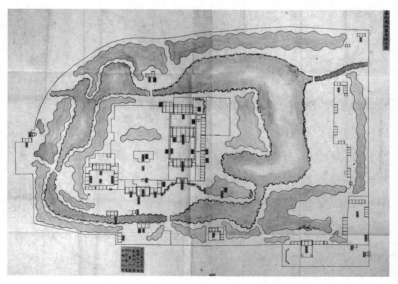

图36　样式雷春和园（朗润园）地盘画样全图
来源：清华大学建筑学院。

醇亲王奕谌的子孙，这些人自然愿意尽量保持园林的原貌，可是在民初围绕帝制共和的政治进退中，他们自顾不暇，哪里还有余力顾及其他。例如睿亲王的后代人称德七，一度无以为生，只好拆了残余的房子把木材出售，他甚至还招徕佃户，耕种园中的水田和旱地，靠收租钱获得一些收益。号称红豆馆主的治贝子园主人浦侗将园子抵押给正金银行，作价两万银元……这种窘迫的局面前面已经略有谈及。

另一种来自那些租赁这些园林的民初实力人物，除了陕西督军陈树藩之外，和海淀诸园渊源深厚的还有那位曾为袁世凯幕僚，靠着政治投机一路发家的北洋系民国总统徐世昌。徐祖籍浙江，但老家在河南卫辉（辉县）。他以薄酬租下了鸣鹤园和镜春园（合称淀北园）之后，表面不动声色，说是修葺园内建筑，却把鸣鹤园中的幸存建筑拆毁，搬运回河南老家百泉水竹村兴修私宅去了。徐世昌虽然是文人出身，为总统时曾成立北京艺术篆刻学校（即后来的中央美术学院的前身），却和千万卜入新居的园主人一样，看重的是自己一姓的声名，对于"旧时溪山"全然没有半分眷顾之心。

在这种情形下，燕大校方得到这块地作为校址时，可以想象，原来园林的基址已经受到了相当程度的破坏，而比物理破坏更为糟糕的，是旧园林历史形象的流失。在燕大最早的规划班子里，大概当时没有一个人知道在哪里寻找一名懂得中国园林掌故的行家。事实上，因为我们已经提及的种种现实原因，他们也没有兴趣去仔细寻找。

建设—毁弃—重建—再劫——如果历史可以假设的话，我们不妨假定，茂飞有可能跳出这种园林传承的怪圈。但是历史没有假设。

第 三 节

茂飞：从麦迪逊大街到海淀

适得其时的出现

1921年，废园的地形地貌始露真容，而茂飞在燕大的规划中却远非初来乍到，当司徒雷登和路思在燕京大学的新任上屁股还未坐热时，这位来自纽约的美国建筑师和他的合伙人已经坐在麦迪逊大街的办公室里，紧锣密鼓地为燕大的校址起草蓝图了。

茂飞1877年出生于美国康涅狄格州的纽黑文，是一个马车制造商的儿子，一个土生土长的东部人。他在纽黑文度过中学时代，1899年又毕业于位于这座新英格兰小城的著名学府耶鲁大学。毕业后，茂飞先后在纽约数家事务所工作，当了一段时间画图员之后，他还为数位企业巨子，例如小洛克菲勒的项目担任过项目监理，1906年，从欧洲"壮游"（Grand Tour）归来之后，茂飞开始在纽约和他的新搭档丹纳挂牌独立从业。

茂飞，一个精力充沛的东海岸"洋基"，并不缺少商业冒险精神，但他对实际事务的兴趣却超过不着边际的幻想。大学二年级，茂飞开始对建筑产生兴趣，这种兴趣和比他小十岁的现代主义者勒·柯布西耶（1887—1965）的完全不同。茂飞是一个二年级生的时候，耶鲁大学尚没有将建筑学列入它的正式课程。当时，受到欧洲大陆保守的巴黎美术学院的"波扎"（Beau-Arts）式教育的影响，美国大学的建筑教育附属于美术系，这种联系意味着建筑训练大半忽视建筑空间和结构的自身逻辑，更不要提什么对社会公用的反思。在很多项目的专业分工里，是工程师负责制造一个可靠耐用的结构，而建筑师的任务只是为一个结构包上一层皮，立面决定建筑形象。

那时，不管是摩天大楼，还是火葬场，大都要贴上花哨的饰物，不大管建筑和饰物之间是否有逻辑上的联系，也不管这种饰物是石材雕镂，还是水泥浇注。倒是美国小城市的一些性质中庸的住宅设计，像茂飞和他的合伙人丹纳在曼哈顿、长岛、哈得孙下游河谷，以及康涅狄格州中部和南部承揽的一些小型业务，因为成本的关系，比较少用繁复的装饰花样。在纽黑文，他们曾经为康涅狄格的工业巨子设计住宅内的图书馆，为耶鲁大学教授设计住宅。到了1913—1914年，他们开始逐渐扩大业务种类，开始设计草原住宅、剧院和教育设施。他的初期校园设计，比如位于温莎镇（Windsor）的康涅狄格学院，深深体现出托马斯·杰斐逊的弗吉尼亚大学设计的影响。①

三十七岁时才有机会设计他的第一幢"中国式"建筑，茂飞在青年时代并没有表现出对于东方的任何特殊兴趣。既不是一个对故土毫

---

① 除了就中国建筑发表宏篇大论之外，茂飞很少一般性地说明他对建筑理论的兴趣。不过，茂飞曾经提到一本他非常欣赏的书——《学校建筑》（*School Architecture*），从中可以看到他对校园建筑的一般理解和一个忙于实际工作的建筑师对于理论的态度。参见 John J. Donovan, ed. *School Architecture: Principles and Practices*, Macmillan, 1921。

无留恋的冒险家，也不是一个对未来有"玫瑰式憧憬"的天真汉，他在中国的出名很大程度上是一种偶然。茂飞向他的中国生涯迈出的第一步也是因为他的母校耶鲁大学。

早在1908年，丹纳就已经在耶鲁大学建筑系授课。两人和他们的母校一直保持着不错的关系，学校有时也给他们一些小型的项目。1902年至1913年间，耶鲁热心于海外传教事业的教授在湖南长沙建立并逐步扩展了一所"雅礼大学"（Yale-in-China）。[①]1914年，学校决定增加对雅礼的人力物力投入，包括为雅礼建新的校舍。1914年，这项计划最终把茂飞和他的妻子送上了从西雅图起航去亚洲的轮船。

对当时并不熟悉东方建筑的茂飞而言，建筑风格自然是一个很大的问题，他的日本客户便没兴趣请一位西方建筑师设计什么"日本复兴样式"的建筑；但是，在工程监理，以及和承包施工商打交道的问题上，茂飞显示出了商业建筑师高度的公关技巧，并且很快学会了各种和本地风格有关的辞令，以便娴熟地应对客户无止境的实际要求。茂飞初到中国便倾向于采用一种"更紧缩"的北方风格，而不是繁复的南方样式，看上去对中国建筑十分了解，以至于人们很难相信这位美国建筑师不过是第一次来中国。[②]

其实，那时候还没有在中国待上几天的茂飞，未必见识过真正的

---

① 义和团运动之后，美国教会中的精英人物开始意识到中国问题的重要性。1901年6月25日，由美国耶鲁大学师生为主力的中国传教组织雅礼会（Yale Mission in China 或 Yale-China Association）正式成立，毕海澜（Harlan Page Beach）教授为首届主席。最终促成雅礼会选择位于华中的湖南长沙作为中国工作的基地的关键人物，是担任雅礼会首届秘书的著名传教士教育家德本康（Laurence Thurston）。

② "History of the Buildings," *The Far Eastern Review*, July 1914, p82.

中国"北方"或"南方"样式，但茂飞自居的中国专家身份，或许是让在华教会高层对茂飞逐渐产生兴趣的一个重要原因。（图37）

在这里，风格上的创见更多地成了茂飞击败竞争对手的武器。茂飞过去的职业生涯以设计小型项目为主，现在他却不断地怂恿他的东方主顾增加预算，繁复绮丽的立面和复杂不规则的建筑结构，将使得建筑师在工程监理和承包施工中起到主导作用——当然，这也意味着建筑师将在物质上得到更多的回报。为了保证他的收益，茂飞很少同他生意场上的对手廉价竞争。他常展示给客户看的美妙效果图景，暗示着省钱的设计质量也相应粗糙，相反，他对于当地文化的深入了解，是他的设计虽然花费稍高却物有所值的前提。

图37　1920年茂飞为北京的汇文中学（Peking Academy）所作的校园设计，诸校合并成立燕京之后，汇文改为中学建制，尚不清楚这个设计的前因后果，但它无疑是茂飞与北京传教士合作初期的校园设计之一

这一点对茂飞将来在中国的建筑实践至关重要。

1914年春天，茂飞乘火车到了北京，第一件事便是去参观当时还依然为皇室所有的紫禁城——我们以后会看到，这次游历对于茂飞的意义非同小可。在这次参观后仅仅四天，有人介绍茂飞认识清华学校的 Y. T. Tsur，就是后来清华人习惯称为"老校长"的教育家周诒春。这次谈话所费时间不长，影响却非同一般，周校长邀请茂飞为他们尽可能快地建筑一所留美预备学校的主要建筑——茂飞东方之行的收获来得如此之快，他本人或许并不十分意外，原因又是和他的母校有关：周诒春1909年毕业于耶鲁大学。

茂旦洋行（Murphy & Dana Architects），也就是茂飞和丹纳事务所的远东分部，由此在上海成立——茂飞显然是预见到了在东方的巨大机会，当过项目监理的这位建筑师深深地懂得"在场"对于获得项目的意义。茂飞和丹纳在上海的事务所同时雇用了三个助手，其中包括号称中国最早留美建筑师的庄俊（1910年游美学务处第二批游美生）。后来以设计上海金城银行大楼而著称的庄俊，配合茂飞设计并且监造了清华的"四大建筑"——茂飞之所以雇用庄俊为他的清华建筑项目工作，其中一个重要原因很可能是此前周诒春告诫过他，中国政府会对雇用一个外国人担任国立学校的工程监理提出质疑。

1918年茂飞再次来到中国，随身携带了大量的建筑图纸，以及他和纽约著名建筑工程公司"麦金、米德与怀特"（McKim, Mead & White）的长期合作意向书。没多久，亚洲就已经成为茂飞和丹纳事务所的重要项目来源地，1915到1918年，两人担纲的两百零三万美元的项目中已经有23.4%是亚洲项目。到他承担燕京大学规划的时候，更有一百零二万美元的项目成了亚洲项目，使得这个比例上升到30.6%。没有任何迹象表明，茂飞是一个宗教情感笃厚的人，但他与教会，以及对海外传教事业居功至伟的耶鲁大学的因缘却对他的终身事业有莫大影响。茂飞在亚洲所获得的这些项目中，大多数与外国传教士，特别是美国传教士在中国的活动有关。

在1911年辛亥革命后的两三年里，帝制崩溃后的中国的政治图景出现了某种变数。似乎正是这种不可预料、从而希望巨大的前景不仅吸引了在本国前途黯淡的西方冒险家，也吸引了要在地球上各处建起"神的国度"的传教士。关于基督教融入中国社会的争论从未像这几年这样热烈，应运而生的外国教育机构为西方建筑师在中国的建筑实践提供了源源不断的机遇。从1911年至1914年，想建立新的校园建筑群的传教士们有三种主要的、合乎逻辑的方式可以选择：

第一种可能就是聘用一个在（中国）国内的外国工程师或者建筑师，他（她）必须在某个通商口岸开业并且有资格主持大型的场地策划、构思方案和设计基本的建筑方案……

第二种可供传教士教育者选择的就是，自己先起草计划，然后雇用当地工匠来实施……

第三种可能的选择，就是直接聘请一家能提供所需的全部服务的美国公司或者欧洲公司。[①]

---

① 郭伟杰：《谱写一首和谐的乐章——外国传教士和"中国风格"的建筑，1911—1949年》，《中国学术》，2003年第1期。

然而，这三种可能都不是毫无缺陷。当时在中国从业的外国工程师或建筑师的职业素质普遍不高，怀有投机心理的淘金者多于训练有素的专业人士；第二种方案的可行与否，则高度依赖于传教士自身素质的好坏，跨越行业和文化的操作，会导致实际结果远远复杂于最初的想象；直接聘请西方公司当然理想，但是在通讯不便的那时，隔着大洋合作实在不是一件易事，而美国本土建筑业的收费高昂，建筑的标准也时常脱离中国的实际。

　　这种困难的情形下，茂飞的出现适得其时。基于一个生意人的精明，茂飞比他的竞争对手更讲求文化策略，比如他选择尊重所谓"北方传统"，也就是选择以官式宫殿建筑为代表的中国营造传统，部分地认同中国建筑体系中的等级制度。茂飞能够这样做，并非因为他对中国文化有多少深入的了解——对于不读中文的茂飞而言，他的工作方法主要是形式至上。对于他这样一个商业建筑师而言，"波扎"式的建筑教育并非像有些建筑史家所批评的一无是处，至少，它用似乎中性普适的工具，把建筑的意义形象化和通俗化了，这种抽离具体社会和文化情境的图绘语言，使得建筑师可以灵活适应于各种项目不同的上下文。

　　早在1913年，茂飞和丹纳就在纽约州和康涅狄格州建立了这方面的商业信誉，他们擅长的就是运用各种各样不同的风格，来应对不同工程的需要，不管它是校园规划、个人住宅还是商业建筑。例如，在纽约州的新罗歇尔大学（University of New Rochelle）中茂飞和丹纳采用学院派哥特式建筑风格，而在康涅狄格州温莎镇的卢密斯学院

（Loomis Academy）的设计中，他们又采用了殖民地复兴风格。①

一个美国人的"中国建筑复兴"

由茂飞指导，茂飞和吕彦直（图38）在南京共同设计的金陵女子大学，1919年开始准备工作，三年之后开工建设。几乎是与此同时，茂飞也接下了燕京大学的业务委托，定下了另一个时间表。他为金陵女子大学拟定的紧凑工作日程，很能代表这位建筑师在华从业早期设定起来的一般工作程序：

> 1919年4月15日至6月1日准备供筹款展示的图纸；
>
> 6月1日至9月1日，纽约的工作图纸准备；
>
> 9月1日，纽约的工作图纸运中国；
>
> 10月1日，纽约的工作图纸运抵中国；
>
> 10月1日至12月1日，纽约的工作图纸在上海完成，由德本康夫人指导，详细设计准备；
>
> 12月1日，最终平面图和详细工作图纸由上海寄出，寄给施工者估价；
>
> 1月1日，估价完毕；
>
> 2月1日，签署施工合同；

---

① 在欧洲传统中，习惯上哥特式建筑和"学院""求知"的主题更为契合，但这并不是什么一成不变的铁律。

图38　设计了中山陵的吕彦直曾经是茂飞的助手

3月1日，施工开始；

9月1日，第一组建筑入住。①

　　从这份前后一年半的工作日程可以看出，意向性设计，也就是启动项目的草图设计，和正式的设计所耗费的时间基本相当，都是三个月，都在纽约完成审查。这种情况对于在华西方教会大学的建筑设计非常普遍，因为展示可能的愿景（envisioning）对筹得项目的资金至关重要，或者可说，既是先有蛋，再生鸡，也虚托了不存在的鸡，好下实在的蛋。相形之下，施工图阶段所花的时间要少一些，是两个月，而且这一部分通常在中国就近完成。估价的时间占去了一个月，估价之后的讨价还价占去一个月，施工前的准备工作又占去一个月，合计起来和设计的时间相等，不用说这中间还有无数书信往还、电讯来往的过程。

---

① "Report of Conference, April 10, 1919, of Mr. Murphy with Ginling College Committee," B127F2628.

当时中美之间的邮件递送主要依靠往来于太平洋中的邮船，建筑图纸在双方之间的传递最长需要一个月的时间（可能还加上上海和北京之间的传递），使用电报、电话虽然便捷，但价格不菲，并且，它们对于复杂的工程细节和空间图景的描述往往无能为力。由于茂飞介入的设计和规划是现代意义上的建筑工程协作，这种通讯技术上的限制对双方都提出了独特的要求，那就是除了准备图纸之外，还需要把风格、位置、体量、形态等等建筑问题转化为可以度量的描述性语言，以利于双方明确无误地理解和协商。①

和他的图纸一样，茂飞成了中美之间一个不知疲倦的旅行者，他的计划是一年中三分之二的时间在纽约，三分之一的时间在东方旅行。1918年对茂飞而言是一个尤其忙碌的年份，那一年，他除了和燕京大学明确了合作的意向，还离开北京去汉口料理他在那里的项目，然后又去长沙和雅礼的高层商讨湘雅医学院的施工情况，并最终折回长江下游地区，在上海停留的时间里，他甚至还抽空去了一趟苏州，目的是探索介入当地教会医院项目的可能性。

为了保证在中国的特殊操作环境中的收益不受损失，在设计之外，西方建筑师通常还要花费很多精力在合同细节所限定的支付方式和协作模式上面。比如，在协和医学院的项目中，设计师哈里·赫西（Harry H. Hussey）提出一种"开销加上百分比"的方案，这种支付方式意味着如果因为工程延搁、本地资源、协作效率及其他建筑师不易控制的因素导致成本上升的话，建筑师先是实报实销他们的所有开支，再按固定的百分比追加报酬。换句话说，首先保本，再根据工

---

① 详见本书第二章第二节和第三章第二节的有关讨论。

程规模变化按比例分成，而不是一锤子买卖。①后来的事实证明，大多数教会大学项目中都出现了费用上升的问题。自然，处于初始阶段的中国近现代建筑实践不易预计，但不可否认的是，对商业建筑师来说利润至上，具备生意人的精明的建筑师如茂飞，自然清楚，除了"好的设计"，还有一个对他而言"最有利的设计"。

那就是牢牢地把设计协作的主动权攥在自己手里，按自己的想法出牌。

对于那些急于让自己的建设更"中国化"的客户而言，打动他们心弦的是茂飞高深莫测的"中国建筑复兴"（renaissance of Chinese architecture），在有的场合，茂飞也称之为"具适应性的中国建筑复兴"（adaptive renaissance of Chinese architecture）。无独有偶，1964年，南京博物院的设计者，著名建筑师徐敬直又在《中国建筑的古今》一书中将20世纪二三十年代的古典样式新建筑笼统地称为"中国的文艺复兴建筑"。②

1914年，茂飞到了北京，第一件事就是去瞻仰他慕名已久的紫禁城——他将他在那里的体验称为"震惊"（thrilling），可以和他第一次看到圣彼得大教堂的感受相媲美。《纽约时报》后来报道了茂飞在北京的经历：

> 《为紫禁城之美欢呼——纽约建筑师指其为世界上最完
> 美的建筑群组——称颂中国人》：

---

①　Jeffrey W. Cody, *Building in China: Henry K. Murphy's "Adaptive Architecture," 1914-1935*, Chinese University Press, p. 78.

②　Gin-Djin Su, *Chinese Architecture: Past and Contemporary*, Sin Poh Amalgamated (H.K.), 1964.

一位纽约建筑师，茂飞现在正身处中国，他发表见解认为：紫禁城是世界上最完美的建筑群组之一……他将中国建筑与两种古典风格相提并论：希腊式和哥特式。[①]

　　紫禁城（图39）对于茂飞的"形成性影响"是压倒性的。日后，茂飞进一步将他对《纽约时报》记者发表的见解概括为中国建筑的五个要素：

　　1. 曲线屋顶攒集在屋角，它壮观的走势不为老虎窗（dormer-windows）所中断；

图39　紫禁城

---

①　*New York Times*, July 18, 1926.

2．建筑组合上的严整性——沿着巨大四合院落的严整的群组——标定的轴线；

3．营造上的坦率性——主要的结构组件都暴露在外——它们是"装饰性的建构"（decorative construction），而非"建造的装饰"（constructed decoration）；

4．华丽的彩饰，不管是内部还是外部；

5．（特定的）方法论——由中国式的建筑观念开始，为达到特定的实际目的，再引入外来的修正（只有如此）——最终导致了纯正的中国建筑。[①]

显然，茂飞心目中的"中国建筑"只是指以紫禁城为代表的宫殿式建筑，或官式建筑。不管是"沿着巨大四合院落的严整的群组""标定的轴线"，还是"华丽的彩饰"，都不是在寻常中国建筑中可以看到的。茂飞认定，只有这些因素才是中国建筑中真正值得保留的东西。在强调传承中国建筑的伟大传统的同时，他也着重指出，这些因素生来就具备一种可以被灵活改编的弹性。和哥特式与古典式建筑在现代建筑中的运用相似——类似于"哥特复兴式"或"古典复兴式"的现代摩天楼的情形，这些因素可以轻而易举地适应于现代的科学规划和建设的需求。（图40）

什么才算得上是"真正"的"中国式"建筑？无论是当时还是现在，恐怕没人能够说清。但是，茂飞的"中国建筑复兴"中关于"适

[①] Henry. K. Murphy, "The Adaptation of Chinese Architecture," *Journal of the Association of Chinese and American Engineers* 7, no. 3, May 1926, p. 37.

图40　在20世纪20年代的设计竞赛中，哥特复兴式的芝加哥论坛报大厦方案最终战胜
　　　格罗皮乌斯和老沙里宁的现代主义设计，是当时美国本土建筑风气大环境的一个
　　　很好的例子

应性"（adaptability）的潜台词很值得注意，求变的"适应性"看上去
和追怀往事的"复兴"似乎有些自相矛盾，但这种矛盾却是茂飞"中
国建筑复兴"主张的要旨。"复兴"其实和复古无关，"复兴"看重的

不是"重生"而是"新生"。① 有了"适应性"这道护身符，茂飞就可以不用担心别人指责他的作品不是纯然的中国式，因为在真正传统的中国建筑面前，他是一位改革家。

值得注意的是，茂飞接触中国建筑在前，但他关于"中国建筑复兴"的观点则是集中地发表在他事业的高峰期，也就是20世纪20年代后期，那时他的大部分在华建筑作品都已经尘埃落定；更有甚者，这"中国建筑复兴"的主张却主要是针对说英语的美国公众和中国高层人士的，没有迹象表明，茂飞和当时正悄悄形成的中国本土的建筑学术圈有过任何正面的交锋。茂飞不遗余力地宣讲他关于中国建筑的观点，但他更多地现身在这样一些地方：克利夫兰博物馆、哈佛大学、奥伯林学院、芝加哥艺术学院、芝加哥大学、哥伦比亚大学、哈特福德神学院、上海蒂芬（Tiffin）俱乐部年会、中国工程师协会（纽约分部）、美华学社（China Institute in America，位于纽约）……

可以想象，茂飞主张"中国建筑复兴"的真正目的大抵是什么——不管他关于中国建筑传统的观察究竟是一语中的，还是虚张声势，这些主张都为他带来了实实在在的好处。到1928年南京国民政府雇用茂飞作为新首都的规划顾问为止，作为一个聪明的改革者，茂飞已经成功地打出了他手中的这张"中国牌"。20世纪之前的数百年，受了式微国运和文化隔阂的拖累，中国建筑从西方人那里得到的评价普遍较低。如前所述，当马戛尔尼一行造访圆明园时，即使金碧辉煌的"万园之园"也不能使得英国人改变他们对于中国建筑的偏见。19

---

① renaissance 一词的含义来自中古法语词 renaistre，而 revive 则来自中古法语词 revivre，在此，前者强调的是"重生"之"生"，而后者强调的则是"复生"之"复"。换言之，前者有洗心革面的意思，而后者则多少仍强调和传统的联系。

世纪著名的英国建筑史家福格森（James Fergusson）曾经写道："中国无哲学，无文学，无艺术，建筑中无艺术价值，只可视为一种工业耳。此种工业，低级而不合理，类似儿戏。"[①] 在"高等文化"色彩浓郁的传统西方学术框架中，主要由匠人承担设计工作、重经验而轻建构、缺乏理论建树和自觉意识的中国建筑还没有找到它的位置。[②]

这种情况在民国成立之后遽然改变，在以燕京大学校方为代表的新一代传教士那里，简直就是来了一个一百八十度的大转弯。这或许是"复兴"开始的征兆：

> 经由博晨光（Porter Lucius）先生为首、凯德林（Candlin）先生为辅提出动议（motion），我们衷心地同意大学建筑采用中国样式建筑，董事会同意，首席建筑师茂飞同意，建筑委员会也同意……[③]

"中国建筑样式"突然行情走俏并非燕京大学校方的心血来潮，而是和庚子年义和团运动之后在华教会的痛定思痛有关。发生在1900年的那场惨烈的事变使得双方都付出了沉重的代价，或许正是在灰烬里，从那些被嗤之以鼻的符籙、图腾里面，传教士们发现了"中国文

---

① 李允鉌在《华夏意匠——中国古典建筑设计原理分析》的第一章中曾经对中国建筑的历史解释，特别是这种解释生成的西方语境有过详细的评述。

② 在西方古典时期的末期，建筑作为一种造型艺术的"高等文化"地位尚不那么稳固，但是经由文艺复兴和启蒙时期，建筑已经和诗歌、音乐、雕刻、绘画这些艺术门类享有同样的地位，在狄德罗的《百科全书》中，它们被称为"五艺"（five arts）。

③ "Meeting of the Executive Committee of the Board of Managers of Peking University," 1920/01/02, B302F4690.

化"的现实意义。一方面，教会继续扩大教会慈善业来收买民心，一方面，在不断高涨的民族主义情绪面前，他们不得不作文化策略上的长久之计。

这策略并非意味着一种平等交流的开始——直到今天，我们也很难说中国文化已经在西方获得了多高的地位，然而，至少抱着实用主义的心态坐下来研究中国文化，正是从这个时候开始的。

这个时期，以主动误取为前提，真正的汉学研究向前跨进了一大步，而西方的一些文化精英也开始对中国发生了一知半解的兴趣。这最终导致了刚恒毅枢机（Archbishop Celso Costantini）在20世纪20年代全面推行的"中国化"传教策略。作为梵蒂冈教廷派驻中国的第一位代表，刚恒毅明确指出："建筑术对我们传教的人，不只是美术问题，而实是吾人传教的一种方法。我们既在中国宣传福音，理应采用中国艺术，才能表现吾人尊重和爱好这广大民族的文化、智慧和传统。"①

但是传教士心目中这种中国建筑的"复兴"，却是以一种向后看的方式完成的，它并非基于现代主义者宣扬的社会和技术进步，看不到中国社会天翻地覆的现实，而是一厢情愿，把建筑的前途寄托在它"固有"和"内在"的价值，指望中国的知识精英能以宗教冥想的方式，对这种价值予以体认。结果，这场传统的复兴全成了西方传教士的独角戏，作为一个文明悠远的国度，中国所能奉献的不过是"世界上最便宜的手工艺制作"而已。

而中国人内部也发生了分化。五四运动以前，第一批留学于西方的中国建筑师早已毕业回国，他们中间的知名者如贝聿铭的叔祖贝寿

---

① 刚恒毅等著，孙茂学译：《中国天主教美术》，光启出版社，1968年，6页。

同，1910年官派留德，曾经与蔡元培结伴旅行。1915年回国后，贝寿同很快被委以重任，主持设计了包括北京大陆银行在内的一批重要的项目。但是，早期的"海归"建筑师对建筑学在中国文化，乃至西方文化中的地位都不甚了了，他们中的一些人和传教士一样，对中国建筑的好恶完全取决于文化实用主义的态度。如此，建筑作为一门自西方习得的实用技艺，固然可以给建筑师本人带来社会地位和功名成就，却绝不能成为新的文化反思的契机。

建筑领域内以梁思成（图41）为代表的中国本土知识分子，和茂飞为代表的进行着在华实践的外国建筑师，尽管双方都在某种程度上以"中国建筑复兴"为号召，却自始至终没有任何交集。相反，梁思成对茂飞的作品做出了这样的精要批评：

前二十年左右，中国文化曾在西方出健旺的风头，于是在中国的外国建筑师，也随了那时髦的潮流，将中国建

图41　晚年的梁思成

筑固有的许多样式，加到他们新盖的房子上去。其中尤以教会建筑多取此式，如……燕京大学……这多处的中国式新建筑物，虽然对于中国建筑趣味精神浓淡不同，设计的优劣不等，但他们的通病则全在对于中国建筑权衡结构缺乏基本的认识的一点上。他们均注重外形的摹仿，而不顾中外结构之异同处，所采用的四角翘起的中国屋顶，勉强生硬的加在一座洋楼上；其上下结构划然不同旨趣，除却琉璃瓦本身显然代表中国艺术的特征外，其它可以说是仍为西洋建筑。[①]

梁思成的评论并不囿于建筑师的国籍，或是他们使用的形式语言。在梁思成那里，无论是茂飞为代表的商业建筑师的实用主义策略，还是传教士们有意无意对于中国建筑形象的美化，都与他推崇的盛期中国建筑所特有的"结构理性"相悖。对于梁思成而言，对"中国建筑复兴"来说更紧要的，是通常只有局内人才可能有的高度责任感。只有这种责任感，才能使得对传统的缅怀转化为介入现实的力量，而不至于沉溺在空洞的怀乡情绪之中。因此，他毫无保留地批评茂飞等西方建筑师对于中国建筑的隔膜，但却一分为二地对他同样批评的中国建筑师吕彦直，在指出问题的同时寄寓高度希望：认为中山陵虽然西式成分较重，却是近代中国建筑师以古代样式应用于新建筑的肇始，"适足以象征我民族复兴之始也"。[②]

①　梁思成：《建筑设计参考图集序》，《梁思成文集（二）》，中国建筑工业出版社，1984年，221页。
②　梁思成：《中国建筑史》，百花文艺出版社，1998年，354页。

梁思成们所高扬的，是现代建筑师作为"哲匠"的主体意识，是新文化运动所推崇备至的"团体的活动"、"创造的精神"和影响全局的使命感。[①] 在这个意义上，立身于"中国"和立身于"新"两者并不矛盾：

> 我们这个时期，也是中国新建筑师产生的时期，他们自己在文化上的地位是他们自己所知道的。他们对于他们的工作是依其意向而计划的；他们并不像古代的匠师，盲目的在海中漂泊。他们自己把定了舵，向着一定的目标走。我希望他们认清目标，共同努力的为中国创造新建筑，不宜再走外国人模仿中国样式的路；应该认真的研究了解中国建筑的构架，组织，及各部做法权衡等，始不至落抄袭外表皮毛之讥。[②]

虽然都关心"中国建筑的复兴"，以主持设计北京辅仁大学（Catholic University of Peking）校舍的比利时籍本笃会神父格里森（Dom Adalbert Gresnigt O. S. B.）为代表的传教士艺术家，以茂飞为代表的商业建筑师，和以梁思成、林徽因为代表的民族主义知识分子显然"同途殊归"。

然而，茂飞在中国的建筑实践最有趣的一点也恰恰在这里。那正是我们上面提到过的模糊而机巧的"适应性"。郭伟杰概括了近代

---

① 陈独秀：《新文化运动是什么？》，《新青年》，1920年4月第7卷第5号。
② 梁思成：《〈中国建筑艺术图集〉序》，梁思成主编，刘致平编纂：《中国建筑艺术图集》，百花文艺出版社，1999年，文前7页。

外国建筑师在华实践中的这种"适应性"的一般情形，[1]1914年到1928年间，令茂飞最为头痛的，并不是一堆对他中国建筑知识的质疑——那时候，真正理解"中国建筑"是怎么一回事的人，还未能浮出水面——而是他不得不以高度的"适应性"去处理的各种复杂社会关系，和需要应对的千奇百怪的文化背景。在燕京大学的案例里，我们会发现，那里有雅好美术的银行家、说着流利英语的国学大师、不会英语的基督徒、自学成才的工程师、对建筑问题负有责任的化学家，还有前清的秀才，以及号称在内务府干过活的中国工匠……

像他的"适应性的中国建筑复兴"一样，茂飞的渐趋圆熟并不是回到原点，而是迈向新的出发之处，不是倒向真正的中国样式，而是加强了他作为一个西方建筑师的地位：

> 这项（研究中国建筑的）工作，并不能令人放心地交给中国人自己，他们看上去太容易相信那些人的话了，那些人告诉他们的中国建筑只是些古董，只有我们这些引入西学和技术的西方人才能给他们指引道路……[2]

---

[1]　郭伟杰在康奈尔大学的博士论文和以此为基础的专著讨论了美国人茂飞在华建筑实践的整个过程和相关影响，但是郭伟杰讨论的焦点在于茂飞在美国海外建筑实践上下文中的意义，他对于茂飞某些项目——比如燕京大学——基地的中国背景和实施过程中的中国接受则不太关注。

[2]　茂飞1921年在北京语言学校的演讲。Henry K. Murphy, "Address before Peking Language School," February 5th, 1921. 见耶鲁大学图书馆藏茂飞档案，Manuscript Group Number 231, February 5, 1921, Box 26, Project File。

在对中国传统建筑的见解上，梁思成自然比茂飞要不知高明到哪里去，但茂飞对于中国建筑的无知，甚至可以说是漠视，导致了他反而更大胆地摆出"复兴"的姿态，这种"换药不换汤"的"中国建筑复兴"，却为中国近代建筑提供了另一种可能。

第二章

湖光

第 一 节

美景与美元

筹款

先生们，女士们，中国已经不再沉睡了，民族意识正在那里迅疾地增长。

不出数年，她就会于各国中争取她的地位，我们需认可世界人口四分之一的这群人民的力量和权力。这件事不能再拖下去。

什么将主导这广袤国度的进程？在未来东西方之间将会有一场冲突，还是它们会融合成一个更伟大的文明？

毫无疑问，中国的明天将取决于今天学校中的这群孩子，教育，唯有教育，才是沟通中西文化的桥梁……①

"他言辞流利，文采斐然，决无偏见，"《公理会士》(*The Congregationlist*) 后来评论这位演讲者，"他富有生活智慧和分析头脑，当

---

① 洪业演讲发言稿，耶鲁大学神学院图书馆藏燕京大学档案，B312F4794。

臧否人事时，他的幽默感也配得上他的明察和洞见。"纽约的扶轮社（Rotary Club）更是把这位演讲者在那里所作的报告称为"当年最具分量的演讲"。这精彩的演讲不断招来热烈掌声，以至于演讲者不得不停下，等待着他的以挑剔见称的听众们稍稍平静片刻，然后好继续他最关键的片段：

> 燕京大学需要立刻在美国筹集一百万美元，五个捐款给燕京大学的理由是……①

听到这里，听众们互相交换了一下眼色，脸上露出了会意的微笑。

1921年，美国匹兹堡市，这个站在主席台上的、用流利英语打动了台下听众的演讲者却是一个年轻的中国人，看上去连三十岁都不到。他就是燕京大学新近聘请的历史教师洪业，又称洪煨莲，他的号（煨莲）听起来颇有禅机，其实是出自他的英文名"威廉"（William）的发音。（图1）

这位历史学家洪业的个人魅力无可挑剔。他本是福州人，出生于一个传教士的家庭，早年曾在北方短暂生活，迟至二十三岁才到美国留学，却在五年之中得了三个学位，最后在哥伦比亚大学取得历史学硕士。他知名当世的专业是中国史和蒙古史，但数份美国报纸当年的记载证明，许多听众认为他的英语好得"足以让大多数美国人感到羡慕"。当时，在大多数从未去过中国的美国人的歧视眼光里，所有中

---

① 洪业演讲发言稿，耶鲁大学神学院图书馆藏燕京大学档案，B312F4794。

图1　青年时代的洪业

来源:[美]陈毓贤《洪业传》。

国人都是纽约唐人街里寻常可见的洗衣工一类角色，但洪业出色的辩才使他们发现，原来中国人说起英语来，也可以像美国人那样充满着"火和力量"，闪露出智性的光辉。

知识渊博、思路敏捷的洪业无疑有能力为他的听众开一门中国文化的专修课，但1921年，这位年轻燕大教师并不是在作一场学术演讲，也不是在社交场合作什么即兴发挥。他接受燕京大学的聘约的同时，也接受了燕大的一个附加条件，在回校任教之前，他需要和燕大的副校长亨利·W.路思在美国筹款一年。对于急需一个兼通中西、富有魅力的大使型人物的燕京大学而言，风度翩翩、前途无量的洪业的出现适得其时。

每到一处，洪业先宣讲中国文化、语言、历史地位，然后由路思要求听众捐助。多年以后，洪业回忆这段辛酸的历程时自嘲说："（那时）我是在街头演出的猴子，路思义是拉着风琴，等猴子演完戏向观众要钱的乞丐。"① 有时候，光是文戏还不够，"激将"法也得派上用场，据说司徒雷登就碰到过这么一次。纽约托事部中，有一位叫作穆拜亚（E. M. McBrier）的高管，虽在其位，却不谋其政，于是司徒雷登故意将他一军："你除了出二百六十元给路思副校长买了一张火车票之外，对燕大一文钱也没掏过。你明知燕大多么需款建校，却并无表示……不过请你辞掉托事部职务……"司徒雷登这一招果然生效，穆拜亚"怒气冲冲，坐在椅子上好像热锅里的蚂蚁"，过了不久，司徒雷登接到穆拜亚一封信说：愿捐十万元建筑一座楼。这便是燕大叫穆楼（McBrier Recitation Hall），北大叫外文楼的那座建筑。②

从华盛顿会议到孔子的传统，洪业演讲的题目包罗万象。他的听众不仅仅是虔诚的教徒，他们同时也是社会各界的成功人士，因此他们对中国问题的兴趣不光是宗教上的，也是政治、智识和学术上的。是否能够激起他们参与的兴趣，并不是一场猴戏，而是和燕京大学新校园的前途生死攸关——和中国完全依赖于国家税收拨款的大学不同，私立教育机构的发展某种意义上取决于台下的这些听众，取决于他们是否能够多给几个子儿。不光是燕京大学，在美国，所有私立、公立大学，都会把年度筹款当成头等大事来抓，评价校长的功绩与成就的时候，不光是看他的学术能力和领导才干，也要看他是否能够为学校寻觅到足够的科研经费。当时一些国立大学，比如北京大学，给延聘的知名教授开出高薪，却因为国家财政状况不够理想，政府拖欠学校，学校拖欠教师，使得高薪成为一纸空文。而燕京大学最终成功

① ［美］陈毓贤：《洪业传》，商务印书馆，2013年，115页。
② 徐兆镛：《创校的艰辛》，李素等《学府纪闻·私立燕京大学》，71—72页。

地从美国筹集了一笔巨款，成为北京乃至全国大学中财力最为充实的大学之一。

有的读者看到这里，或许会耸耸肩不以为然。"大学者，非(谓有)大楼(之谓)也，(有)大师之谓也。"在当时的历史情境里，梅贻琦说过的这句话确实包含了国立大学对于相对富裕的西方教会学校的"大楼办学"的贬抑，但"大楼办学"同时也符合燕京大学创始的实情。

大师和大楼或许没有必然的关系，但大楼和大师的差异，或对客观条件和主观心志的褒贬，多少反映了两种办学思路和教育传统的差异，最终也影响到这两种教育传统所呈现的物理面貌。盔甲厂时期还是一个无名之辈的燕京大学，在1926年到1936年间从众多的基督教大学中异军突起，成为中国高等教育的新贵，建筑在一堆美元之上的大楼们无疑起了关键的作用——或许不乏积极的作用。

对于摇着风琴要猴戏的洪业和路思，"大楼"的迫切性显然不是一个值得去花时间质疑的问题。任何一个既野心勃勃，又踏实、实际的美国基督教教育家都清楚，他们和大洋那边母国的联系是他们中国梦想实现的前提。在20世纪二三十年代差不多十四年的时间里，以司徒雷登为首的燕京大学募款人，为此频繁来往于中美之间达十次。更不用说，这期间他们印行了大量的宣传资料，草拟了一堆演讲提纲，飞行式地参加了各种为募款而举办的社交活动，来回发送了不计其数的电报信函……燕京大学就是这样在平地上一点点"堆"起来的。

在取得足够的财政支持之前，难以想象燕大的建设者们会把任何抽象的、不着边际的问题放到优先的考量中。

他们的实际思路更多是如此这般：

动议：想象一座在任何地方都可以建成的校园（当然，"任何"

是指美国式想象内的"任何"），为了将来重新计划、增删修改的方便，在一开始，这座校园的规划并不是越有个性越好。

设计：设计这所学校建筑上的一般面貌（中国式的、西洋式的，还是混合式的？），如前文所述，为了某种显而易见的原因，大伙已经对建设一所中国式的校园有所默契。

募款：确定哪些建筑是建立一所学校的当务之急，明确每座房屋的用途。说到用途，倒不一定是为了它未来的使用者考量。为了让捐款人、决策人、建设者都有东西可以凭借，在建筑尚未变成现实之前，需要有清晰的愿景来建立起各方的共识。

建设：成立一个执行机构负责校园建设的事务，这机构暂时还用不着特别专业的人士，至关重要的是，它可以在各种场合担负起第一线的责任，和各种人物、机构打交道的时候，它可以挺身捍卫学校的实际利益。这机构就是后面我们会多次提到的学校基建部门建筑工程处（Building and Construction Bureau）。

在这么一场演出的开场，建筑师的任务就是担任布景师的角色，茂飞的铺垫性工作，为一个宏伟的愿景提供了真实可感的依据。在草创之初，摊子铺得大一些，对于燕京大学并不是什么坏事。燕大如果购入足够的土地，筹到超过预期的资金，不仅可以使建筑师有更多的回旋余地，在将来的校产买卖中也可以提高讨价还价的能力。司徒雷登的初步目标是筹款一百万美元，这样，到了1924年9月，燕大的学生们就可以开始从城内迁到城外。这迁校的最基本要求是：建设起用于大学管理的行政楼一座，用于上课和研究的科学楼两座，两个宿舍区的建筑合院和二十七处教工住宅。[1]

司徒雷登的募款运动无疑获得了巨大的成功，甚至远远超出他自己的预期。有了稳固的资金保证，20世纪30年代的前半叶由此成为燕大发展的黄金年代。（图2）可以想象，风花雪月的奢侈，是建立在完成主业的余力上的，燕大能腾出手来考虑很多与建设校园有关的议题，大概和教育投资本身的从容不无关系。这所燕京大学虽然只是初建，却有余力考虑其他大学所不敢想象的东西——比如一所正规的博物馆。司徒雷登1926年7月3日提到，他正在和霍尔基金会的戴维斯商谈建设一座独立于哈佛燕京学社之外的博物馆，以收容前清遗留下来的文物。[2] 燕京大学未能如愿以偿的这个博物馆之梦，多少为后来在燕园内建起的赛克勒博物馆实现了。

图2　校园建筑的捐助人之一小约翰·洛克菲勒拜访校园

---

① *Peking News*, February 1923.
② 那时候，"基督将军"冯玉祥已经将清朝皇室驱逐出宫，故宫博物院大半年前成立，但当年北京政局动荡造成紫禁城内的宝物岌岌可危，司徒雷登因有此想，并在校园规划中为博物馆预留了位置。Stuart to North, 1926/07/03, G354B5463.

海淀燕京大学初期募款的方式和内容，对我们理解它的校园规划至关重要，因为这一切直接影响到茂飞与燕大的工作关系。

今天，当建筑师开始设计一个教育机构的校园时，人们期待的，总归是一幅"从无到有"的宏伟蓝图，但靠募款而白手起家的燕京大学却没有那么轻松，有时候，它或许是不得不从（假）"有"到（真）有，也就是俗话说的"骑着马找马"。

1921年年底，燕京大学真正需要设计的其实只是几幢使学校可以早日开始运作的建筑，而不是整个校园，为此，校方的心里一定有一个优先名单，那就是上文中司徒雷登所提到的行政楼、科学楼和宿舍楼。燕京大学是一座荒郊野外平地拔起的学校，四周也没什么可见的"文脉"需要小心迎合，但是，甚至在这个子虚乌有的校园的校址尚不存在时，茂飞就开始在更大的范围内设计它整体的物理面貌了。（图3）

这种给募款人看的宏伟远景和火烧眉毛的眼前建设并不是一回事。

图3　燕京大学校园的建筑模型。最终建成的校园和茂飞的规划规模相去甚远

建筑师不能不同时考虑这两种不同的需要，不能不把规划和建筑这两种不同尺度、不同时间跨度的工作搅和到一起：一方面，每座建筑都要靠它同样子虚乌有的邻居来验明正身，每一座建筑都指向一个宏大的、和它的细节同样不真实的后台逻辑。为了看上去像一个真正完备的大学，为了使美国的捐款人们可以信服，他们参与奉献的事业不是筚路蓝缕、风险重重，而是正锦上添花、渐入佳境，建筑师需要首先设计的不是一座或几座校舍，而是这些建筑赖以生存的整个校园，就仿佛它已经落成一般。另一方面，这幻觉中的校园远景却是不足以作为实际工作的凭据的，每一次从大洋彼岸传来的实时信息，都有可能使得茂飞需要做出通盘的改变，而每一个粗率间犯下的细节错误，都有可能使得将来的长期发展困难重重。

因此他需要两线作战。

一方面，茂飞开始着手设计单一建筑物的外观，明确基本风格和各种用途的建筑之间的关系；另一方面，茂飞需要小心考虑整个校园的布局——在募款运动尚未有结论时，谁也说不清这校园的未来规模。它究竟需要多少建筑？什么又将是这校园未来的发展方向？建筑师只能摸着石头过河了。

在1924年校园规划中真正的改变到来之前，茂飞已经为燕京大学校方提供了十张以上的规划平面草案和效果图，他的设计图很快被印行了一种叫作《北京通讯》(*Peking News*)的学校刊物上，发送到美国的捐款人手中。当建设燕京大学的主要建筑材料尚无着落时，用来印行《北京通讯》的却是当时所能找到的最好的纸张。可以想象，在纽约，这些印着茂飞漂亮建筑效果图的小册子，将会引起一阵好奇

的惊叹，我们前面所介绍过的、曾经让远东的客户们喜爱的茂飞和丹纳事务所建筑表现上的优势，终于在这里派上了用处。（图4）

图4　英文《北京通讯》

且看筹款期间《北京通讯》的头版头条：

> 燕京大学的崭新建筑规划
>
> 更宏伟的大学的完整规划
>
> 燕京大学的领导者们正在现场紧急呼吁支持
>
> 太平洋彼岸的命运正在改变中
>
> ……

这些充满暗示性的言辞后面并没有一幅确定的图景。如果我们细心地比较这些建筑图就会发现，校园规划的大体布局变化不大，那些在优先名单上的建筑基本维持原状，但除此之外，每一幅建筑图的细节与改后的建筑图都有不小的差别。由于筹款过程中的不可预料因素，燕大不得不断地向茂飞要求修改设计，这些突然而至的修改并不伤筋动骨，不会给茂飞增加太多的麻烦，却让他的腰包里装入新的美元，这些额外的开销是燕京大学难以控制的。①

对于燕大而言，这些精美的建筑图并不是白画的，建筑师的愿景无疑在募款运动中起了很大的作用，毕竟，一个具体可感的愿景比实事求是的空白更能打动人心。筹款过程中用到的其他办法也与之类似，因为人们通常喜欢锦上添花，而不是雪中送炭。例如，为建设两座拟议中的科学楼，洛克菲勒基金会中国医疗部慷慨解囊，拿出最初的七万五千美元建设其中的一座，这叫作"种子钱"（seed money），这样一来，认领另外七万五千美元来建造剩下的那一座科学楼，显然就变得容易得多了。

有时候，做"底"的其实也是垫背的。宾夕法尼亚州斯克兰顿（Scranton）的教友们负责筹款两万五千美元来着手兴建一座讲堂（即睿楼或物理楼），为了纪念斯克兰顿居民们对于燕大的贡献，1923年4月的《北京通讯》当即宣称学校决定在"新校址湖上的漂亮小岛上"以他们的名义建立一个活动中心。这设想中的活动中心，也即斯克兰顿－路思社交岛（Scranton-Luce Social Island）立即就出现在茂飞的设计草图上。它乍一看像是匆忙间完成的某一个江南园林的复制品，和先前的设计似乎没有任何关系，就像美国人爱玩的拼图（jigsaw）中的一片，嵌在各种彼此竞争的想法的缝隙里。（图5）

---

① "……今天中午，我们已经按您电话里的要求送出修改后的总规划图，十二张150：1的石板印图，我们将为这额外的要求新开一个账目，将来我们将按实际花销给你们账单。"Murphy (Henry K. Murphy) to North，耶鲁大学图书馆藏茂飞档案，Manuscript Group Number 231, December 13, 1921, Box 26, Project File。

图5 拟议中的斯克兰顿-路思社交岛
来源:《北京通讯》。

　　事实上，这个看上去像那么回事的湖心岛的方案从未得到真正的考虑，有时候，第一线的执行人员不得不抱怨，校方不该在托事部还没有批准某个方案时，就匆忙发表一个计划，这种空头支票使得学校的信誉某种程度上受到了影响。设想固然美好，但是再没有下文，和今天中国的某些建筑实践相似，设计变成了画图，制图员代替了建筑师。

　　对于特定的赞助人来说，这种前后脱节其实并不一定是个问题。他有可能希望按自己最初的意愿建造一座上好的建筑，而不指望这笔钱在更大的框架里得到优化配置——毕竟，这幢楼最后是以他的名字命名，别人的事情他就管不着了。一些人宁愿单独"认购"一整幢建筑，甚至多建一幢额外的建筑，也不想和其他捐赠者搅和在一起。比如，洛克菲勒基金会中国医疗部对于他们捐款的用途就非常确定，这一点上并不容从长计议。[1]因此，有时候某座建筑可能建得格外气派，甚至是奢侈到没有必要，却不能挤出钱来接济其他开销大的地方，这对于希望统筹安排的燕京大学校方而言，无疑是件非常头痛的事情：

> 司徒校长向人募捐时总是先表示：捐款人捐出了的款项，不得在用途上加以限制；否则，他宁可不接受。只有过这么一次，他稍作让步而通融办理的。情形是：菲拉达菲亚城（即费城，引者注）的居礼先生和太太，愿意捐建一所校长的住宅。司徒校长认为一个人（司徒太太已于一九二六年逝世）不必住一所大房子，他乐意住学生宿舍或课室楼的一角就够了，所以他请求把该项捐款移作别用。但居礼夫妇坚持地说，若不依照他们的主张，就要取消这笔捐款了。他拗不过人家的一番好意，惟有顺情接受一座临湖轩啦。[2]

为了避免使得捐款人的政治倾向和个人因素卷入大学建设，司徒雷登多次声明他不接受限制用途的捐款。但是，美国捐款人的钱并不真的是请客吃饭式的白给，一般说来，虽然捐款人未便明言捐款的附带条件，但会将捐款形式、数目、对象、目的都以契约形式确定下来，从而也就限制了捐款的去向和用途。下文中，在那座闻名遐迩的博雅塔的例子里，我们会看到，这种操作方式对校园建设的面貌有着明确

---

[1]　Gibb (John McGregor Gibb) to North, 1924/10/22, G332B5075.

[2]　李素：《燕京大学校园》，李素等《学府纪闻·私立燕京大学》，79页。

的影响。

最终，燕京大学募得款项得以在主校园中建成的全部建筑如下所列：

1. 男宿舍一楼（又称斐斋），是纪念费先生（Mr. Finley）的捐款而建。

2. 男宿舍二楼（又称蔚斋），为纪念惠先生（Mr. Wheeler）的捐款而建。

3. 男宿舍三楼（又称干斋），为纪念甘伯尔先生（Mr. James N. Gamble）所捐。

4. 男宿舍四楼（又称复斋），为佛布思夫人（Mrs. Fannie Forbes，富女士）纪念其父所捐。

（以上在北京大学校园编号系统中称为红一、二、三、四楼，或称德斋、才斋、兼斋、备斋。）

5. 湖滨甲楼（即五楼），为海克尼（Hackley）姊妹（赫女士）纪念其父所捐。

6. 湖滨乙楼（即六楼，又称平津楼）及校墙，为北京天津两地的中国实业家所捐。

（以上在北京大学校园编号系统中称为红五、六楼，或称体斋、健斋。）

7. 图书馆，托马斯·百瑞（Thomas Berry）和珍妮·百瑞（Janet Berry）夫妇的三个女儿（贝氏姐妹）为纪念父母所捐。

（今北大档案馆所在地。）

8. 校园，为瓦先生（Mr. Wallace）所捐。

9. 校园整理（校园整治专项资金）为马夫人（Mrs. Mamon）为纪念司徒夫人所捐。

10. 物理楼（睿楼），为洛克菲勒基金所建。

（北大称为化学北楼。）

11. 化学楼，一半由女部拨款所建，另一半款来自美国中华医学基金会（China Medical Board）。

（北大称为化学南楼。）

12. 男校医处为麦夫人（Mrs. McKelvy）所捐。

13. 岛亭（思义亭），为宾夕法尼亚州斯克兰顿城友人为纪念副校长亨利·路思而建。

14. 办公楼（贝公楼），为美以美会（Methodist Episcopal Church）教友纪念柏赐福（Bashford）会督而捐。

15. 丙楼（穆楼），为穆先生（Mr. McBrier）所捐。

（即北大外文楼。）

16. 水塔（博雅塔），为博晨光教授叔父所捐。

17. 农园，来自燕京大学华北赈灾筹款的余款以及改良农业经费分给燕大的部分。

18. 女体育馆，为白懿德夫妇（Mr. and Mrs. Boyd）捐 9 万美元而建。

19. 男体育馆，为华纳先生（Mr. Warner）捐 7.5 万美元而建。

20. 女部麦风阁，为纪念女部首届主任麦美德（Miner）而捐建。

21. 女部甘德阁，为甘伯尔夫人（Mrs. Gamble）所捐。

（麦风阁和甘德阁现为北大南北阁。）

22. 适楼，罗素·塞吉基金会为纪念塞吉夫人（Mrs. Sage）而捐赠，亦称"圣人楼"（Sage）。

（即北大俄文楼。）

23. 临湖轩，为司徒雷登的费城友人捐献。

（北京大学校长办公室所在地。）

24. 宁德楼（宗教楼），为美以美会无名氏捐5万美元而建，另有纽约哈克尼斯·爱德沃兹（Harkness Adwards）捐5万美元作维修费。

（即北大民主楼。）①

　　燕京大学一共为这些建筑募得了多少款项，众说不一，据说，从1922年起至1937年中日战争全面爆发时止，全部的捐款高达两千万美元。也有人说，建设校舍的部分要远远少于此数，前后共两百五十万美元，后者似乎更合情理一些。② 但是有一点毋庸置疑，燕京大学在校园建设上的物理投入超过一般中国大学，说海淀的燕京大学是建筑在这笔巨款之上的，毫不为过。

　　如此，燕京大学的初期建设，便陷于这些物质化考量的纠葛中，并无余暇顾及其他。校方募款代表辛勤地搜罗银子、奔走宣传，茂飞

---

① 　以上参照《燕京大学史稿》中所列并有所添增。张玮英、王百强、钱辛波主编：《燕京大学史稿》，人民中国出版社，1999年，12—13页。

② 　张玮英、王百强、钱辛波主编：《燕京大学史稿》，11页。另外，《远东时报》(*The Far Eastern Review*) 上提出的目标是为男校募款200万美元，为女校募款100万美元。

事务所里，精美却未必能兑现的效果图一张又一张地产出，这期间的两年里风平浪静，并无多少异议。到1923年4月，为神学院所设计建造的一座教室楼宁德楼，两组四座男生宿舍，女校的讲堂、教工宿舍、食堂，都已经在兴建之中，并且，学校获准为另外六座楼购买建材——在募款运动的大局未定之前，并没有太多的关于建筑风格和规划样式的争论。司徒雷登指出，"为了1924年我们能够搬进新校园，我们仍然需要一座宿舍群和二十座以上教员住宅"，呼吁大伙帮忙。此时已经筹到"二十五万美元以上的捐款"，"还有十五万美元差不多已经搞定了"。[①]

我们可以看到，后来这校园为之著称的种种，比如未名湖区秀丽的景色，比如那座别致的中国式水塔，比如它和旧日园林千丝万缕的牵系，都尚未出现在燕京大学校园规划的图景中。

前途未明的未名湖

当"燕园"落成，并渐以它的旖旎景致闻名后，以一种"现在过去时"的语气，茂飞开始极力强调他对建筑基地一贯的重视——他站在湖边小山上眺望玉泉山而定下校园轴线的故事，没准就是他自己后来放出的烟雾。他对基地的"充满热爱"或许表现在，他"从一开始便希望（基地上的）风景特色受到尽可能小的侵扰"，并且"当不得不夷平地面以建筑房屋时，将细心地以土和石作围护起古树，湖的轮

---

① *Peking News*, April 1923.

廓和小山的等高线将大致不予改变"。①

可是，透过被灰尘覆盖的历史档案，我们却分明看见另一幅图景，在燕京大学尚在城外寻找校址的时候，他们已经明明白白告诉这位建筑师，"不管选择什么基地"，尽管设计便是，那便是茂飞1919年方案中我们看到的那一串开敞的四合庭院。当然，这无关基址的态度并非是茂飞一味敷衍，它也和燕京大学动议、设计、筹款、建设的四部曲密切相关。然而，建筑师在这当中并非毫无责任。当燕大真的买进了"满洲人的地产"之后，至少在茂飞第一次勘测废园遗址时，没有迹象表明，他真的把那些天然形状的湖泊当回事儿。

——否则的话，他也不至于那么狠心将它们在蓝图上一笔抹去吧？前朝烟波至此已面目全非。（图6）

茂飞的蓝图上，位于主轴线上的第一幢建筑是贝公楼（Bashford Administration Building）。贝公楼右翼建筑群，即宁德楼（Ninde Hall）、穆楼（Memorial Hall），以及四所男生宿舍，即北大俗称"德才兼备"的四座"红楼"，彻底改变了基址上的小湖西北角水口的地理状况。贝公楼前庭院及其左翼建筑群（物理和生物学楼、化学和地学楼、图书馆）则将基址西部的若干个曲折相连的湖泊基本填平。更有甚者，拟议中的四所湖南的建筑如果建成，小湖南端的土山所形成的起伏地形基本也将不复存在。通过测绘图和规划图的对比我们还可以看到，新旧建筑的体量相差悬殊，其中体量最大的贝公楼据说"比纽约市的一个街区还要大出二十英尺"②。旧园林的尺度与之相形见绌，

---

① *Peking News*, August 1924.

② 原文如此，见 *Peking News*, June 1926。

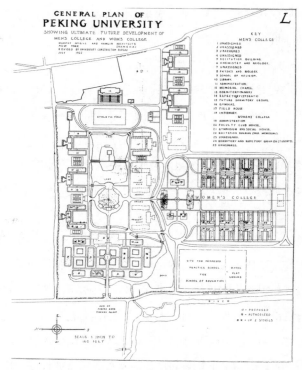

图6　1922年的规划中虽然容纳了一个方形的池塘，但是整个布局依然中规中矩

成了巨人脚下的摆设。

　　从地质构造上讲，燕京大学所在的蓄水盆地并不十分适于大规模的营建，1923年开始建造贝公楼时，建筑师和规划者们发现地基不够结实，他们因此需要购买额外的卵石、沙子加固建筑的基础。显然，这种做法费时费力，但是茂飞似乎并没有特别在意，他们在塘泥淤积的故园基址上建起这些庞然大物，这不但不是一种特别经济的做法，而且也将使得旧日的湖光山色改变它们的意义。

　　虽然自称中国建筑的专家，茂飞对中国园林的成就却素无系统的评述。早在1918年，茂飞第三次来中国料理他在上海的生意，曾经有机会到苏州一游：

> 它是我所见的最中国的地方——景色如画的运河和中国小石桥横亘于城市中——它们被一座中国城墙所包围，一条护城河⋯⋯苏州的街道是真正的中国，八英尺宽，挤满了簇拥的人群，他们彼此的脚步交错，从而不被那些快速移动着的轿子所撞到，他们看都不看这些轿子一眼⋯⋯这使一个人感觉就像皇帝一样！ ①

但在"中国建筑复兴"的记述中，茂飞从未将苏州园林与他的中国建筑观相提并论，是他压根没有兴趣，还是事出偶然，我们无从得知——值得提起的是，当时，苏州园林的声名也远不如今天听起来这么"顺理成章"，中国园林和中国建筑之间是什么样的关系，那时就是中国人自己，也未必能看得端详。从茂飞后来的设计，比如前面提到的斯克兰顿湖心岛的设计来看，茂飞并不是对中国园林一无所知。但是园林显然并不属他的业务范围，大部分中国传统园林小体量、家族手工艺式的现场经营，也和西方建筑师擅长的精密、系统的场地规划不太相关。

或景观建筑，或景观规划，或园林景观，当对生活"软"环境的理解落实到学科层面时，这些个"意的牢结"（ideology）在设计传统

---

① Charles S. Campbell, Jr., *Special Business Interests and the Open Door Policy*, Yale University Press, 1951. In Jeffrey W. Cody, *Building in China: Henry K. Murphy's "Adaptive Architecture," 1914–1935*, Chinese University Press, 2001, p. 89.

中一直纠缠不清，人们到现在也没有理出太多头绪。① 但在实践中，长期以来建筑师轻松包办了有关园林景观的议题——中国园林固然是一块令人眼花缭乱的拼图，无从精确复制或轻易摆布，但要把其中几片拼凑在一起使其有中国风味，对长于形象的建筑师来说却也不难。

在燕京大学的校园规划中，"燕园"最终的旖旎风光是从何处开始浮现的呢？

多种当代人分析燕京大学校园规划的著作，都理所当然把未名湖看成东西、南北两条轴线的交会处，那个茂飞最初用作测量基准的湖心岛，乃成了校园建筑秩序中的焦点。就古典主义的规划原理而言，未名湖和湖心岛的存在似乎有其构图上的价值，然而，这种说法是把燕大校园看成了一个一蹴而就的艺术品，忽视了中西两种景观传统的差距、理论和现场的差距，建筑史家站在近百年后认可或贬抑这艺术品的价值，完全是因为它最后的完成状态。

然而，未名湖并非一开始就存在于燕大规划之中。这规划是一个漫长的过程，牵涉到许多学术训练和文化背景迥异的个人和社会团体。它就像一块巨大的拼图，在长达十年的时间里，拼图不断地变化和调整，前驱的偶然变化，却往往成为后继理性思考的基点。因此，

---

① 园林和景观营造的传统在各个文明中都由来已久，但是这种营造成为现代社会条件下的系统实践，并和公共生活相联系，则是一件晚近的事情。在美国，景观建筑学的学科和行业建设由奥姆斯特德（Frederick Law Olmsted，1822—1903）等人发端，在新兴资本主义都市中兴起。在中国，由于社会学视野的缺乏，大多数时候，景观设计和旧有园林传统的联系被看成是抽象的、技术层面上的或是纯粹观念上的，是某种东方美学的延续，设计手法的借鉴或是哲学思想的物化——而不大有人问：人们"生活在园林景观中究竟何为"？

燕园规划远远谈不上是建筑师一个人说了算的产物，没有预设，也谈不上有绝对的规律和法式可循。最初的景象和我们今天看到的一切有可能差之千里，而导致最终的变化的，又往往是一些建筑师本人不能控制的因素。

在对到手的"满洲人的地产"进行勘察的基础上，茂飞在1920年12月重新规划设计了燕京大学的新校址，与燕大获得海淀校址之前的第一个设计相比，新的规划最大的变化，只是增加了一条南北方向的规划轴线以适应新校址的形状，并布置女校的教学和生活设施。但是，这个设计几乎没有考虑旧园林基址的造景潜力。这种从头再来的方案其实并无什么高深的道理，它不过是最省事的一种，大大方便了不在现场作业的建筑师而已。对茂飞来说，在新校园整饬的建筑秩序中，这个后来以"未名"而知名的不规则小湖其实是毫无意义的。这个起先不为人所重视的小湖本是燕大新校址上最大的水体，但当时已经淤积成了一片稻田，睿王的后人如德七辈听任附近农民在其中耕耘，从而使这小湖的轮廓变得更加不易为人辨识。差一点，它就从燕京大学的规划蓝图中消失了。（图7）

图7　在淤塞的水田边施工的燕大男生宿舍，图中可见湖心岛、石舫，前景中的田埂状道路显示着斯克兰顿−路思社交岛方案中的南北通路的来源

在茂飞1920年年底的动议基础上，1921年的9月，建筑师在南北轴线和东西轴线的交叉点以北增加了一个方形的池塘。这个池塘看上去和基地上残留的小湖必有关联，其实却又关系不大。这个池塘的形状和范围是由它的"邻居"们所强定的，而和原来的小湖无关，这个池塘的边界也是未来建筑群落的边界——按建筑师的想法，在池塘南北两岸，在四座已经确认的男生宿舍基础上又将兴建八座同样的新宿舍楼，东岸，将建造一座西侧带有大看台的体育馆，西岸则是拟议中的校园中心建筑物——教堂的所在。如果人们沿着这些建筑物的边界画上一圈，池塘的位置和基本形状已没有什么悬念。（图8）

图8　燕京大学校园鸟瞰，1921年12月

对于建筑师而言，这个池塘对校园内水道经营的实际意义或大过它的景观价值。燕大新校址的整个地形大体是从南向北，更确切地说，是从东南向西北逐渐倾斜的。校园东北墙外的那条小河，在校

园之中分为两支，南边的水道流经位于南北轴线上的女校和主校园之间，起到天然屏障作用，北边的水道则自男生宿舍门前流过，由校园西侧迤逦南去，勾连那个原是勺海一角的池塘，并和篓箅桥下的河道汇合。人们不难想象，保留原有小湖的一部分，或许将可以更有效地控制校园内的水文状况，这也有可能是一系列缘自基地地质条件的问题出现后，负责基础建设的工程师们集体推动的决议。

有趣的是，触一发而动全身，规划意向的一个意义不甚明确的更动，却可以带动建筑营造本身的积极变化。规整的校园内本无"中国景观"的痕迹，但围绕着保留这个池塘的动议，1922年至1924年间，出现了一系列零碎的令人联想到"中国园林"的设计，包括我们再三提到的，被称为斯克兰顿－路思社交岛的社会活动中心。这些设计虽然尺度不大，范围有限，却以一种芜杂的方式集成了西方人所能想象的中国园林的"精髓"，看上去就像是若干个江南园林的生硬拼贴：

一座开间不详的大型硬山建筑、一座五开间卷棚小建筑分立湖的南北端，一座三开间单檐庑殿顶水榭朝向东边湖中的石舫，一座两层歇山顶楼阁伫立在小岛的南北轴线旁，一座三开间歇山门楼样式建筑在岛南端的入口处，围栏、隔墙加上或直或曲的游廊将它们连接成封闭的庭院，此外还有一座两层八角攒尖的封闭式亭子、一座六角开敞式亭子……更不用说数不清的"小摆设"：假山石、松树、月门、瓶窗，通向水码头的牌坊式门楼，直线道路旁唐突的曲径……两座单拱、三拱的石桥（西方人爱把它们称为"驼背桥"）分别向北、向南延展向湖的南北两岸，将这小岛硬生生嫁接在比它高大许多，也与它风格迥异的宫殿式建筑群落中。

没有迹象表明，1924年之前，燕大的建设者们很严肃地考虑过实施这个方案，也没有迹象表明，他们因这个异想天开的"中国园林"，便开始注意到此地山水的历史，给它的本来面目起码的尊重。

未名湖的命运尚在未定之中。

原因并非完全不可捉摸。在1922年至1924年间，燕大校园的规划设计中想法多于计划，愿景多于现实，诸如斯克兰顿－路思社交岛那样精美花哨的设计图进不了工程师们的制图间，而是直接上了《北京通讯》的首页，送到了托事部和捐款人的办公桌上——素来作风实际的燕大规划者未见得就那么爱想入非非，但他们的确想知道，这些有趣的，虽然不太可能实施的想法是否会吸引大洋彼岸的眼球。而一个建在池塘中小岛上的"中国园林"确有此效。

此外，1922年至1924年间，学校尚没有购进日后建校所急需的所有土地，校园的基址在东面、北面相当局促。在那时，将那些地方的水域和小山填没或削平，以容纳面积巨大的新宿舍和体育场，看来是势在必行。在这样的条件下，如果一定要有一个池塘，它的形状也只能是方方正正，并无多少回旋伸展的余地。

这种当然的局面维持了将近两年，看上去这池塘在茂飞的设计图上并没有什么变化，也没有人提出什么异议。

1924年年初，一个微妙的变化出现了。约翰·M. 翟伯（John McGregor Gibb，1882—1939），学校基建部门的负责人，开始发表这样的见解：

> 我们需要照管景观的问题……既然我们的校址使得一

些教职工不得不生活在乡野的半与世隔绝状态中，那么使他们得到一些补偿也合情合理。这补偿就是享受乡村生活乐趣的机会。[1]

翟伯的话并不是心血来潮。1921年，翟伯刚刚从费城的宾州大学教学两年回到中国，燕大这位年轻的化学教授戏剧性地变成了海淀新校园的另一种"建筑师"。（图9）他对乡村生活乐趣的渴望标志着新校址的规划工作出现了新的转机，那就是校址上旧园林的价值慢慢进入了校方的视野。从"建筑"一个校园开始，人们渐渐地开始转向关注这校园的"景观"风致，"景观"不再仅仅是对校园规划的可有可无的补充，而是慢慢成为主导一切的线索。

图9　约翰·翟伯，燕园不为人知的另一位主要"建筑师"

1924年夏天，燕京大学在校园规划的会议上多次讨论保留校址上原有小湖的问题，这动议的直接由来依然是经济方面的可行性。茂

---

[1]　Gibb to Moss, 1924/06/04, B332F5073.

飞起初拟议的宫殿式建筑风格虽然没有受到质疑，却在实施过程中让人们产生了疑惑。早在年初，学校就开始讨论茂飞的初始计划是否过于宏大，湖的北岸已经开始建造的两组四座宫殿式的男生宿舍美轮美奂，却耗资不菲——要知道，茂飞的愿景中不是建两组四座这样的宿舍就了事，而是最终建成九组十八座！在初始设计阶段，学校可能并未仔细核算过长远计划里实际所需的建筑数目，但显然，眼下这四座建筑的耗费就已经使他们不堪重荷了。

负责实际工作的翟伯等人一眼就看出，茂飞并不打算在设计上花费新的时间，却在重复的制图工作中收取学校额外的费用。

1924年年初，学校基建部门已经在原则上同意，他们需要更素朴更合用的宿舍，以便将按人头摊算平均每个学生六百美元的建设开销降到五百美元或更低。这后来拟议的体量较小的两座楼就是今天北大的红五、六楼，也就是"德才兼备体健全"系列的"体""健"。它们的捐款人不再是清一色的美国人，而包括平津两地的实业家。[1] 除此之外，燕大再也没有增加新的男生宿舍，这不仅远远少于茂飞的估计，也比学校当初向《远东时报》所渲染的宏大图景差了一大截——那时候，他们本声称计划最终建成可容纳两千人的男生宿舍，也就是差不多四倍于"德才兼备"的规模。[2]

按照茂飞本人的解释，保留小湖是因为新募得的一笔款项，使得校方有能力购买更多的土地用于新的营造。但校方最大的考量还是

---

[1]　全斋（红七楼）为中华人民共和国成立后兴建。见少琴《燕园的楼阁轩亭》，《燕大双周刊》，20、21合刊，180页。

[2]　在20世纪20年代初，燕大计划先建成1000人的宿舍，然后再加上四座男生宿舍，可以容纳额外的1000人。

需要紧缩建筑开支，因为闲置地皮的费用远远不及热火朝天的建筑工地里不必要的开支与浪费，须知购买整个睿王园的费用也不过四万银元，但两座男生宿舍所耗远远超过此数。[1] 因此，燕京大学校方将茂飞宏大严整的古典主义构图打了一个大大的折扣——不只是男生宿舍，女生宿舍的数目最终也减少一半以上。

然而茂飞原先的架子太大，端起来就放不下了。

对于这砍剩了半边的对称式构图，予以折中的最好办法，怕是只有改为更舒展自然的布置，而不是对原先已有些僵硬的布置火上浇油。保留这小湖的意义正在于此：首先，它不规则的形状多少模糊了东西轴线的东西两端的差异——西校门处的主教学区严格对称，校园东边却像是缺了半边；其次，它还安顿了燕大校方执意改动的新建男生宿舍，虽然校园东北角这新来的两座宿舍和起先三座突然形制不同，由于不规则小湖的存在，风格上的变化却不至于显得太过突兀；最后，学校的未来发展是在东南方向，并且南边的女校与主校园的关系尚不明朗，有一个小湖搁在它们中间，却是一种和稀泥的"缓兵之计"。

作为建筑师，茂飞自然强烈反对这种既削弱他的作用，又减少他的实际收入的动议——他反对的理由或许正是翟伯们心目中的亮点所在。茂飞认为，如果保留小湖的形状不变，由于基地大小的限制，湖的北岸无论如何也难以安置下和已经建成的宿舍一样的男生宿舍群组，而三座小一点的不一样的新宿舍设计，会使东西轴线上整个南北

---

[1] 据《燕京大学史稿》，基地所耗为123828.12，四座男生宿舍所耗分别为85922.78、85238.29、85300.73、77627.45（未注明单位）。张玮英、王百强、钱辛波主编《燕京大学史稿》，1208页。

对称的布置泡了汤。令茂飞恼火的是，在他看来，"稍稍狭窄的池塘也不会破坏水景的效果"，为什么一定要用这个如此不规则的小湖，危害他原本完美无可挑剔的愿景呢？

茂飞的折中办法是，让出湖的北部，但在湖的南端抹平那些个土山，以便重新安顿下被燕大认为过于奢侈的那三组宿舍。建筑师执拗地维持这些宿舍的形制大小不变，心里的打算或是为了省下他重新设计的时间，维持他和建筑成本相系的收益，但退一万步来说，即使不考虑这些宿舍，维持这湖东岸岸线的形状也会使得拟议中的体育馆无处容身，体育馆会被挤到学校尚不拥有的东北角的那块土地。茂飞质疑道：如若不然的话，湖水岂不是就会漫到体育馆的台阶上面了吗？

这些关于规划走向的议题不仅是技术问题也是政治斗争，1924年夏天的茂飞不安地注视着遥远的北京，他的建筑基地上显然正发生一些不利于他的变化。他并没打算坐以待毙，主管燕大事务的纽约托事部就在他的家门口，他岂能就这么轻易地放过可以影响业主决策的机会？

茂飞和燕大校方之间的微妙关系是燕大规划的重要一节，而托事部和燕大的关系本身也不是铁板一块。司徒雷登上任后不久，曾向隔着太平洋的托事部要求自主权，自行决定一些有关学校发展的大政方针。托事部本是由各布道团管理委员会选出来的人组成的，他们照看各教会的自身利益，掌握着学校的资金走向，自然不能轻易放权；但托事部和燕京大学远隔万里，一封信的往来有时要花费近月的时间，要彼此之间配合默契，哪能那么轻而易举？即便托事部在北京设有董事会，可以代表纽约本部对学校作些现场指导，但是做事者和断事者从来都有说不清的分歧。

对那些并不常莅临东方的纽约教会头脑而言，从纽约制作的图纸上判断中国发生的一切自然比书信往来更为便捷。纽约托事部的两位高层的办公地址在中下城之间的第五大道150号[①]和156号[②]，茂飞的事务所则在中城麦迪逊大街331号，走过去也就是二十多分钟的路程，这种地利显然拉近了茂飞和托事部高层之间的距离。

从一开始，托事部就或多或少帮着茂飞说话，比如华纳（Warner）先生便表现出一副纳闷的样子：为什么燕大校方会做出保留小湖和削减建筑规模形制的决定？在他看来，"改变（茂飞的）严整对称的建筑图景将是非常不可取的"，这问题、语气与建筑师对自己的辩护如出一辙[③]——显然，茂飞的煽风点火起了作用。但话说回来，这疑惑后面也有纽约托事部自己的算盘：一来，虽然在行政关系上纽约托事部对整个校园营建负有管控的大权，但他们只拨给学校一点有限的资金，也并不直接负责募款事宜，所以有时难免是不当家不知柴米贵；二来，这些头头脑脑并不倾向于激进的改变，用一个他们所不熟悉的愿景，来代替那个他们更容易理解的秩序，因为那不是身处金融之都的他们便于遥控指挥的方式。

然而，托事部不能无视茂飞规划中一些急需改进的方面。比如，

---

① 埃里克·B. 诺思（Eric M. North）办公地址。

② 莱斯利·B. 莫斯（Leslie B. Moss）办公地址。

③ Warner (Franklin H. Warner) to Stuart, 1924/10/17, B354F5452. 华纳对于茂飞一贯比较欣赏，1924年2月18日，司徒雷登收到从丹佛（Denver）寄来的信，信中说"华纳对于茂飞的贝公楼草图非常着迷"。

在1921年的规划中，茂飞将一座（男生）体育馆置于东西轴线上的最东端，体育馆的长轴沿南北布置，那是为了避免东西方向的直射光线干扰直道上运动员的视线，但就日照方向而言，面向西面的看台的安排却不太合理，因为当时西方的大多数体育比赛是在下午进行，看台上的人们都会暴露在刺目的西晒之中。托事部意识到，茂飞规划中的这一破绽完全是因为基地的局限，基地的北边是那位死活也不愿出让产业的徐大总统的私园，东北角的地产暂时也还没有归入燕京大学名下，如果要在这两处划定校园外展的边界，那么如此一来，极东处的三角形用地只能安排下一处看台，而尺寸标准、面积更大的体育场不得不向西延伸，校园中的小湖也只能屈就在体育场的西缘。[①] 燕京大学校方早就向托事部提出购买东北角的那块地皮，托事部鉴于同样的关切，很快批准了这一动议，并且拨出了一万美元的预算。[②]

买地的提议最终得以通过，这为茂飞和校方关于小湖面积的不休争论打开了一个缺口。

既然地皮已经宽余，就没有必要老是和这湖过不去。

我们已经不能够准确地复原司徒雷登在这场纷争中的全部真实想法，总体上而言，他在燕京大学的规划中显得更为理性，更为实际。作为左右斡旋的一校之长，司徒雷登本人力图保持一定程度的中立。虽然他也承认，自己对打乱茂飞的古典主义构图多少有些疑问，但他

① Warner to Gibb, 1924/08/18, B354F5451.

② Warner to Gibb, 1924/08/18, B354F5451. 在此之前的 1924 年 8 月 8 日，司徒雷登的母亲玛丽（Mary. H. Stuart）也指出，保存小湖的原有形状和体育馆的场地需要之间的确有矛盾，但关键就看哪种需要"占了上风"。

不反对保留小湖，看看"自由式的中国建筑群组"会是怎么样一个效果。更重要的是，司徒雷登觉得，从财政上而言，如果能把这个中国式的小湖处理得当，对学校没什么坏处。他觉得，小湖自有它"实际的艺术价值"（practical artistic value），即使从钱的角度而言，"我们也可以保留这个小湖"，因为它"或许会带来一些参观者"。在购买基地之前，司徒就为此周详考虑过了：虽然新校址偏处荒郊野外，但"经过门前的旅游者会注意到我们的校园"，而与这种名声相系的是"逐渐上升的财政援助"。①

对一些潜在的捐助者而言，它可能是一个值得保留的吸引人的东西。

虽然主要的反对意见是这小湖可能会花比预想的要多得多的钱，但其实司徒雷登心里非常清楚，将这片地方空着，大不了将来将小湖填了重新建设，但却可以避免让茂飞声势浩大的设计牵着鼻子走，给学校带来不合时宜的额外负担。这未尝不是一种更保险的办法，是从财政上而言对这小湖最"得当"的处理。

燕京大学"对此湖（的现状）不予变动"的初步决定做出于1924年8月8日。在讨论这一决定时，燕大校方提出保留这样一个小湖将会是既有（已基本建成的）"中国式"建筑群的一个适当延伸，它将会避免"混杂的建筑风格"。司徒雷登委婉地说，当年整个夏天他"愈来愈觉得如果我们填塞了那个湖的东端将会犯下一个严重的错误"。他写道："经过必要的修整后"，这个小湖"将会是有自然风致的一个

---

① Stuart to North, 1924/09/23, B354F5452.

去处，失去它将是很大的遗憾"。① 经过一个秋季的争论，对燕大规划负有责任的人们已没有异议，这举足轻重的改变已经发生。就在冬天即将来临的时刻，1924年11月7日，路思给远在纽约的诺思写了一封信，信中提到，那位最大的异议者茂飞先生也已经回心转意，开始"衷心地同意"将湖保留原有的尺度。

至此，我们终于看到了一点我们熟悉的东西，是的，这个小湖就是后来声名大噪的未名湖。

至于这个小湖为何"未名"，有几种流传的说法，其中之一是未名湖是冰心命名的。② 对于那些寻找故事的人来说，那位曾流连于韦尔斯利女子学院校园的作家冰心，那位曾在慰冰湖（Lake Waban）畔写出"你在船上，我在船旁，上有湖天，湖月，中有湖山"的名句的才女，她能为未名湖命名或许是件风雅的事情。对于新一代的小读者而言，《寄小读者》的传统的延续似乎也令人欣慰。

未名湖是钱穆所命名的说法要更为可靠一些，但是这里面也有着不少的误读。在两岸关系解冻前的20世纪70年代末期，钱穆的名字在大陆还属于禁忌，鲜有人提起。据说"钱穆命名未名湖"的说法出自《师友杂忆》，但如果我们查对原文，可以看到其实钱穆只是说

① Stuart to Warner, 1924/09/11, B354F5452.

② 侯仁之暗示未名湖的得名是在1926年（冰心留美归来）至1932年（侯仁之报考燕京大学）间。见侯仁之《燕园史话》，37—38页。关于未名湖得名来由的说法非常多，例如滕茂椿引述郑因百的话说，"中有池塘，广约数亩……又称未名湖。未名为当时新文艺社之一，社友多相识"，暗示未名社和未名湖的联系。滕茂椿：《纪念郑因百先生》，燕大文史资料编委会编《燕大文史资料》第七辑，北京大学出版社，1993年，246页。李敖2005年在北大演讲时也持此说。

他提议给燕京大学建筑和风景提名，字面上也可以理解为他只是命名（包括未名湖和建筑）一事的发起者，而并不一定是实际上的命名者。1930年钱穆到燕京大学任教，有一天，司徒雷登设家宴招待新来的教师，询问大家对学校有什么印象，钱直言不讳地说：

> ……初闻燕大乃中国教会大学中之最中国化者，心窃慕之。及来，乃感大不然。入校门即见"M"楼"S"楼，此何义，所谓中国化者又何在。此宜与（予）以中国名称始是。一座默然。后燕大特为此开校务会议，遂改"M"楼为"穆"楼，"S"楼为"适"楼，"贝公"楼为"办公"楼，其他建筑一律赋以中国名称。园中有一湖，景色绝胜，竞相提名，皆不适，乃名之曰"未名湖"。此实由余发之。有人知其事，戏谓余曰，君提此议，故得以君之名名一楼，并与胡适名分占一楼，此诚君之大荣矣。①

在这个"本来面目"已经无从追究的网络时代，已经有人对"未名"做了进一步的发挥，给它冠上了老子"道可道，非常道，名可名，非常名"的微言大义，更有人揣测未名是留待"未来命名"的意思。无论未名湖名字的由来如何，在延续它自己生命的过程中，这小湖"未始有名"的暧昧确实起到了关键性的作用。燕大校方和茂飞都

---

① 钱穆：《在北平燕京大学》，燕大文史资料编委会编《燕大文史资料》第五辑，北京大学出版社，1991年，12页。玩笑的意思是燕大的穆楼、适楼，当是以钱穆、胡适的名字命名，其实"穆楼""适楼"都是英文译名。1930年，钱穆36岁时任教燕京大学，是他生平任教大学的开始。

不真正清楚，如何把"中国式"的造景理念施于燕京大学规划，他们所能做的，最多也就是宽容小湖的无意义，将这个形状不甚周整、意义不太明确的小湖藏头护尾，搁在后来堆砌的一列土山背后，与土山东面、南面整饬的古典主义布局互不相扰。

客观上，保留这个小湖的决定为整个规划带来了转折性的变化。燕大校方"对此湖不予变动"的决定，自然导致了对旧园林价值的全面关注——他们此时开始宣称，"我们将竭尽所能保持校址的原貌"。

"未名"并不是这湖的真正名字，无意义或许就是这个小湖的意义。①

我们可以想见，1924年8月蹦进司徒雷登脑子的这个保留未名湖的打算，并不是他或某个人的心血来潮，而是一股"合力"所促成。保留校址原貌的用意未必一定是"中国"或"园林"，但经过茂飞对1920年规划的再次调整，方形的水塘恢复成了不规则的小湖，未来的燕京大学校区的确显得更加"像"一个中国园林了。既然旧园林无从想象，新"校园"仍在酝酿之中，比较的标准尚未产生，所有的比较和界定都是在一种动态的社会实践中完成的，这种实践向一种不明晰

---

① 依照燕京大学不成文的传统，凡有捐助者的建设项目，校方都会起一个官方的英文或中文名称，可是在我们所能找到的地图和建筑图上，校方从没有给这小湖起一个官方的名字，无论是英文还是中文。所有的建设项目都有其官方名称，这不仅仅牵涉到建筑上如何看待这一项目的意义，而且也和募款的法律手续有关。官方名称和人们约定俗成的昵称并行不悖，比如 Sage Memorial Building 的中文官方名称是"适楼"，但它也俗称"圣人楼"。从人们私下里给这小湖起的名称看，在20世纪30年代初"未名湖"尚不是一个流行的名字，它更多地被叫作"睿湖"(因睿王园而得名)、"枫湖"(因湖中枫岛得名)等等。

的旧规范靠拢的同时，也正是在对既有的文化现象进行重新定义。

　　这重新洗牌的过程中，产生出了茂飞和燕大校方都未能逆料的新质。（图10）

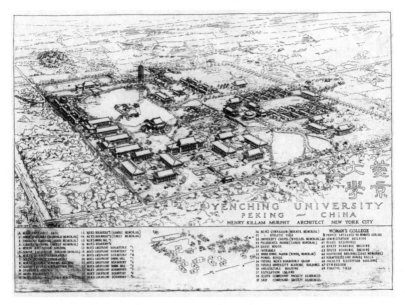

图10　1926年夏天之后，燕京大学的校园初步奠定了它今天的风貌

第 二 节

前生与今世

前度鸿影

> 杰阁凌云久渺茫，丘墟宛峙水中央。
> 敝垣胜础踪犹认，披荆斩棘兴亦狂。
> 未觌蓬瀛仙万里，已成缧绁法三章。
> 从来蜃气惊涛幻，每断风帆过客肠。

　　光绪七年，也就是1881年，火烧圆明园的巨变已经过去二十载，燕京大学校址所在的"满洲人的地产"已是一座废园，而时年四十一岁的醇亲王、蔚秀园主人奕譞到访淑春园时写下这首诗，似乎并不仅仅是感慨庚申年的那场浩劫。诗里诗外，废园中这不起眼的未名小湖原来大有文章：化为瓦砾的"凌云杰阁""敝垣胜础"暗示着这园林不一般的过去，中国园林中寻常的主题——"蓬瀛"，自然是指海上三座仙山（蓬莱、方丈、瀛洲）了，用以比照小湖枫岛的尺寸似乎有些夸大。

　　但"已成缧绁法三章"的字眼，却分明暗示着一段非同寻常的历史。

燕京大学的美国建筑师，一心扑在他的"中国建筑复兴"上的茂飞，对视觉图景以外的"中国建筑"却全无半点兴趣，自然也不会理会这些他读不懂的中国诗句。然而，自有有心人，将这些诗句从历史的湖底掘起，某种意义上，这文献的考古者不像是一名考据学家，他更像燕大请来的建筑工人，并不关心那些纸面上的纷争，只是一点点清除塘泥青草，移走土堆乱石，辟出最初的岸线，将小湖的本来面目看得更加清楚。

他就是前文提到的，在捐款人面前勇敢出演"猴戏"的历史学家洪业。

作为一个学贯中西的历史学家，洪业经常思考"如何将中国几千年的学问融入大学教育的框架之中"。说到中国学问，经书、方术，成分何其庞杂，他认为将它们一股脑地归入"国学"是不科学的，也过于笼统了，应该将古人留下来的东西分成语文、数学、科学、人文四大类。中国的考古、艺术、哲学、宗教等都应该与相对应的西方科目结合在一起来梳理和论争。洪业开的"历史方法课"令学生们受益匪浅。"他请了一个图书馆小职员每星期天到市场去买废纸，这些废纸中有日历、药方、黄色读物、符咒等等，由不识字的贩子一大包一大包地卖给商人包东西……洪业带了为数不超过十人的学生，在纸堆里掘宝……看到有历史价值的东西，洪业便鼓励学生在《大公报史地周刊》发表……"①

没有证据证明洪业对建筑学或园林营造有特殊的兴趣，生平只在

————————
① ［美］陈毓贤：《洪业传》，195—196页。

美国"设计"过一次"世界博览会"中国展厅①的洪业似乎从未介入茂飞、燕大工程处和纽约托事部之间的角力，可是通过对身边材料的梳理和求证，他却发掘出了废园之中那些被官样文章所忽略的蛛丝马迹，并将它们复原为一桩桩真实完整的历史叙事。

没有他，我们或许永远也不会细致入微地了解燕京大学校址上那个小湖的秘密。

前文已经说过，燕大校址上最有名的废园当数和珅的淑春园②，未名湖即基于淑春园里留下的那个最大的湖泊，它曾经有过的名字已经湮没无闻。说到和珅，人们或许不会感到陌生，但看过《宰相刘罗锅》一类"戏说历史"影视作品的读者，已经不大容易从脑海中驱除那矮矮胖胖的形象——其实和珅不仅不是丑陋奸猾的形状（图11），还称得上颇有才学，甚至那位对中国抱怨甚多的英使马戛尔尼，据说对和珅颇有好感。③

乾隆三十四年（1769年），二十岁的和珅刚刚继承祖上三等轻车都尉的爵位，三十七年（1772年）不过是区区的三等侍卫（正五品）。但在接下来的短短三年时间里，和珅却从一名普通的侍卫，变为乾隆

---

① 这个"世界博览会"实际上是美以美会一手操办的社区活动，所谓中国展厅的设计，大概是几块展板而已。[美]陈毓贤：《洪业传》，111页。

② 洪业在《史料旬刊》第十四期中找到查抄和珅海淀赐园中金银器皿房间的清单。因此他认为，"此园地址，即燕大校园之北部也"。清单见礼亲王昭梿：《啸亭杂录》，商务印书馆铅印本，163页。洪煨莲：《燕园的考据——和珅及淑春园史料札记》，李素等《学府纪闻·私立燕京大学》，87页。

③ "唯英使马戛尔尼，及使团秘书斯当东，在热河及北京时，颇与和氏周旋，彼二人则谓和氏风度温藉，识见精到，且竟以大人物许之。"转引自洪煨莲《燕园的考据——和珅及淑春园史料札记》，李素等《学府纪闻·私立燕京大学》，86页。

图11 据说，和珅并不是丑陋奸猾的形状，他的相貌原"俊秀可观"

皇帝的亲信宠臣，进入了清王朝权力的最高层，不仅身份一夜巨变，而且所主事务遽然不同。

和珅的火箭式升官史加上他的离奇结局，一直是清史研究的一个话题，也成为数百年间野史的一桩谈资。但洪业感兴趣的不仅仅是乾嘉年间诡谲的政治斗争，或是文人酒席宴前的飞短流长，要紧的是，和珅的发家和败家，居然和燕京大学校址大有关系。

《清朝野史大观》是这样解释和珅不寻常的升迁的：

> 当雍正时，世宗有一妃，貌姣艳。高宗年将冠，以事入宫。过妃侧，见妃方对镜理发，遽自后以两手掩其目。盖与之戏耳。妃不知为太子，大惊，遂持梳向后击之。中高宗额，遂舍去。翌日月朔，高宗往谒后，后瞥见其额有伤痕，问之。隐不言。严诘之。始具以对。后大怒，疑妃之调太子也，立赐妃死。高宗大骇，欲白其冤，逡巡不敢发。

乃亟返书斋，筹思再三，不得策。乃以指染朱，迅往妃所，
则妃已缳帛，气垂绝。乃乘间以指朱印妃颈。且曰："我害
尔矣，魂而有灵，俟二十年后，其复与吾相聚乎。"言已，
惨伤而返。①

年轻的乾隆不慎害死了雍正的年轻妃子，于是许愿盼她来生再与
自己相见。三生石上，前缘再续，这转世的冤魂就是换了一副漂亮躯
壳的和珅：

……和珅以满洲官学生，在銮仪卫选升御舆。一日驾
将出，仓猝求黄盖不得。高宗云："是谁之过欤？"和珅应声
曰："典守者不得辞其责。"高宗闻而视之，则似曾相识者。
骤思之，于何处相遇，竟不可得，然心终不能忘也。回宫
后，追忆自幼至壮事，恍然于和珅之貌，与妃相似。因密
召珅入，令跪近御座。俯视其颈，指痕宛在。②

嘉庆四年正月三日，太上皇乾隆去世，"不数日而和珅入狱，又
不数日赐死矣"。接连两个"不数日"，启人想象——何以嘉庆如此
急于除去这个他老子眼前的红人？

和珅死前数日正值上元夜，在狱中，他作有"对月诗"二首。③

---

① 〔清〕小横香室主人编：《清朝野史大观》卷一，中华书局，1926年，45页。
② 〔清〕小横香室主人编：《清朝野史大观》卷一，46页。
③ 洪煨莲：《燕园的考据——和珅及淑春园史料札记》，李素等《学府纪闻·私立燕京
大学》，86页。

第二章 湖光　153

不仅和珅诗中"百年原是梦"的凄凉诗句使人想起那个关于他身世的离奇故事，奕譞们"杰阁凌云久渺茫"的嗟叹，也正应和着中国历史上故园兴废的种种往事。和珅发迹、贵比王侯的标志之一，便是乾隆在海淀赐淑春园给他居住，淑春园中的营建多半有诸多乾隆御赐之物，这种荣耀只有皇族和少数宠臣才有资格享受（想想那位公园私住的永锡的下场）。

和珅身败却也和淑春园有关，嘉庆派人整理的和珅"十大罪"中之一明确写着，"其园寓点缀，竟与圆明园蓬岛瑶台无异"——模仿皇帝的园居，那便是"僭越"的罪名，而且罪大恶极。和珅败后，大厦将倒众人推，他身后的园林便和他被没收的巨产同命运。因为娶了公主的关系，他的儿子尚可以在园中一角度过残生，但当他们陆续故去后，淑春园便成了予取予夺的对象："内府工作，辄于园中取瓦木"，"（和珅）籍没后，（淑春园）入官。传闻禁园工作，每取材于兹"。后来到了睿王后人的手中，它更是沦落成了一片水田。

尽管和珅因此园而获罪，他自己的众多题咏中，却几乎从未提及这座园林的情状，像是故意要留下一些想象的空间。[1] 于是，在历史的旋风过后，前朝的营建往往宛如雪泥鸿爪，竟然无可辨识。和珅身家亿万，富可敌国，据说"甲午（对日）庚子（八国联军）两次赔款总额，仅和珅一人之家产足以当之"，淑春园中的投入想必也蔚为可观，但足令人感叹的是，只短短一百年后，便再没人说得清园中的格局。当园中瓦木被搜罗殆尽，淑春园中只留下了破碎零乱的诸多旧物，它们

---

[1] 　和珅诗集中常有吟咏风景之作，但是真正能和淑春园对上号的仅有一首"述病"的诗。洪煨莲：《燕园的考据——和珅及淑春园史料札记》，李素等《学府纪闻·私立燕京大学》，88页。

串起一条若隐若现的历史线索。前生和今世虽丝缕不绝，它们的直接联系却不易寻觅。

　　淑春园中，最引人注目的遗物莫过于那只原丢弃于湖心岛东面的石舫（图12），茂飞在测绘中一度用这座石舫作为对位基准。在醇亲王奕譞题咏的那会儿，这只石舫大概已经淤积在塘泥中，成了不折不扣的"填海物"。这只石舫虽然比颐和园中那只稍小，但它的尺度可以令人想见当年园中建筑物的规模，据说"营建之巨，堪比王侯"。园中据说原有花神庙，它就在小湖南岸那一排小土山的北边，本是茂飞意欲平去，好兴建与湖北对称的三组男生宿舍的地方，这小庙如今只有寺门残存。①

图12　湖心岛东面的石舫

① 　今人传为"花神庙"的未名湖边小庙（慈济寺）门，却和花神无关，真正的花神庙旧址是"在今男生网球场北两井之间。其地不在睿王园地契之内，相其地势亦当在和氏园南墙外。昔有乾隆十年十二年圆明园总管王进忠、彭开昌等所立碑。民国九年移去，今在燕南园内马道旁"。参见洪煨莲：《燕园的考据——和珅及淑春园史料札记》，李素等《学府纪闻·私立燕京大学》，89页。

许多题咏中也都提到，和珅园中原有一座"临风待月楼"，而今只剩下一块"奇形不可名状、高约二丈"的巨大太湖石，夹在两棵传是和珅时种的老松中间。在宁德楼，也就是北京大学今日的民主楼西北，人们发现四块大石卧于草莱之间，拼凑在一起原是一座诗屏，一共二联，上面镌刻着乾隆手书的诗句："夹镜光澄风四面，垂虹影界水中央；画舫平临蘋岸阔，飞楼俯映柳荫多。"洪业曾经猜测它或许和昔日石舫上的旧建筑有关，因为乾隆曾经写有体制类似的《咏石舫诗》。

说不定，乾隆眷顾和珅的光景，石屏真的就安置在石舫的左近，作为这不系之舟的一部分，而和珅建造石舫，也没准就是为了寄托乾隆"磐石因思奠永安"的诗意。对和珅而言，仿制圆明园中乾隆的石舫，造一个小号的复制品用于他个人的私密空间，或许只是象征性地表达他和乾隆之间特殊关系的一种方式，未见得就是"僭越"野心的包藏，但这最终成了和珅身家破败的缘由之一。

在《清朝野史大观》记载有一段关于和珅姬妾的故事，和后人一并写下的小注：

> 和珅有宠妾长二姑，所称二夫人者，珅引帛时，赋七律二章挽之，并以自悼云。……又传有吴卿怜者苏人。先为平阳王中丞亶望妾。王坐事伏法吴门，蒋戟门侍郎锡棨得之以献珅。珅败，卿怜没入官，作绝句八章，叙其悲怨云："晓妆惊落玉搔头（正月初八日晓起理鬟，惊闻籍没），宛在湖边十二楼（王中丞抚浙时起楼阁饰以宝玉，传谓迷楼，和

相池馆，皆仿王苑）。魂定暗伤楼外景，湖边无水不东流。"[1]

今天看来，淑春园中的小湖其实甚浅，且沦为坦荡水田的光景不是一次两次。除了睿王后人德七曾经招耕淑春园的水田之外，乾隆二十八年，内务府文档也有"奏准圆明园所交淑春园并北楼门外等处水田"的记载。可以再次验证，那时淑春园内的所谓"湖边十二楼"，其实只是在一个极度狭小的空间之内。然而，对于前现代的中国人而言，这个密匝拥塞的空间却可能是隋炀帝式的迷楼[2]，在权力上升和失落的往复之中，不光充满着欲望的陷阱与迷失的悲怆，高度象征化的意旨也使园林的历史包含着曲折而婉转的心机。

比如，和珅曾经将淑春园命名为"十笏园"，取意首先是极言园林的空间狭小，[3]但这或许也隐约暗示着园林中山峰或叠石的某种政治意涵——笏是古时大臣上朝时拿着的狭长形手板，多用玉、象牙或竹片制成。[4]和珅宠妾"湖边无水不东流"的诗句里，更是充满了形象风物与历史之间的张力，令我们想起"绿珠坠楼"一类的故事。在这

---

① 〔清〕小横香室主人编：《清朝野史大观》卷六，37页。

② 隋炀帝的迷楼故事因佚名艳情小说《迷楼记》而知名，小说可能是宋人作品。迷楼"幽房复室，玉栏朱楯，互相连属，回环四合，曲屋自通。千门万户，上下金碧"。"人误入者，虽终日不能出。"在小说家笔下，炀帝建造这所"使真仙游其中，亦当自迷"的迷楼的目的，自然和那些后宫及游幸之事有关。迷楼的地址一说在扬州，一说在长安。

③ 清末山东潍县人丁善宝在他的《十笏园记》中对"十笏园"的命名作了解释："以其小而易就也，署其名曰十笏园，亦以其小而名之也。""十笏"一词的典故来自唐人所著《法苑珠林》，此书的《感通篇》中说，印度吠舍厘国有维摩居士故宅基，唐显庆中王玄策出使西域，过其地，以笏量宅基，只有十笏，故号方丈之室。后人即以"十笏"来形容小面积的建筑物。此园面积仅二千余平方米，确是小园，丁善宝即取此意。

④ 林则徐《塞外杂咏》："天山万笏耸琼瑶，导我西行伴寂寥。我与山灵相对笑，满头晴雪共难消。"

里，风景并不使人亲近"自然"，而是指向一种别样的文化心境，后世的访者是否能够与和珅败时的事中人共享这种体验，并不仅仅在于他是否可以辨识出前朝的遗迹，还在于他是否理解荣辱成败之际的那种中国式幻灭：

> 一径四山合，上相旧园亭，绕山十二三里，烟草为谁青。昔日花堆锦绣，今日龛余香火（园有花神庙），忏悔付园丁。绿野一弹指（绿野亭亦存），宾客久飘零。坏墙下是绮阁，是云屏，朱楼半卸，晓钟催不起娉婷（园中有楼向贮一自鸣钟极巨。晨鸣则群姬理妆）。谁弄扁舟一笛（园池为渔人利，适有荡舟吹横笛者），斗把卅余年外。绮梦总吹醒。悟彻人间世，渔唱合长听。[1]

茂飞断然不知，在这几乎要被他夷为平地的小土山后面，有着这么惊心动魄的历史。通过由洪业而始的现代学者们的努力，清代淑春园中未名湖区的物理格局可以部分地得到恢复——

在乾隆中叶之前，淑春园规模颇为有限，像侯仁之先生所说，大部分可能不过是水田。成为和珅的私园后，这园子得到大规模兴建，"园中水田尽被开凿为大小连属的湖泊，挖掘起来的泥土，则被堆筑为湖中的岛屿和环湖的岗阜"[2]。本来，该园的建筑情况已经无从准确复原，而地貌也因燕京大学和北京大学校园的兴建，变得面目全非。

---

① 潘德舆：《水调歌头·游海淀和相旧园》，《养一斋词》，卷三页六。转引自洪煨莲《燕园的考据——和珅及淑春园史料札记》，李素等《学府纪闻·私立燕京大学》，88—89页。
② 侯仁之：《燕园史话》，26—27页。

但所幸有一位金勋先生，他的家族曾长期服务于清代负责营造的内务府，因此家中藏有当初淑春园、鸣鹤园、镜春园的"地盘画样"。这些近乎场地规划图的清代建筑图，提供了难得的燕京大学校园基址的历史演变过程。将金勋所提供的地图和样式雷的图样对照，我们可以看到，淑春园基本的地貌特征和燕京大学接手此地时相差不是太大，尤其基本的湖泊水体都保持原状，这为我们比较两者的意义提供了方便。（图13）

长期研究北京园林史的焦雄认为，不但淑春园湖区真的是模仿圆明园中的福海景区——如同"十大罪"罪诏所说的那样，未名湖区的风光竟还可以在圆明园中——对号入座。对比福海和淑春园的地形图，我们可以发现，淑春园湖区南侧的地形与福海的广育宫、夹镜

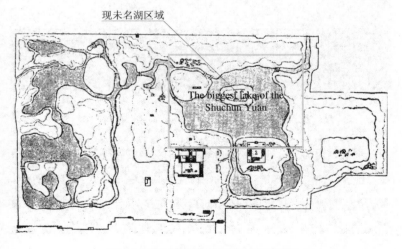

图13　金勋地盘画样中显示的未名湖区原貌
来源：侯仁之《燕园史话》。

鸣琴、南屏晚钟一带确实有几分相似，西北角的水口的布置则可以理解为仿自福海的平湖秋月景区。四面合围的土山将福海与圆明园的其他景区隔离开来，淑春园周遭的土山也将它与东部、西部的诸园相分隔。① 如果我们顺着这条思路走下去，看看湖中各自的"蓬岛瑶台"，似乎也不难得出和焦雄相似的结论，那就是两处园林的湖景，都承载着"四山合"的世外桃源的母题。（图14）

图14　圆明园福海平面，作者摄于2006年

现代建筑师对这种模棱两可的"相似"或许会不屑一顾，他们将难以相信，体量悬殊的未名湖和福海能有什么共通之处。但这种园林母题之间的契合，其实是解读空间感受的心理"程式"的契合，也包

① 　Hung Ye, "Ho Shen and Shu-Chun-Yuan," *Episode from the Yenching University*, January, 1934, p.4, B337F5154.

含着某种"看与被看"的同构关系。如同巫鸿曾指出的那样，清代早期宫廷绘画中帝王"行乐图"一类题材，通常投射着汉装的满族统治者对于被征服者——由画中同样汉装的女性所象征——的权力意志，[1]而这种象征性的注视，恰恰为园林中弥漫的欲望贴上了一层政治的标签，也使得对于物理空间的感受离不开社会心理的质地。

在圆明园福海的例子中，象征着海上仙山的蓬岛瑶台是乾隆本人才可以居住的处所，而围绕福海的，则是经过"移天缩地"从全国各地特别是东南搜集来的人间景致，用乾隆自己的话说，这"半升铛内煮江山"的微缩"锦绣中华"已经超越了它原有的语意，"海外方蓬原宇内，祖龙鞭石竟奚为"，即使秦皇也要自叹莫如了。对于和珅的淑春园而言，小湖虽窄，它一样可以成为权力和财富的展示之所，"爱蓄名花歌玉树，曾移奇石等黄金。缤纷坼伞驰中禁，壮丽楼台拟上林"（斌良），那个小岛所环视的壮丽楼台和名花玉树，同样表达着这空间中主人的权力和意志。对福海景区的艳羡和模仿，并不一定证明和珅"僭越"的个人野心，但却分明凸现出他在自己独立王国中营造出尘世界（壶中天[2]）的愿望。乾隆在圆明园中梦想着海上瀛洲，和

---

① Wu, Hung, "Beyond Stereotypes: The Twelve Beauties in Qing Court Art and the Dream of the Red Chamber," in Ellen Widmer and Kang-i Sun Chang, eds., *Writing Women in Late Imperial China*, Stanford University Press, 1997, pp. 306–365.

② "壶中天"语出《后汉书·方术传下》中费长房的故事。在建筑学上，"壶中天"可能代表着一类有内无外的"逃逸空间"（space of escape）。这种时空组织与外界截然不同而又毫无关联的"逃逸空间"用不着去在科幻小说中寻找实例，一架在夜空飞行的飞机就是绝好的例子，它盛满光亮、人声和社会活动，有着自己独立的运动，却和一板之隔的空间没有任何关联。对一些中国学者而言，这自足完备、经营典丽，却视拳石尺水为高山大泽的"壶中天"，可能象征着中古中国发展起来的一种消极的文化取向，持这种观点的代表作见王毅《园林与中国文化》，上海人民出版社，1990年。

珅在淑春园中梦想着主子的蓬岛瑶台，两种情境都指向一种欲望和欲望对象之间的关系。（图15）

过了许多年，当燕大的校园规划已经成了定局时，人们再回头看这些前尘往事，会觉得天地翻覆，当旧日园林的樊篱倾颓、屏障撤去，保障幽人独自往还的政治条件已经荡然无存，那种分割成碎块的空间，那些曲折迂回的细节，已经不能向大时代的逻辑诉说自己。那是在故园基址上霸王硬上弓的大规模营造——数幢本应占据一个纽约街区的巨厦，填满了起先好几座园池的面积，就像吴淞口中的巨舰驶入了小河湾。

事实上，未名湖区所掩盖的过去，绝不仅仅是和珅破败家底的那一点点，人们若有兴致，总能挖得更深，发现得更多——这已经不再是读古书、做考据学问的乾嘉时代，而是中国考古学世纪的开始。洪业著录的《勺园图录考》体现了这么一种眼光，书中采录的不仅仅是有关燕京大学校址历史的掌故，它所采用的"引得"也即索引（Index）

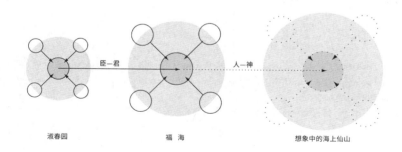

图15　淑春园和福海景区"看与被看"的同构关系示意图。在复制上一层级的"看与被看"关系时，每一层级的观看者都想象性地将自己投射在了上一层级的权力中心地位。作者示意图

体例表示的是一种精确的、严格对位的知识，可以具体到地点并且视觉对位，而不是掌故相闻、议论相歧的旧学。这一点和前世的博物学者截然不同。比如顾炎武《天下郡国利病书》以"经世致用"自况，准确性自然是压倒一切的标准，但是却让燕京大学的历史地理学者（侯仁之）看出了其中许多不够周详的破绽。

这并非一定意味着今胜于昔，但今昔研究方法的分歧背后，却蕴含着不同的历史意识和工作方法。

据说，这位日常西装楚楚的历史学教授洪业除了伏案读书之外，还喜欢在假山、池塘、松树间散步，沿着水道找水源，把校园中进行建筑前的风景用草图记录下来……（图16）洪业醉心于这种身临其境的历史工作，他为西学所熏染的实证眼光和文献证据结合的结果，是

图16　1927年的洪业全家
来源：[美]陈毓贤《洪业传》。

我们发现了另一个埋藏在历史地表下的"燕园"。在和珅的故园中，洪业不仅为我们留下了多种历史文献的整理成果，还利用出土的文物厘清了许多从前只是众口相传、迷雾一团的"典故"。[①] 例如，"勺园"史迹的真实存在，便是洪业通过燕大施工时发现的米万钟父亲米玉的墓志铭确认的。

历史学教授洪业"发掘"了燕京大学基址上的过去。然而建筑师茂飞却没有机会向这位操一口流利英语，又能出入史料的学者抱怨：洪业越是发现更多东西，茂飞这正在进行的建筑实践和它的"中国"面貌之间，就有越大的裂痕。

冲突的眼光

茂飞绝不可能与和珅心念相通。就他所受的西方建筑教育而言，保留基址上的小湖绝对是一件非常令他头疼的事——怎么才能在一个相对小的尺度内，把湖区"如画"（picturesque）的自然风致和他规整的轴线对称建筑群落结合在一起呢？

对于一个20世纪初的西方建筑师而言，轴线既是一种心理秩序的物化，又是一种工作方法，是一种易于摆布和精确控制的形式语言。可是对于燕京大学规划这样一个复杂的跨文化案例来说，轴线

---

① 参见〔美〕陈毓贤《洪业传》，127页。洪业：《明吕乾斋吕宇衡祖孙二墓志铭考》，《燕京学报》，第3期，1928年。

却将对每一个观览者构成不同的文化内涵。文艺复兴以来的西方建筑中，轴线往往和建筑操作赖以生存的社会秩序密切相关，在透视进深所诠释的社会空间中，我们看到的常常是作为被观瞻者的公共权力在一端，而作为观瞻者的个人在另一头，两者的关系泾渭分明。然而，在和珅的私园上的山水地形中，看和被看却并非那么分明。那小湖土山体量虽微，却构成一种迷楼式的含混复杂的空间。

> ……湖中置岛，既可分隔水面的空间，不至于一览无遗，又可丰富湖面景观，使临湖岸线变长，从而产生深远感，求得以小见大的效果。在未名湖边任何一方观湖，都不能穷尽，因有岛亭之隔，给人留下充分想象余地。未名湖还有一个小岛，两个半岛，都与主岛相呼应，相望而不相连，可望而不可及。[1]

就轴线的力度而言，茂飞的第一个设计展示了一个异常明晰的空间秩序，第二个设计中，空间序列的进深已经受到某种程度的抑制，但教堂还坐镇在两条轴线的交点上，严整的空间秩序因此依然清晰。然而，当那个未经触动的小湖横亘在东西轴线上的时候，这个秩序受到了质疑。湖的不规则形状显然削弱了透视进深中的整饬空间，它将一个线性的递进，转成了沿着湖的周边散开的运动，男生宿舍合围的内部空间与西边三合庭院的呼应关系从而不再那么显然了，处于校园两条轴线上的教堂也不再那么具有威势。在西方建筑传统上，将河渠

---

[1] 谢凝高、陈青慧、何绿萍：《燕园景观》，北京大学出版社，1988年，20页。

放在中轴线上的做法不是没有，让曲折的水道环绕建筑群落的做法也存在，但将极不规则的水体置于一堆原本规整排列的建筑之中，这却是不太多见的。

　　显然，这本不是茂飞所希望的挑战，自始至终，茂飞都不情愿接受这个决定，但作为建筑师而言，他并没有太多的挑剔客户的自由。1924年11月7日他的"衷心同意"并非出自本心，却是一个建筑师的本分。他所能做的，也就是尽量保留先前设计中他认为合理的部分，然后塞入客户所希冀的改变。

　　实际上，增加一个不规则形状的小湖还只是这种改变的开始，1925年年初又出现了新的周折，人们赖以做出一切决定的"基准"，原来是不甚准确的！——原始测绘中茂飞把石舫作为测绘的基准点，可是在后来的施工过程中，人们发现石舫不知被谁移动过了，如此一来，就有难以估计的种种偏差被带入到后来的规划和设计中。比如，人们如果仔细观察燕京大学历次的校园规划平面，就会发现女校的轴线，也就是校园的南北轴线，原本是通过四座男生宿舍序列的正中，无论在茂飞最初的测绘图还是规划图上都是如此，但最终建成的结果中，这条轴线却整体向东偏离了一段非常微小却可以察觉的距离。[①]（图17）

---

① Gibb to Moss, 1924/01/05, B332F5071. 在十天之后的另一封信中，翟伯谈道："当我们按修改后的测绘图工作到湖北岸的男生宿舍时，我们发现它们离得太开，占有了过多的土地，既没有用处，也不方便。"翟伯由此建议将学校的南北轴线的北边一段稍稍折一下，他说："我们确定没有人会注意到这是一条不完全平直的轴线。"Gibb to Moss, 1924/01/15, B332F5071.

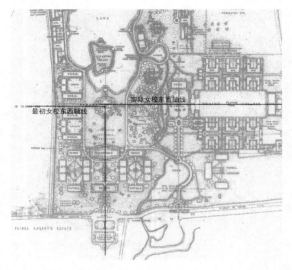

图17 女校的南北轴线整体向东偏离了一段微小但可以察觉的距离

又比如，原来规划的体育馆（场）是正东西的朝向，最终却向西北方向扭转了一个角度，而且被整个儿移向北边，从而彻底偏离了原有的东西轴线。原本拟定和东西轴线正交的南北轴线，如今并不是在原先几何上完满的位置了；茂飞起初规划的女校，是一个和男校规模相埒的建筑群落，如今它看上去更像是东西主轴线的副翼，而不是占据同等地位。这一切进一步削弱了男校的对称格局，使得东西轴线的东边半部更加模糊。

不用说，所有的这一切，都是为了更好地适应于现有基地的形状，最有效率地利用空间和更好地适应随时变更的建筑上下文。比如南北轴线的微微挪动，比如体育馆（场）的侧身一"扭"。

在这样的"偏离"和"修正"中，茂飞一步步地后退，直至他的设计看上去面目全非。（图18、图19）

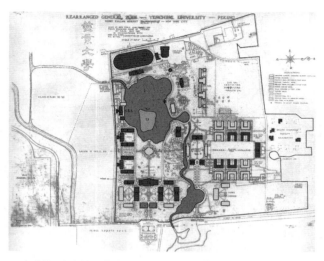

图18　1926年的校园规划中，体育馆已经偏离东西轴线；不过这个规划依然属意于未来
　　　　对称发展的可能，也还没有包括北边的朗润园和西边的蔚秀园

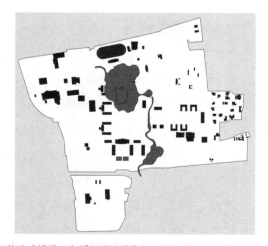

图19　1932年的建成规模，包括新设计的和加以利用的，基本奠定了今日北大校园的
　　　　格局，建筑物的分布更加尊重用地的实际状况和微小地形，看上去，它离任何一
　　　　版规划图的严正图景都有相当的距离。此图为作者根据燕大校产地图所制的分析
　　　　图，颜色深浅代表建筑不同的建成年代。值得注明的是，画面左下角的"淀北园"
　　　　当时依然不是燕大的校产

很难说这种"偏离"和"修正"是更成功还是更失败。有趣的是，这对研究风格史的建筑史家们而言或许是一个问题，对燕大的规划者们来说却不是一个问题。习惯上，关于中国近代建筑史的讨论向来是一种非常"专业"的研究，对于众多术语的掌握，以及不可胜数的中外风格的熟悉需要长时间的专门训练，这往往使不具备专业知识的人望而却步。但我们发现，历史实际中推动某种重大的风格改变和变革的，却往往恰恰是一些"非专业"的影响。更有甚者，由于缺乏历史知识和文化背景而产生的误读，往往也导致了更大胆的、无视惯例和法式的创造。

看上去本该严密无缝的"作品"碎裂了，我们看到的分明是"作品"上一条条拼合的缝隙。那个小湖横亘在燕大和茂飞之间，它不仅仅阻断了校园西部古典主义秩序和校园东部自然山水布局的关系，也阻断了茂飞和燕大校方亲密无间的合作。

茂飞和燕京大学校方之间的合作关系从一开始就存在着微妙的罅隙。茂飞固然是一个热心提倡"中国建筑复兴"的西方建筑师，他的主张也和燕大寻求用"中国人自己的方式"推展传教工作的做法不谋而合，这是茂飞成为燕大校园建筑师不二之选的主要原因，但是这种亲密的印象，却易于使人们忽视茂飞在华建筑实践的实际一面。除了善于运用既有的中国建筑的立面语汇，将其转化为钢筋混凝土的现代建筑外表之外，茂飞更是个精明的商人，善于为自己的利益考量做这样那样的辩护。有时候，这种过了头的精明倒过来损害了他自己的口碑，就像翟伯评论的那样，"茂飞先生是一个绝佳的推销商，但是一个非常糟糕的工作者"①。

茂飞的确是一个优秀的推销商，司徒雷登也如是说，②他可以把子虚乌有的事情，说得活灵活现。可是精明的司徒亦会想到，对成长中急欲宣传自己的燕京大学，茂飞的这种本领其实不无裨益。这位野心勃勃的校长其实不是那种拘泥于小节的人，他也想着扩大招生的规模，以较小的额外支出换来大量的收入，但是他手下那些做事的人更加实际谨慎，他们执拗地指出，即使从少花钱、多办事的角度，茂飞也不是司徒唯一的选择。

一方面，茂飞多次向燕大校方表示过他的忠心，他说，燕大规划将是他的"生平之作"（life work），但另一方面，茂飞为自己的收益，又明目张胆地置学校的考量于不顾……

茂飞的第一招是打着"完美的建筑效果"的幌子漫天要价。司徒雷登指出，在相当长的一段时间里，学校不便于再继续建造或计划新的建筑，因为维护这些建筑将对校方造成相当的压力。③也就是说，学校理应充分利用现有的建筑，理顺它们的关系，以便减少运营的开支。但茂飞总是喜欢将规划的摊子铺得越来越大，这样他就又可以名正言顺地向燕大收取另外一笔设计费用，更有甚者，他可以用相似的设计重复地收取费用，而不必花太多心思应付各种可能的变数。④

---

① Gibb to North, 1926/05/15, B332F5081. 翟伯在这封信前注明，这些抱怨是一封"只是在他们两人之间"的信件。
② Stuart to Gibb, 1925/04/15, B354F5458.
③ Gibb to Moss, 1924/09/17, B332F5074.
④ Gibb to North, 1924/10/22, B332F5075.

茂飞的第二招，是非常经济地使用自己花费在燕大项目上的时间。他一定清楚，不断调整的设计要求给校园施工带来的诸多问题，只有当建筑师深入建筑基址做现场研究后，才有望妥善解决；但是为了减少开支，也为了腾出时间来应付茂旦洋行日益兴隆的其他业务，他多次拒绝了燕大要求他的事务所在北京设立工作室的提议，坚持只在上海和纽约从事设计。[①] 这样，一旦有点什么急事，为往来的费用开支计，学校就不至于追着他们不放了——1924年11月22日，司徒雷登还在信中对此局面表示不无遗憾。

当学校的压力已经不可避免，他又不情愿正面回应的时候，茂飞还有第三招：拖下去再说。他有意识地利用自己和客户远隔重洋、通讯又不是绝对方便的局面，作为自己进度缓慢的理由，比如1924年9月到11月——正是大伙为那个小湖争论不休的时候——在女校的设计上茂飞没有一点动静，尽管翟伯找他要设计图纸的书信络绎不绝，这位听力有缺陷的建筑师全然充耳不闻，他正忙于他在美国的业务，以至于托事部的人不得不亲自叮嘱他加快进度。茂飞的算计大概是，等到燕大校方不耐烦的时候，就可以逼迫他们就其他一些问题——比如小湖的问题——做出有利于自己的决策。

1925年的春天，两方就这么在冲突的眼光之中僵持着，在这一年中，很多问题居然这么一直拖了下来。

20世纪20年代茂飞实际承揽项目的工作量，以及他逐渐走向商业化的业务模式，都决定他不可能把燕大规划当成他的"生平之

---

① 虽然没有资料明确交代事务所的开支情况，但茂飞曾经暗示，在纽约设计、在中国建设的模式价格低廉，在中国建设的成本是美国同类项目的1/4至1/3。*The Oriental Engineer*, v. VII, n.3, Peking, China, 1926, p. 6.

作"。① 燕大这边注目于施工细节，茂飞则看重总体规划和建筑形象，两边互不买账。比如，基建部门质疑茂飞的平拉窗（casement sash）太宽，不能抵挡北京的严寒，茂飞则回敬说："合理适度的工艺质量，加上合理适度的工程监督，这些就足以保证平拉窗的质量了。"——答非所问，一脚把因为设计带来的问题踢给技术部门。这并不意味着茂飞撒手不管建筑细节，但他更愿意通过自上而下的建筑规划，包括主动调整建筑施工的策略，举重若轻地凸现出建筑师在项目协作中的优势地位。换句话说，他总要发表自己的意见，但决不愿多干无谓的力气活。

茂飞搬出和他合作的建筑工程公司哈姆林（Hamlin）的观点，协调纽约、上海、北京三地之间合作最好的办法就是（用燕大的钱）雇用一个全职的工程书记（Clerk of the Works），这个工程书记的职责是全程监控工程进度，检查施工队是否满足了建筑师的具体设计要求——同时直接向建筑师汇报。显然，建筑师不乐意花费自己的精力和金钱在基地上待着，但是他也不愿就此放弃主导项目的权力。②

茂飞各种为自己打算的小算盘是如此明显，以至燕大校方也不是毫无察觉，时间久了他们对茂飞便有些看法。③ 但是当这位建筑师和燕大负责基建工作的部门在规划设计问题上发生龃龉时，茂飞总是拿他在中国建筑上的"专业知识"作为护身符，为自己开脱和辩护，在

---

① 比如 1926 年 1 月 12 日，纽约的人便告诉燕大，茂飞正身陷于纽黑文的一个本地项目而无暇顾及燕京大学这一边。B332F5080.

② 耶鲁大学图书馆藏茂飞档案，Manuscript Group Number 231, May 27, 1921, Box 26, Project File。

③ Gibb to North, 1924/09/23, B354F5452.

很大程度上，这种做法引起了翟伯等人对茂飞以专家自居的不信任甚至反感。茂飞在1924年秋天不停地要求燕大校方邀请他到北京去——当然不是他自己买单，对此燕大的基建部门回敬说，他们宁可要茂飞寄给他们几张建筑细节的图纸。他们清楚，茂飞来北京的目的多半是拓展他自己的业务，他不给学校添乱就不错了。

这种远程遥控与现场指挥，或长期规划和当下实施之间的矛盾几乎处处可见。比如在贝公楼初建时候，关于它的内部形制有过多次讨论，但翟伯最终决定否定茂飞不尽如人意的设计，索性将大讲堂上部的天花板拿掉，并且去掉它和等候厅之间的分隔。如此一来，设计上虽然不一定圆满，但至少可以满足迫在眉睫的大型集会的需求，不至于建了又拆，浪费不必要的财力物力。又比如，在用工制度上，翟伯浪费了许多不必要的时间和精力，为无谓的耽搁和浪费伤透脑筋：即便关于建筑细节的讨论常常十天半月没有眉目，他也必须留住那些他好不容易训练熟练的建筑工人，他们很多人都是来自附近村落的穷苦人；而多耽搁一天，翟伯就得多付雇用来的工人一天工资。

建筑师和他们的主顾天生就是一种又妥协又斗争的关系，一般说来不撕破脸皮也就罢了。然而，和茂飞打交道的翟伯终于没能抑制住他的怒火——翟伯是一个做实际事务的人，他身处一线的工作方式，决定了他不太可能和那些高层官僚一样，乐于进行无休止的修改和会晤协商。茂飞或许可以在不同的项目之间转换奔波，托事部的高层除了燕大的事务还有数不清的事务要打理，而对专心致志的翟伯来说，这种看似无关紧要的耽搁，却使得施工上所需的连贯性受到致命的影响。

翟伯对茂飞生意经的厌烦，最终演化成他们两人之间激烈的个人矛盾。

早在1924年夏保留那个小湖之前，执掌燕京大学未来命运的人们已经懂得，学校应当独立地介入到规划的细节问题中去，而不是听任茂飞在大洋彼岸指手画脚。针对茂飞和学校的理想合作关系，他们自有恰如其分的预期：虽然托事部并未全盘否定茂飞和丹纳的一般"设计规划能力"，但是，茂飞和丹纳并未圆满地对施工进行监督；就他们已经完成的工作而言，要价显然太贵。校方清醒地意识到，燕大和茂飞之间的工作分工应该严格界定，互不相扰：茂飞和丹纳负责一般建筑设计，包括初步研究，完成立面和各层平面草图；大学负责寻找经过训练的进行结构设计和施工管理的人选；茂飞的费用应该按照布置图（layout）的准确费用，以及确定建筑的比例的工作量付给。

"无疑，茂飞一定又会说，作为建筑师，他必须监督施工，以利于确保建筑按他的设计执行。但是我们要让他知道，我们比他还急着保证施工质量，我们也有能力保证，他并不是和一群笨客户打交道。"翟伯后来写道，"我们不应该为茂飞和丹纳在北京开办办事处的风险担保，这应该是他们自己的事务。"[1] 并且翟伯进一步攻击茂飞说，燕大的校园规划已经绝不像一开始那般依赖于茂飞了，因为就一个建筑师的素质而言，茂飞已经在规划中的好几处地方出现了明显的失误，比如男生宿舍的朝向，比如女校中"圣人楼"的形制和体量[2]。

在翟伯说这番话的时候，他和茂飞的矛盾还是台面下的，翟伯仍

---

[1]　Gibb to North, 1924/11/22, B332F5075.
[2]　详见本书第三章第三节关于女校校园的讨论。

然希望，茂飞至少应该等到女校的体育馆有了着落之后再离开。但到了1926年夏天，他和茂飞的这种私人矛盾愈演愈烈，终于发展到了不大容易收场的程度。

那一年的春末，茂飞终于第六次来到中国，这一次，他不仅仅是来照料燕京大学的工程进度的，和前数次访问中国一样，他的日程排得满满的。那时候，翟伯主管的工程部门制作出了有关校园水系的施工图纸，里面含有排水管道、主要阀门和供热管道管道沟的技术说明。没有征询翟伯的意见，来访的茂飞将这些图纸随身带走了，他离开北京后由天津坐海船南下。

过了没多久，燕京大学收到建筑师发来的一封电报，落款变成了"茂飞、上海隔离病院"——翟伯语带讥刺地说，茂飞大概"不是得了什么大不了的病"，他显然怀疑茂飞又在玩什么欲擒故纵的把戏，要紧的是，翟伯发现茂飞居然劫走了象征着控制校园规划具体事务权力的工程图纸。1926年5月27日，翟伯怒气冲冲地写信要求茂飞立即返还这些图纸：

> 这再一次证明了，茂飞先生并没把我们当他的客户，
> 我们这不过是他（事务所）的一个分部而已。[1]

这场看似莫名其妙的小风波最终演变成了两人的对决——茂飞也大发雷霆，寸步不让。

---

[1]　Gibb to North, 1926/05/27, B332F5082.

作为一校之长，以及筹划整个燕京大学校园规划的"总设计师"，司徒雷登是力求中立的。他清楚纽约的高层对茂飞的信任恐怕要超过翟伯，茂飞在他们耳边一直吹的风已经让他们清楚地站到了建筑师一边，司徒看到，纽约来信强调说，在现场工作的人们要和建筑师有"更多的接触"，做些"胸襟开阔"的研究。[1] 司徒雷登也清楚他手下这些人的脾气，翟伯先生虽然对学校忠心不贰，但他也像通常的技术官僚一样刚愎自用，而且有时过于意气用事。

虽然司徒雷登也讥讽说，茂飞 1926 年春天来到燕京大学校址之后的那场巡游，不过是"一个聋子（又是指茂飞的听力缺陷）在听取意见"，但在这场设计师和工程师的纷争中间，司徒并没有完全向着翟伯。[2] 他认为茂飞的意见本身并没有什么太大的问题，并告诫翟伯说，不要太独断专行，而是要尽量多向别人请教咨询。他委婉地批评翟伯，暗示虽然茂飞的"中国"知识不尽可靠，翟伯的主观判断有时也难免失误，比如翟伯自作主张，弄了一些他认为很有"中国味"的假山叠石，但内行人一看便知道那不过是些拙劣的模仿。[3]

因为司徒雷登的这种暧昧态度，在他召集学校规划施工人员开会时，翟伯愤然离席而去，陷入了前所未有的沮丧之中，好几天都不能正常工作——他维护学校利益的行为怎么就有错了呢？司徒雷登其实也清楚，一旦这位忠心耿耿的"老臣"辞职，那也将是一场彻头彻尾的灾难，因此，他恳求远在纽约的诺思不要把双方的那些唇枪舌剑太当回事，以免激化本来就很敏感的事态：

---

[1]　North to Stuart, 1926/02/11, B332F5080.

[2]　Stuart to North, 1926/05/13, B354F5463.

[3]　同上。

你理解我们对于茂飞的建议，（我们给你们发去解释这件事的）电报既不意味着"是"也不意味着"不是"——在电报中解释这件事情太复杂了，我们觉得得让茂飞学着知道：我们并不专门依赖于他。这没什么坏处。[1]

既不意味着"是"也不意味着"不是"——心领神会的诺思向燕大负责基建的一线工作者们和稀泥道：建筑师其实对学校基建部门的工作评价甚高。建筑师茂飞见到施工现场之后，看到在他为燕大工作五年之后，整个大图景的第一部分为之实现，他的第一反应其实是一阵"狂喜"，而且是一阵失态（unbecoming）的"狂喜"，"尊严，法度，洵美，仪态庄严，这拔地而起的一座大学具备一所大学理应具备的真正的学术气氛……"[2]换而言之，诺思的意思是茂飞其实已将能说的好话说尽。

我们此处已经稍稍地走得快了一些。读者或许会质疑，从燕京大学校园上的那个小湖得以完整保存开始，难道就没有别的什么关于建筑"本身"的有趣故事发生吗？但我们的叙述由1924年突进到1926年，并不是要将这两年内发生的种种复杂的协商和争议一笔带过，也不是否认建筑设计本身的价值和意义——实际上，这两年也就是燕大校园规划中最为关键的两年，众多值得在建筑史上写下一笔的有趣细节，也发生在这个时期。

---

[1] Stuart to North, 1926/05/13, B354F5463.
[2] Murphy to Stuart, 1926/07/30, B332F5032.

我们岔开一笔，写复杂的人事纠葛，不过是想先交代一个重要的前提，或说一个广义上的建筑"文脉"（context）——不是每一件作品的每一个细节，都可以得到条分缕析、清晰无误的解释，读者或许不应该期待我们能讲述一个完美的故事，一个像和珅的身世那般扑朔迷离，而又富于戏剧性的故事。非常遗憾的是，一些美好图景的来处，其实往往是一些并不美好的疑义、争斗和心机。

燕京大学校园规划中的人事纠葛，并不意味着"燕园"的由来，就此可以涂抹成一笔没有规律可循的糊涂账。恰恰相反，我们看到，在这场看似琐细无谓的争斗中，人事纷扰的张力反映的是几组基本的矛盾，这些矛盾也典型地见于20世纪初在华外国建筑师的实践之中。尽管在华外国建筑师的作品对中国建筑的近代化影响巨大，然而这些设计不可能脱离他们远赴东方商业投机的大格局；并且，在华外国建筑师项目的设计、建造和工程监理并不是一个紧密的整体，因为中西项目开发模式的不同，以及参与人员的文化和专业背景的差异，矛盾几乎是不可避免的。

这就是我们看到的完美"作品"上那一道道裂缝的由来。

有趣的是，这种冲突的眼光虽势不可免，但不同的基地、客户、建筑师和操作模式又反而为项目带来某种形式的转机。的确，燕大的管理机构和西方教职员工并不是"一群笨客户"，他们中间虽然没有建筑设计的行家，却不乏对中国文化和艺术有相当理解的人。这些人虽然对中国建筑素无研究，但他们对真正的"中国"并不陌生。他们虽然不是燕京大学新校的直接营造者，但1924年后，茂飞逐渐失去了主导规划设计的地位后，通过直接或间接的方式，这群建筑的外行人事实上已经开始广泛地参与到规划的实践中来，洪业的废园故事某种意义上也是这实践的一部分。不仅仅是学校的教职工，甚至周诒春那样的和燕大关系密切的中国人士，他们也正在好奇地观察着"满洲人的地产"上逐渐呈现的新气象。

再一次，在这种冲突的眼光中，那个"未始有名"的小湖变得重要了，由于这个小湖的异军突起，一个非专业人士无从置喙的建筑规划问题，慢慢变成了一个公众可以参与的"景观"话题。20世纪初，景观建筑（landscape architecture）作为专门学科的地位还不是那么明确，看上去远不如建筑那么高深莫测，而很多人更是分不清什么是景观建筑，什么是农林园艺——后者看上去更像是乡下人、家庭主妇，或者是哲学家和隐士摆弄的玩意儿。

我们还要感谢马戛尔尼，两个世纪以来，诸如他这样有机会来华的西方人和其他东方学家带回的关于中国文化的"常识"，已经在西方公众的心目中建立起"蜿蜒蛇行"一类的中国景观的"程式"（stereotype）了，那些关于不规则的"自然美"和"中国景致"的讨论，一旦发起，就因为其中蕴涵的东方主义情趣的独有魅力，令许多人欲罢不能。[1]

1924年至1925年之间的燕大校园规划中有关"景观"的问题，激起了燕京大学内部的热烈讨论，建筑师茂飞反倒被撂到了一边。由于参加讨论者的专业知识、文化背景的不同，他们提出意见的角度通

---

[1]　"这项事务……更切题的是关于茂飞的连缀整个基地的对称布置，以及明显是中国概念的、更少连续性的和可能更艺术的处理……他们对于游园和装饰特色的处理是针对那些庄重地取得平衡，以用于严肃用途的建筑的，对这种处理的悉心研究显示了经意的变化和艺术的不规律性。"Gibb to North, 1924/10/02, B354F5452.

又见柯律格的讨论，他整理出了西方人心目中中国园林形象的历史变化的若干脉络，见 Craig Clunas, "Nature and Ideology in Western Descriptions of Chinese Gardens," in Joachim Wolschke-Bulmahn ed., *Nature and Ideology: Natural Garden Design in the Twentieth Century*, p. 18。

常迥异，分歧非常巨大。

最后，一向比较安静的中国人也加入进来，他们七嘴八舌，说着茂飞方案的不是——他们说它太"生硬"了，它的严格对称太"机械"了……[1] 这时，模糊不清的"风景"加上热情参与的"中国人"，成就了"中国风景"。

燕京大学校园中的"中国园林"露出了一线生机。

---

[1]　Gibb to North, 1924/10/02, B354F5452.

第 三 节

"中国园林"，还是西洋景观？

场所精神？

20世纪上半叶，在中国新建起的著名教会大学几乎都坐落在风景如画的所在："之江大学建于杭州六和塔侧，钱江之畔，塔影江声，风景宜人。福建协和大学背倚鼓山，面对闽江，江山如画，令人神往。齐鲁大学座（坐）落在济南千佛山下，风景名胜之地的环境气氛自不必言。"[1]相反，大多数国立大学却寄身于拥塞破敝的老城之中，"常常沿用旧有建筑如清代书院、科举贡院、贵族府邸、官衙门作为校园"[2]。

乍看起来，教会大学建筑的这种策略似乎和宗教机构所追求的"遁世隐居的宁静心态"，以及他们对于中国建筑的理解契合无间：

> ……从总体上看，中国建筑艺术是人类心灵中那种对

---

① 董黎：《中国教会大学建筑研究》，珠海出版社，1998年，102页。
② 徐卫国：《中国近代大学校园建设（1840—1949）》，《新建筑》，1986年04期。

大自然的本能敬畏所激发出的那种强烈的宗教意义的天才创造。

当一个人想领悟大自然主宰者的意志时，他就会本能地追求一种遁世隐居的宁静心态来进行沉思。这种追求促使着中国人在最美丽的地方修造了他们的寺庙；在那高耸的山峦，在那激湍的江边，在那秀丽的湖畔，在那深幽的丛林，在悬崖峭壁，在海中荒岛，在一切能够显示大自然那种不可思议的创造力的地方……中国寺院和大自然的关系如同孩子依附母亲那般亲密，从宗教建筑与自然的协调方面而言，中国建筑所达到的境界是其他民族的建筑所不可能超越的。[①]

然而，更多的时候，教会大学购买郊野的基地作为新校园的所在，其实是情非得已。邻近城区的地方，往往是城市的公共墓地所在，居民们唯恐"洋鬼子"败坏了他们的风水，会想方设法从中阻挠，不让教会大学找到合适的落脚点——不仅仅教会大学如此，早期的西方殖民者多半因祸得福，由于中国人的排斥心态，反而获得郊野之处依山傍水最为风景优美的所在。

燕京大学在西直门附近寻址遭受的那些挫折，无疑正是这种情形的反映。然而，传教士们最后找到的荒郊野外，倒也给了他们一个不寻常的机会——拥有了一张白纸，好画新的世界。如果说，一开始，燕大基地所具备的郊野"景观"是被动的、消极的因素，那么到后来

---

① 董黎:《中国教会大学建筑研究》，311—312页。

这种"景观"反倒成了一个提纲挈领的物事，所有围绕着燕大规划的努力，所有的批评指摘，中国人的、美国人的，建筑师的、外行人的，正面的、负面的，都要靠这"景观"来确立它的合法性。

在燕大基地上，本来茂飞也有机会复制出一份大大走样的"中国风味"，但改变的契机就在那个不邀而至的"未名"湖。前文已经述及，燕大基地上历史园林的价值在一开始本没有得到充分的重视。和习惯于"盖棺论定"的建筑史家们心中的图景不同，燕京大学校园规划不是一次严密无缝的构造，而是两种不同愿景的逐渐拼合，这决定了在不同的上下文中，燕大基地的"场所"价值也不同。茂飞的场地规划青睐的，是规律变化的地形和起伏不大的地势，而旧日的园林则更喜欢细小破碎的地形和起伏跌宕的地势，这两种截然不同的场地规划方法在未名湖上的邂逅，导致了"中国园林"和"西洋景观"的碰撞。

这碰撞中产生了细小然而意义重大的裂痕。

今天生活在燕园中的人们还可以感受到这种裂痕的存在。尽管燕京大学的校园以"中国风景"而著称，它却和中国园林在选择基地的原则上就已经互相背离[①]：

> （墨菲的）创作手法主要是正面朝西、三合院和中式大
> 屋顶……大家都知道，中国建筑自古有"面南而王"之说，

[①] "园基不拘方向"（计成），中国园林的设计施工中少见的是整体的、统一的逻辑，更多时候，场地设计基于一种高度现场和个人化的原则。

欧洲建筑却以西向为尊……仅从立面及入口看，中西建筑的方向相差九十度……（但是）二者主体朝向即大面积窗户的朝向其实完全一致……对于同处北回归线以北的中国和欧洲来说，即使有电灯和空调机可用，为了引入自然的采光和通风，建筑物的平面设计理当如此。然而墨菲不是这样，燕京大学的建筑平面多半是东西短、南北长。这样一来，大部分房间的窗户都朝东或朝西，采光和通风都不适宜。显而易见，这是欧洲传统建筑中入口西向观念在中国的误用。[1]

　　其实，早在当年规划还在进行中的时候，燕京大学校方就已经意识到了这个问题，1924年10月，司徒雷登开始多次提到，（不考虑地形而）"将建筑置于西向是一个严重的失误"[2]。（图20）西方人并非没有意识到南北朝向在中国建筑中的意义，事实上西方建筑师只是并没有那么执着于正南正北的基地选择，而是各种方向都有。要确认这一点，看看茂飞在中国前后的若干规划作品的不同朝向就可清楚。（图21、图22）但燕大校园看似呆板生硬的场地设计并非没有原因，事实上，对于基地条件的忽视，同燕大先募款后建设，先设计后求址的工程运作方式脱不开干系。

　　燕京大学校园规划中建筑朝向的问题，首先反映的是商业建筑师的工作方式。要知道，茂飞看似变化万千的规划方案，其实都是以西直门外那个不相干基地的状况为蓝本的，那块最终与燕大无缘的

---

[1]　方拥：《埃菲尔铁塔的花边》，《读书》，2004年11期。
[2]　Gibb to North, 1924/10/22, G332B5075.

图20　有了茂密种植的树木之后，燕大男生宿舍（今日红一、二、三、四楼）的西晒已
　　　经不像以前那么严重。自然，我们也可以注意到，多年之后，男生宿舍和庭院的
　　　使用性质已经大大改变了

Wayland Academy, Hangchow, China

图21　杭州蕙兰中学

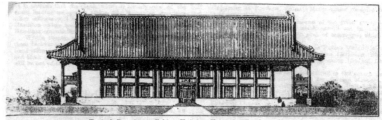

Typical Dormitory, Fukien Christian University, Foochow, China

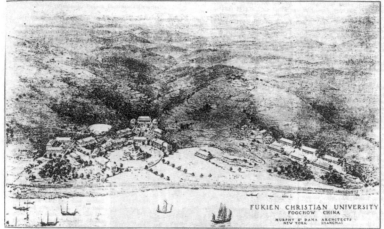

FUKIEN CHRISTIAN UNIVERSITY
FOOCHOW CHINA
MURPHY & DANA ARCHITECTS
NEW YORK   SHANGHAI

Fukien Christian University, Foochow, China

Dining Hall, Fukien Christian University, Foochow, China

图22　福建教会大学

一百五十英亩土地，包括朝向在内的自然条件与"满洲人的地产"截然不同。但以下这些早早定下的规划原则，却讽刺地成了茂飞设计中雷打不动的金科玉律：

　　　　一条规整的驰道，从东边主要入口处的中国大门开始，延展向主要教学区的建筑合院。

　　　　从属的教学区建筑合院，从南北方分别接入主要教学区建筑合院。

　　　　在主轴线上继续延展出小建筑合院组成的宿舍区，每个宿舍一个食堂和厨房，一共4组，每组256名学生，一个基督教青年会（Y.M.C.A.）在合院中心。[①]

　　到了海淀校址，基地的朝向已经大大不同，但茂飞的设计依然是换汤不换药。很大程度上，新的"设计"只是将原有的设计颠倒翻转了一番，以便可以挤进新基地的边界。就这样，原先纵深递进的主轴线被"折断"成了东西和南北方向的两截，起初位于主轴线终点的宝塔被移到了两条轴线的交点上，这不过是对基地新条件的消极适应而已。在真实的项目进程中，季候风向等真正的自然语境的改变，远不如西山上那些"美轮美奂的寺庙和宫殿"的修辞来得重要，因为那恰恰是他的委托人司徒雷登最欣赏的。

　　此外，就算茂飞有心，在华西方建筑师工程监理的僵化框架，也无以跟上实际情况的迅速改变，在纽约遥控指挥的托事部高层不可能

---

① 　　Amos, P. Wilder, "Great Plans for Education in China," *The Far Eastern Review*, May 1920, p. 240.

洞察基地上的复杂情形。即使华纳一再强调他们"非常习惯于细心地布置平面",希望依靠准确图纸的坐标对位来和一线的工作者们沟通,在面对像小湖那样的"不可控制的设计因素"时,无缘得见实际基地的洋人们还是有些不知所措;而反过来,身临其境的翟伯可以明确无误地看到基地上的问题,但如果他不能同远在大洋彼岸的建筑师和高层管理者良好沟通,即使突如其来的局势变化使得调整势在必行,不是真正决策人的他往往也只能干着急。[①]

燕大校舍布置存在的疑问,并非仅仅是西向或南向的选择,它同样也见于体量趋于高大的现代建筑对基地上细小的人工地形的破坏,这些更是从建筑图纸上不大容易看见的问题。无论哪个问题,根源都在于建筑规划的"程序"和商业实践所要求的效率,在于着意长远却没有可执行路径的文化议题,建筑师没有更多更好的选择。要知道,茂飞要设计的燕京大学,可是光男校就要有一千名学生,将来还要扩充加倍的一所现代大学,它可不是一园湖山都任一人消受的皇家园林。

在燕京大学的规划中,对基地价值的认可因此是个综合各方因素的、不断变化的过程。

在建设启动的初始,翟伯们只是以工程师移山填海的信心和魄力,急于让这块地方旧貌换新颜,不久他们就发现,"我们不仅仅是

---

①   North to Stuart, 1924/11/03, B354F5433.

和雨季赛跑，而且也是和各种地表径流作斗争"①。基地上的坑坑洼洼绝不是能够一填了事的，但是，他们会不会由这潮湿松软的基地认识到，这低洼地带原本"稻畦千顷"的旧园林并不是一个抽象的概念呢？远在纽约，像华纳那样的先生们并不在乎这些，他们只担心他们精心制订的计划又不幸延迟。华纳质疑说，如果我们将规划重新来过，又是保留小湖，又是弄出两套（新的）男生宿舍设计来，还要改变体育场的位置，这样是否还能有一座世界上最美的校园呢？

在这之前的教会大学营建中，对于场地价值的认可往往只是适可而止，它更多的是体现在规划构图对基地形状的转适，体现在马上可见的"中国"视觉效果的营建，在这个意义上，燕大基地的"场所精神"并不在于它是什么，而在于它使人们感受如何。那条横贯基地的长轴线，以及层层深入的视界（vista），确实是中国人和美国人都能"看"明白的一种基地规划原则。② 茂飞似乎早就认识到这一点了，在设计南京金陵女子大学校址的时候，这位来华没几天的建筑师虽然并不一定清楚中国风水的原则，但他敏锐地觉察到基地中值得挖掘的是一条潜在的东西长轴。这条轴线从基地中间延展，使得依山而建的校园由此铺开，加上其间一座小桥可达的湖泊，以及层层递进的传统样式中国庭院，他知道，这样他便可以使人们相信，这样一来将会两全其美，不仅校园可以按美国方式设计建造，而且最后形成的

① "The Report of the Construction Bureau to the Board of Managers," 1925/06/13, B332F5677. 侯仁之也认为，燕大的水文地质条件本不适宜大规模建筑，而适宜于园林风貌的表现，见侯仁之《学业历程自述》，燕大文史资料编委会编《燕大文史资料》第十辑，290页。
② Amos, P. Wilder, "Great Plans for Education in China," *The Far Eastern Review*, May 1920, p. 240.

风景将传达出一种"中国风味"。[①]

茂飞并非无视基地的特点，他对玉泉山对景的重视，正是有意识的场地规划的开始，但对于他的从业方式而言，最好的场地规划并不是像学者那样穷尽异国风景的历史，而是有节度也有实际目的地和基地特点妥协。即令是在具有园林景观的基地上，建筑楼宇依然要靠一条轴线来提纲挈领，这是他在金陵女大校舍设计中取得的建筑师的景观规划经验——他需要的，不是局部的雕琢，而是通盘的控制。手法略显僵化但面貌无比清晰，轴线布置可以换取整体规划的效率，为此，即使牺牲一部分的景观条件他也在所不惜——比如在燕大基址上，他硬生生地将第三组男生宿舍塞入湖北岸。对于茂飞而言，"我们的想法是将宿舍围合成的庭院精心设计成中国庭院的式样，整组建筑的每个细节都应该处理成中国传统的式样"[②]。

这种"中国化"的场地策略是粗放而不可细究的，那不过是那时候一个西方建筑师在中国从业所能做的现实选择。

1924年的情形变得极为复杂。为了能够建立起宏大的愿景，茂飞1921年年初所做的校园整体规划，本是本着摊子铺得越大越好的原则；然而，当燕大校方意图在实际需要和财力人力之间取得平衡的时候，他们开始更审慎地对待那些拟议中的建筑，即便削减建筑数

① 茂飞档案，"Preliminary Study No.1," 耶鲁大学图书馆藏茂飞档案，Manuscript Group Number 231, Box 26。茂飞还进一步谈到，建筑依山向阳而立，而不是坐落在山坡上的原因是南京的气候条件，因为寒冷冬天的舒适问题比夏天的更为重要。另参见董黎《中国教会大学建筑研究》，211—212页。
② 郭伟杰：《谱写一首和谐的乐章——外国传教士和"中国风格"的建筑，1911—1949年》。

目将意味着牺牲预设的建筑秩序也在所不惜。因此，在规划的第二阶段，随着规划的风向由"人工"向"自然"移转，这"场所精神"的定位已经悄悄改变了，它由开敞、整饬、明晰渐渐变得内敛、随适、含混。这种改变，使得先前那个宏伟图景中留下的空白变得理所当然了，这些空白直到燕大规划的结束也没有完全填补起来。

和人们一般的想象相反，燕京大学从来没有一个确定形状的校址。虽然燕京大学如愿以偿地从校园四面购入了一些新的地皮，这改变并不总是一帆风顺。比如，北边有"徐大总统花园"，也就是今日镜春园和鸣鹤园一带，虽然面积不大，但它保有的狭长地带，却顽强地挡在未名湖区和北部燕大后来购入的朗润园之间，给整个规划的完整性带来了长久的问题。

即使十分关心规划图景的和谐，燕京大学也不总愿意为此牺牲实际的利益。就在规划的早期，学校已经开始买入大量的土地，来增加将来和基地旁小产权人讨价还价的能力，因为学校担心这些待价而沽的投机者的要价会远远超过他们的预料。1925年，燕大花了一千美元向西北角的李家买下一块土地，同时虽还有几家也急于卖地，但那时的燕大已握有足够的地皮，所以有条件不屈从他们的高价。[1] 这些大多来自新英格兰的传教士教育家们心里一定清楚，一所大学的校园风貌并不是非得花大价钱来获得表面上的圆满自洽，著名的哈佛、耶鲁和麻省理工学院都谈不上有什么真正"完整"的校园。

"场所"因此不得不成为一个破碎的图景。正如燕大人自己也认识到的那样，燕京大学校园是由各种旧日园林以及"零零碎碎的小组

---

[1] Gibb to North, 1925/02/17, B332F5076.

织""七拼八凑而成的"。^① 西门处的规整建筑群落和贝公楼以东的湖
区本是两个不同的世界。贝公楼、宁德楼和图书馆远看宛如一列大屏
风，屏风前边是画檐朱柱，古意泱泱，而屏风后边却是别有乾坤的洞
天福地。^②（图23）1926年校园初步落成时，燕大工程处的土洋裁缝们
只是得到了几块好布，他们不是特别清楚应该如何将这几块布缀合起
来。又过了二十年，这种零落的局面大有改观，当这些不同的世界之
间用土山和绿树缀合而起，燕园成了一件拼拼凑凑的"百衲衣"。^③

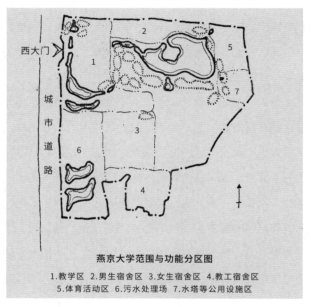

燕京大学范围与功能分区图
1.教学区 2.男生宿舍区 3.女生宿舍区 4.教工宿舍区
5.体育活动区 6.污水处理场 7.水塔等公用设施区

图23 当代人对于燕京大学校园功能分区的理解，只是中间那个暧昧的湖区的来历不易
　　得到解释

来源：谢凝高、陈青慧、何绿萍《燕园景观》。

① 少琴：《燕园的楼阁轩亭》。
② 李素：《燕京大学校园》，李素等《学府纪闻·私立燕京大学》，77页。
③ 少琴：《燕园的楼阁轩亭》。

有趣的是，在今天的人们眼中，这破碎的百衲衣没准又可以"黏合"回一套完整的衣装：

> 东西轴线以西门起始，依次穿过石桥、两华表、方院和贝公楼（行政主楼），终止于未名湖思义岛的思义亭（又名钟亭）。南北轴线从第二体育馆起始，轴线两侧匀称安排女生宿舍区、南北阁［又名甘德阁和麦内（风）阁］，圣人楼（又名适楼），横越过未名湖，结束于对岸的男生宿舍区。两条轴线于基地偏北侧呈十字形交叉，都没有贯通校园基地，轴线布局效果主要表现在教学行政区。[1]

在没有接触到进一步的史料时，人们或许会猜测这东西轴线没有贯通校园基地的效果是否建筑师有意的安排。真的如此考究起来，规则的教学行政区和不甚规则的男生宿舍区（未名湖区）是否可以解释成是紫禁城式的"前朝后寝"？如此解释，似乎也总可以说得过去：

> 燕京大学……西部为教学行政区，东部为学生宿舍区，教师住宅区分布在校园附近的其它王府遗址中。但从设计手法而言，仍是中国古典式的。西区的轴线明确，建筑布局对称严谨，建筑体量大，屋顶型（形）制的等级较高，具有典型官殿式总体布局的特征。东区则布局灵活自由，建筑体量小，外部装饰也较简单，庭院内点缀花木，呈现中国传

---

① 董黎：《中国教会大学建筑研究》，219 页。

统住宅的生活气息。将燕大校园与中国明清苑囿对照……墨菲很可能是从颐和园得到了某种启发，燕京大学校园实际上也是皇家苑园的一个缩影。[①]

董黎正确地观察出，茂飞安排校园两条主要轴线的意图大概是"出于确定建筑相对位置的考虑"，而另一方面，每个身临其境的人又都能感觉得到，燕京大学校园规划中另有一种浓厚的"园林韵味"——其实，这"园林韵味"不过是燕京大学校园规划中间的"意外收获"。如果人们看到茂飞的最初设计图纸，如果人们看到北大进驻燕园之前20世纪30年代未名湖区刚刚建成的样子，就会同意这"中国园林"并不是从来如此的，那时的未名湖区植被尚未长成，平坦的地势上未见起伏的土山，分隔空间的效果也远不如今日那般显著。（图24）

那时，这基地的"园林"气质依然模糊。

图24 对比今日树木葱茏的未名湖区北部和民国时代植被尚未长成的土山，我们可以看到这一地区的景致貌似天然，实则出自经意的人工

---

① 董黎：《中国教会大学建筑研究》，219—220页。

让我们还是回到1924年晚些时候，那个改变真正发生的时刻。迟至1925年春，托事部对经过简化的第三组男生宿舍还是忧心忡忡，这些体量和形式大大打了折扣的建筑正是保留小湖的直接后果：

> 托事部对这些简单形制的宿舍的建筑结构和它们在校园中的位置没什么确切了解，也无从判断，它们是否会和整个校园的建筑规划协调。
>
> 托事部对这些宿舍的花费也没什么确切了解，也无从决定，现有的资金可以建造几座这样的宿舍……[1]

校园中初见轮廓的其他一些建筑，则带来更多意料外的变数，也对规划者们下一步的打算提出了挑战。比如"圣人楼"是女校最先建成的建筑之一，兼有女校教堂的功能，本来应该是女校建筑群落里最为首要的建筑，但是却让茂飞一不小心，给设计成了较为素朴的模样。这个重要失误，是翟伯后来用来攻讦茂飞的一个主要理由。[2]

对纽约托事部来说，在这种不明朗的图景下面，与其牵扯出更大的麻烦，还不如经济原则优先。比如，在新的宿舍方面，应该建一些临时的、更便宜的建筑，或是干脆就将这些建筑藏到校园东南角的那堆小土山后面去。这种"解决问题"的态度，已经不再是募款时代展示"波扎"愿景的大气磅礴，而是一种救火队员的作风——哪儿出事管哪儿。托事部举例说，校园南部的女生宿舍虽然和男生宿舍看上去

---

[1] William Hung to Stuart, 1925/03/23, B354F5457.

[2] 参见本书第三章第二节的讨论。

形制完全不同，但两者共处并不别扭，道理很简单，因为女生宿舍藏在一道围墙后面，眼不见心不烦。

按照这种方法，接下来牵涉到的很多建筑细节都可以简单从事，而不必总担心配不上茂飞起初的宏大愿景。比如说，由歇山"宫殿"改卷棚"民居"的女生宿舍现在造价是每人头一百五十至二百墨西哥鹰洋，但似乎还可以便宜一半，变成每人头七十五至一百墨西哥鹰洋，这样一座容纳一百名学生的宿舍的造价就可以降低到和一座教师住宅相仿。[1]

只是这样一来，破碎的图景就更加破碎了。

人们又陆续地提出了这种那样的"琐碎"问题。比如体育馆日晒的问题，比如体育馆的位置是否可以充分利用校园东北角地形的问题，最后，可能是建筑师最不感兴趣，却最实际的问题：要使得这么一座庞大的现代建筑群"运转"起来，就得有动力和供应——这是传统的建筑营造无需考虑的。当时，连北京城市的自来水供应也还没有普及，学校得有自己的水塔贮水，还得建造自己的发电设备，另外，因为建筑的取暖需要烧煤，建一座动力工厂也是势在必行。没人愿意这些纯粹、实际的建筑建在校园风景的要害之处，后面将要说到的是，为了把那根不雅的烟囱藏在茂飞精美的古典主义构图之内，燕大的规划者们可是着实花费了一番工夫。

在这个意义上，那个"未始有名"的小湖，或许正最好地定义了一种校园初创的"场所精神"。这种"场所精神"因"未名"而无从

---

[1] William Hung to Stuart, 1925/03/23, B354F5457.

定义，而变得暧昧，但它提供了一个富有包容性的阐释框架，使得基地上那些起伏不平的微地形得以保全，而茂飞雄心勃勃的东西向轴线也在此戛然而止。

"场所精神"不仅仅是一堆物理因素的聚合，那个诱人的"中国风景"还内含一个合理的交流平台，使得基地上的人们心念相通。燕大规划的时间较长，而且它又拥有一批对这"场所"的文化气质欣赏有加的学者，这些学者固然不掌握专业的工具，但他们敏锐地知道真正的中国趣味和不伦不类的仿制品的区别。他们对基地的过去了解得越多，"所知"对"所见"的指导越多，他们就越会质疑茂飞的设计过于僵化生硬——面对这样一个"如画"的不规则小湖，难道就不能弄出点别的什么花样来吗？像翟伯所说的那样，既然我们委身在郊野的场所中，我们就应该享受些郊野生活的乐趣。

在这么一块远离尘嚣、没有规整的城市街区的基地上，对于场所的感受既取决于物理设置也来源于文化心态——淑春园湖边的迷楼和"使人闷迷"的勺园景致，莫不如此。如果说，茂飞一开始是因为看到了玉泉山上的那座塔，以及司徒雷登那些"美轮美奂的寺庙和宫殿"而心生灵感，那么我们更有理由推测，燕京大学的教师们看到了圆明园的遗物而嗅到了空气中飘荡的"中国园林"的气息。

从茂飞恢宏的古典主义构图到对这基地本身特点的注目，这不仅仅是技术层面的问题；从方形的池塘到"不规则"的湖岸，从"远东最美丽的新校址"到"中国园林"，反映了规划所涉及的社会实践的广度，也反映了参与规划活动的其他人——不仅仅是茂飞的建筑师同事——的"常识"对茂飞的专业知识的挑战。

校景，校园

茂飞并不是没有试图向纤细的东方趣味靠拢。然而，似有还无之间，茂飞对于园林式的"中国古典趣味"的理解终究有限，而且有限的理解似乎也仅仅是歪打正着。

1922年至1926年间，这位不仅奔波于大洋两岸，也奔忙于众多项目之间的"中国建筑复兴"的鼓吹者，并不想向那他所知甚少的领域轻易迈出一步。"中国园林"对于西方建筑传统而言本是个不易揣摩的异数，而更重要的是，正如柯律格在《蕴秀之域》(*Fruitful Site*)中所暗示的那样，对怀有东方主义情趣的西方人来说，园林永远是中国文化拒绝开放自身的最后一座壁垒，这神秘诡谲的一角只宜赏玩，不可分析，不妨加以利用，但较真去研究，就难免迂腐了。在茂飞的写作中，中国城市建筑中"最突出的特色是中国的宝塔"，在1919年茂飞那追步杰斐逊的校园布局中，原本放置罗马万神庙式圆厅的地方，换成了一座中国宝塔，看上去，整个建筑格局立刻平添几分东方"景观"的情调。

文化的隔阂使茂飞无以想象风水后面的合理性因素，更不会去揣测它的经营策略，燕大规划极实际的目的，也让他不可能置身于一个真正的中国情境之中。他所规划的"中国园林"更多只是一些摆设，一堆立刻就使人联想起东方情趣的物件。他罗列的那些古怪黑暗的象征元素，令西方人既着迷，又困惑："龙，佛的看门狗（茂飞难道是在说狮子吗？）"，还有"无价的珍珠"、"龟驮石碑"（这种托着大石碑的动物其实叫作"赑屃"，音"敝戏"）、"海怪"式样的檐饰，以及"神

道”云云。[①]（图25）

一边是茂飞的“严整的对称布置”，一边是“不太具备序列的特征，但却可能更艺术些的中国观念”，对托事部而言，无秩序，或无规律性，就是“中国园林”的秩序和规律。[②] 不仅他们这样认为，18世纪推崇“自然风致园”的英国造园家们也心同此念。

“中国园林”中，究竟有什么让人着迷的东西呢?

Head of a Canal or Termination of a Visto.

图25　式样奇特的“中国式”门楼后面呈现出一种类如舞台布景的幻视
来源：Paul Decker, *Chinese Architecture, Civil and Ornamental.*

---

① 茂飞演讲稿。耶鲁大学图书馆藏茂飞档案，Manuscript Group Number 231, December 13, 1921, Box 26, Project File。

② 茂飞本人也在不停地修改他的“适应性中国建筑复兴”的标准定义，在燕大建成之后，他逐渐改口，改称规则群组是中国建筑的重要特点，但它对于微妙平衡的追求并不见得就是一定“对称”的。Henry K. Murphy, "The Adaption of Chinese Architecture, 1926," *The Oriental Engineer*, v. VII, n. 3, Peking, China, 1926, p. 4. 另参见 North to Stuart, 1924/11/03, B354F5443。

在燕京大学的中外教职员工中，对中国园林痴迷者不在少数。像英语系谢迪克（H. Shadick）教授（图26）那样的园居爱好者，回到美国后依然不忘在自己的院落中砌起一堆假山石，在房子一边建起小小的回廊，"回廊一角的上面油漆着红绿的颜色"①。这些人固然没有任何园艺或景观的专业知识，却从不惮于发表自己的见解。有时候，因为个人的偏好，这种见解反而变得尤为根深蒂固，对他们而言，幻景中的中国往往比真实的中国更加迷人，这种一厢情愿的臆想或者使他们对现实视而不见，或者使两者在他们的憧憬中彼此交织，难分彼此，就像我们在埃兹拉·庞德（Ezra Pound）的东方想象②中看到的一样。

图26　谢迪克教授

---

① 杜荣：《缅怀谢迪克老师》，燕大文史资料编委会编《燕大文史资料》第九辑，53页。
② 埃兹拉·庞德是20世纪上半叶最重要的英语诗人之一，他生平并未来过中国，也不谙中文，但是他依据厄内斯特·费诺罗萨（Ernest Fenollosa）等人的翻译而"创作"了一系列中国题材的诗歌，著名者如《神州集》，艾略特（T. S. Eliot）进而称庞德是重新"发明了中国诗歌"。

出生在新英格兰一个公理会牧师家中，十一岁就立志来中国的包贵思（Grace M. Boynton）（图27）是这群人中尤为突出的一个。这位独身而终老的美国女教师曾经居住在校园北边的朗润园里，"房外小桥流水，短篱曲径，具有中国古典苑（园）林建筑的幽静雅致；室内铺着地毯，沙发壁炉，又有着西洋客厅的舒适温暖。课余她除了从事中国苑（园）林艺术研究外，最喜欢组织朗读会，约同学们晚间去她家"①——在这中国园林的氛围之中他们一道欣赏的，却是英国古典诗歌。

包贵思的专业是英国文学，但后来，她被人称作研究中国园林的专家——她的研究并不是洪业式的考据引得，它只是为她的中国生涯提供了一个完美的脚注。1952年，包贵思在美国出版了一本描写中国的长篇小说《河畔淳颐园》（*The River Garden of Pure Repose*）。小说讲的是抗日战争时期，一个叫作简·布里斯苔德的美国女传教士在四川某城病笃，一名女护士照顾着她，一天，简的一个叫王维洲的学生来探视，并邀请这两位妇女到他家的一处别墅去疗养。全书以这座古老园林的沿革和布置，串起大时代里几个小人物的故事。②

图27　包贵思

① 萧乾:《杨刚与包贵思》，燕大文史资料编委会编《燕大文史资料》第二辑，126页。
② 萧乾:《杨刚与包贵思》，燕大文史资料编委会编《燕大文史资料》第二辑，129页。

这本书的扉页是一幅园林的展示图（图28），园林的中间又是一个小湖，湖心有小岛，湖岸上，赫然有一座与未名湖南岸类似的没有庙的"庙门"，五座凉亭，四十四处或亭台楼阁或石作垣墙标记着的各色景致，这些景致附有数字索引，后面还加上充满诗意的名字。书前，则列出了明末到抗战时期为止，这座园林历年修缮扩建的大事记。封底，关于本书评语的摘录明白无误地指出，这本书是作者战时在华期间的经历和她毕生对于中国园林艺术研究的结合："这座园林才是小说真正的主人公。"①

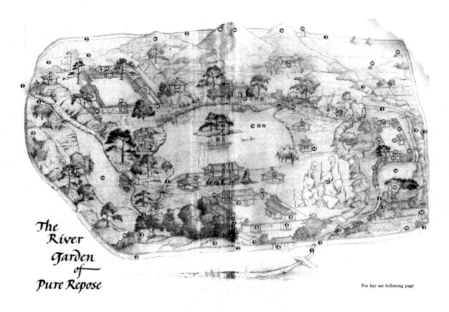

图28 《河畔淳颐园》扉页插图中展示的中国园林，图中序号和说明为本书作者依据原书重加

来源：Grace M. Boynton, *The River Garden of Pure Repose*.

---

① 萧乾：《杨刚与包贵思》，燕大文史资料编委会编《燕大文史资料》第二辑，129页。

她穿越另一座庭院，它比园墙内的任何院子都更为轩敞肃穆，它的南缘是一座长廊，外墙嵌缀着各种形状的灯窗，这座长廊在园内四面展开，将厢房和高高的石基上遽然升起的正堂相连。小道上，常青植物和竹子的阴影深重，肃立的重门引向黑暗中的内院，那里曾经供奉着家族祖先的牌匾。[1]

园林、故事、图画，这三者纠葛不清的关系，只有留待小说下文交代。从这本小说中，可以看出那个时代，"中国园林"在一般西方人心目中的形象。和纷扰杂乱以至饿莩遍野的中国现实相比，"中国园林"更像是米歇尔·福柯所说的"异邦"（Heterotopias），它不是一个物理的场所，而是一个被臆想出来的所在，一个不能去往，却又如影随形的地方。"异邦"就像是一面镜子，随着心念的移动，幻象也变化了自己的表情，但这面镜子里照出的并不完全是自己，而是一个与自我相辅相成的映照，它们像乔治·凯兹（George N. Kates）追忆"老北京"的著作《丰腴年华》（The Years That Were Fat）一样，永远是一种位于现在的"过去时"[2]。

然而，燕京大学校园规划中反映出的"中国园林"图景不仅仅是一种"他者的眼光"，中国人自己也非常热心于在校园建设中引入一个独特的"中国风景"的观照。如果说，"园林"式的校园在西方人心目中已经有其定式，他们所做的事情不过是发现具有特别的东方情

---

① 关于园林部分的更多描写，见 Grace M. Boynton, *The River Garden of Pure Repose*，第一章。

② George N. Kates, *The Years That Were Fat*, The MIT Press, 1976. 下文中我们将进一步谈到这种"既新且旧"的观望的意义。

趣的"中国"，以对应于他们久已熟悉的"西洋"，那么，中国人心目中的新燕大则是一个崭新的东西，因为整个"大学'校园'"的提法对中国人来说都是头一遭。

在旧园林的基址上建设一片中国样式的新景观？这个主意刚浮现在燕大的规划实践中的那一瞬间，就因为随之而来的丰富联想，引起了各方巨大而有分歧的兴趣，这种分歧即使在西方人中也存在。比如以实际事务见长的翟伯，对于中国园林本来并不以为然，他常常挂在嘴上的一句话便是"中国人的小把戏"，这小把戏比如"在起伏的小土山上建一道弯弯曲曲的墙"，比如几块石头加上混凝土砌成一体——那不就是所谓假山叠石吗！而中国经验老到的司徒雷登，觉得翟伯的做法完全不是一种缩微自然的意匠，而更像增加一堵工程师建造的骨架式挡土墙（skeleton retaining wall）。[1]

在这场集体的游戏中，中国人的理解是否就理所当然地更有说服力呢？

在燕京大学聘请的中国"园林专家"中间，有一位名唤金绍基（图29）的"海归"，他的丰富经历和渊博学识，可能让今天的许多传奇人物都自愧弗如。金绍基出生于浙江湖州的世家，早年赴英国留学，从辈分上而言，他大概算得上最早的一批中国留学生。据说，金绍基最初学习的是"电气学"，并于1905年毕业归国。他先是在北京教过一段时间的本行，这以后做的一系列事情，便和电气不大相关。他当过高官，也是个博物学家，和美国知名古生物学教授葛利普合作写过

---

①   Gibb to North, 1924/11/12, B332F5075.

图29　金绍基

《北戴河贝壳》；他兴办实业，和洛克菲勒的女婿一起在甘肃开采过油矿；不仅办教育，还正儿八经当过美术学院的校长，和他的哥哥金绍城一起提倡过中国画学的研究。

这样一位满身洋气的"中国园林专家"所想象的校园景观应该是如何的呢？ 1926年，金绍基应燕京大学的邀请，提交了关于校园景观的一份报告：

大门：从门房向外延伸的墙不必隔断，如果想要标志性树木，可以在两边凹陷处各栽一棵白皮松（white bark tree）或银杏树。在大门内侧的路的两旁，每边只留两棵树的位置，等到白皮松长大时，就成为端庄的标志性树木。白皮松尚没有长成时，可以在树间种上一棵柳树以避免太空旷。

……

图书馆庭院：三座大楼前的基础上种植红松，就像主庭那样，不过，图书馆大楼的中心位置要按茂飞先生的计划铺设通道，移出所有原有树木，只留东北角的那棵，也许设计用来覆盖或美化小土山。[1]

　　这位并没有学过林学的金绍基先生不仅是个植树的高手，懂得配置不同树型和尺度的树木，而且知道用动态的眼光来看待植物形态的营造。"几年后合欢树枝叶在（贝公楼门前的石桥）扶手外侧下垂5英尺将会美景如画……需要24棵树，所购合欢树应当树高一致，不得超过9英尺，且树冠饱满"——合欢树是一种低树冠的树种，可以在像贝公楼庭院那样的开敞环境里塑造出个人化的小块空间。（图30、图31）他对于景观种植的看法，显得非常在行：

　　贝公楼东部前方：我将利用东部空地种植开花灌木，成三排，最里边紧靠大楼是一排白紫丁香，第二排，与第一排错开种植的是黄玫瑰，第三排即最外边一排是耐寒月季。黄玫瑰要修剪，不让遮挡紫丁香，5年后不用修剪，外沿的草将长满灌木丛的边沿，当然草本植物可以种植在里边空地。紫丁香与黄玫瑰距离8英尺，黄玫瑰与月季距离4—5英尺，前两种株距10英尺，月季株距5英尺。[2]

---

① 　金绍基（Soutsu King）先生关于景观的报告，见 "Report on Landscaping by Soutsu King," 1927/04/07, B304F4720。

② 　同上。

图30　燕大时期的贝公楼前

图31　2006年的贝公楼前，作者所摄

金绍基对于景观种植的内行还体现在他懂得植物虫害的基本知识，以及植物性状对于使用的实际影响。在物理大楼（睿楼）和讲堂（穆楼）的西端，他建议密植一排榆叶梅（flowering plum），这种落叶小灌木有漂亮的紫色花朵，但是容易招惹苍蝇，所以金绍基不忘提醒人们，应该时常喷洒药物，以保持叶片的洁净。他也告诫大家，应该砍掉多刺的枣树和小榆木、大榆木，前者对人们的危险显而易见，后者则是因为夏天榆木容易滋生甲虫，不受欢迎。

金绍基也懂得将景观营造和建筑细节及功能相互配合：

桥：……位于如画的池塘上，每边100英尺乘70英尺。池塘与石条呈直角联结，并且要使石头扶手或大理石扶手与桥扶手完全匹配。

桥和贝公楼主庭间的空地：桥的位置使得空地与规划不尽协调，这块空地最好弄成两个小草坪，以后可以栽上花草。

贝公楼：……大楼前面的中部有个平台，大理石的，如此，可以排除用万年青做地层铺垫的做法……我建议这里种上一排修剪整齐的常春藤，它前面的花坛种上草，设置直径2英尺的圆形花圃……这样简单处理就像模像样了。贝公楼前面两处可以种上红松，边上种草，空地上种草本植物。[1]

他并不盲目跟随茂飞的绘图笔，以一个工程师的分析头脑，金绍

---

[1]　"Report on Landscaping by Soutsu King," 1927/04/07, B304F4720.

基不仅解决问题，而且也指出问题的症结所在。他的景观策略中的视觉效果是和特定的功能考量相关联的：

> 贝公楼和图书馆后的路：为了创造机会开发一条银杏大道，我要将这条路做成直路而不是原计划里的弯路，这条路不能小于20英尺宽……尺寸尽量大的银杏树应栽在离边沿5英尺处，株距20英尺，间种树干笔挺的白杨，它们的树荫不能遮挡银杏树，而且可以10年后切短。
>
> 贝公楼—学生中心的道路：这条路的宽度是其他路的两倍，这儿不仅人流量大，而且路太窄显得不合适。建造一条林荫道会阻挡视线，因此，路的两旁最好种植开花灌木，但部分场地仍然空着，所以我现在不计划种植任何东西。
>
> 湖边堤岸：由于要维持固定池水的高度，防止蚊子滋生，需要安装垂直的堤岸石条，由低往高直至水平面，打下一个良好的基础。这上面的湖岸可以留为自然倾斜的土坡，让石头随机地堆放其上。保留风化的不规则形状的石块，也为小岛提供了建筑材料，只是承载楼房的地方需要精致坚实的基础。[①]

这一切听起来都挺不错，只是金绍基先生"修剪整齐，栽成双行，错落有致"的林荫大道和"中国园林"似乎并没有十分紧密的联系，从中也看不出他们金家引以为豪的中国画学的影响。金绍基建议，那

---

① "Report on Landscaping by Soutsu King," 1927/04/07, B304F4720.

个"未始有名"的小池塘从北堤岸取得活水，并由一条阴沟向南面的小湖排水，最终流入贝公楼前主庭的方形中心池塘，这原本是一个工程师所能想到也该想到的，但末了他又加上了一句："我们如果在堤岸上设置一个雕刻的动物头，让水从动物口里喷涌出来，就会取得很漂亮的效果。"

这就让人们疑惑，他到底是在谈论中国园林还是西洋景观？

再看他心目中理想的主庭图景：

> 步行道和水池：通向中央水池的四条步行道以及水池周围是整齐的水泥条石，水池边沿同样是浇铸光滑的水泥条石，图样简洁，高于地面八九英寸。水源来自特制的井，水流向桥边的北水池。如果主水源不够大，而喷水头足够，就可以在中心设一喷泉，水的上方不设图案和雕刻装饰品。设置四个花园坐椅，最好水泥质地，镌刻（西方）古典图案，置于面对水池的通道之间的四块空地上……在每个椅子的端头，栽上一棵果树，树冠饱满，6英尺高。围绕水池的10块空地，即主庭的四角，种上草，并栽上标志性的白皮松，树要尽其可能地大……[①]

我们很难认为，仅仅因为它们整齐、简洁，因为它们有西式喷泉、花园坐椅，金绍基的愿景便不再是"中国园林"了，但除了所缺少的湖石、瓶窗这些小物件及传统样式的建筑点缀，究竟什么才是金

---

① "Report on Landscaping by Soutsu King," 1927/04/07, B304F4720.

绍基先生没有明言的"中国园林"的要义呢？

有人或许会回答：内向空间，水池庭院。其实，这样的布局并不是中国园林所独有，从古代罗马城市中的廊柱庭园（Peristyle），到摩尔人建造的阿尔罕布拉宫中的"狮庭"，类似的"内向空间，水池庭院"我们可以举出一长列来。中西园林的差别当然存在，但描述这种差别却不是一件想当然的事，也不仅仅是"不规则""自然美"就可以概括，而在一个服务于实际目的的现代建筑项目中，不过于凿实地复制这种差别，而同时能体现"中国味"则更难。

实际上，是否存在一种自洽的、可以抽象出来的"中国味"是个值得商榷的问题。虽然倾心于传统文化，但要在一个实际的公共项目里表达对景观的看法时，留过洋的金绍基甚至比他的外国同事们还要显得"非中国"一些。金绍基需要应对的，不是复制他江南故乡的景致，而是实现一所现代教育机构的物理功能，这中间有众多实际的考量，比如道路的宽度能够容纳多少人流，比如有刺的植物是否会带来公共安全的问题。

如果说，"中国园林"是一个随着不同的社会情境和历史前提变化着的谜面，它的谜底显然不在一个人的手中。这时候，燕京大学校园规划中的景观营造已经吸引了许多像金绍基这样的"局外人"的注意，它不再是翟伯或茂飞的专门工作，而是变成了燕京大学的社区事务——"校"景。校景委员会（Committee of Campus Landscape），一开始只是一个很小的机构，它的必要性受到翟伯等人的质疑。但是，司徒雷登最终决定让这个委员会来参与主导校园的建设，他们的意见成为建设燕园的主要参考：

……校景委员会……对于校园中一花一木一石一土之摆布改善，莫不匠心揭然，务期达于真善美而后已。该委员经常饬工植树搬石，一皆以美化校园为原则，故每有山石土堆一夕之间，失其所在，不知者殆将疑其为夜间愚公率其子若孙之所为矣。[1]

尽管后来加入了数万美元的投入，相对于其他建设项目的投资和规模，校景委员会的资源简直少得可怜，但是，它对决定燕园未来面貌的作用不可小觑。除了花费气力做出详细的景观计划之外，校景委员会做的往往是保护古树，照看苗圃这样看似微末的小事，但它们对于校园形象的改善却是立竿见影的。在小湖保留之后，围绕着校景委员会的工作，很多人都饶有兴味地注意着燕大规划的走向，这其中包括同时担任燕京大学校董的清华大学校长周诒春、最终与那座博雅塔的由来密切相关的英国教授博晨光，以及西方教会在华历史中不可不提的重要人物亨利·路思。

在使整个规划保持风格一致性的问题上，本没有谁比茂飞有发言权。但是在建设校景方面，恰恰是"非专业"人士的意见占了上风，燕大事实上已把茂飞丢在了热烈参与讨论的人群之外。[2] 这日益增加的自信心，不仅仅来自校方从他们的中国雇员和朋友——比如贝寿同

---

① "Report on Landscaping by Soutsu King," 1927/04/07, B304F4720.

② 茂飞逐渐显露出了一些他对中国建筑理解的破绽，比如他提议把水塔和烟囱放在一起，即使是最温和的司徒雷登，也会忍不住对此提出强烈的质疑："中国宝塔里冒出白烟将会导致一种非常不得体的效果，会使人们忍俊不禁。"Stuart to Warner, 1924/09/11, B354F5452.

建筑师和金氏兄弟——那里得到的咨询，[1]它也多少反映了一个普遍的信念，当依赖建筑学专业知识的单体建筑设计和整体规划淡出，景观设计成为校园建设的焦点，校园建设似乎进入了一个更为"公众化"的领域。

"园艺"莫非是人人都可以掺和一下的事情？

翟伯不会受到那些"文化""复兴"一类宏大叙事的影响，他只是对立竿见影的"小把戏"的喜爱远甚于不着边际的设想。对他而言，在校园中放置一些中国园林特有的小物件，便可以轻而易举地传达出某种中国景致的风味。相对于神龙见首不见尾的大图景，这些没什么道理好讲的零碎举措费时费力不多，也不需要层层的请示和批准。

在景观的问题进入燕大规划不久，翟伯就发现了一个取之不尽的"宝库"。这宝库就是近在咫尺的圆明园废墟。

其实，两年以来，那些劫掠圆明园中石材的车队一直都在经过燕大的门口。更早以前，茂飞和周诒春商谈如何营造清华校园时，建筑师就已经瞄上了园中"雕镂精美的勒脚石头、石柱和石头栏杆"——"栏杆可以用于建筑入口，大石块可以用于建筑的基座和过梁，小石材则可以顺利地粉碎为制备混凝土的材料。"[2]可直到现在，翟伯才开始意识到，这些东西其实是拿来轻松装点出中国式样风景的好东西。

翟伯找到了清朝宗室委员会中的高层人士，他拿到了三座石桥

---

①   Luce to North, 1925/04/15, B354F5498.

②   耶鲁大学图书馆藏茂飞档案，Manuscript Group Number 231, June 27, 1914, Box 26, Project File。

（图32），其中有一座"已经一百多年的历史，20英尺宽，50英尺长"①，还有两个很大的石柜，刻着精美的龙雕的丹陛和鬈毛石狮子，四根华表各重二十吨（图33）。②虽然这些东西本身近乎白给，运送它们却花了快五千元。虽然皇室成员们并没有公开反对，翟伯还是有些忐忑不安，看着络绎不绝运进校园里来的清代皇家园林的石刻，翟伯简直不能想象，自己堂堂一个大学教授会做出这种事情，又如何能够做成，他写道"这真是世界历史上一个奇怪的时刻"。

好几天，翟伯都沉浸在这种兴奋和忧虑交织的心态中，他感觉自己"像是坐在一个火山口上"，不知道谁什么时候就会来找他算账。不过他大概是杞人忧天了。三个月之前的1924年深秋，正是冯玉祥、鹿钟麟"逼宫"，末代皇帝溥仪被迫搬出紫禁城之时，清朝皇室正战战兢兢，自顾不暇，压根顾不上一片荆棘中的几块石头。两个月后一切无事，翟伯的兴致又上来了：

图32　石桥

————————
①　Gibb to Moss, 1924/07/21, B332F5074.
②　另，按汪荣祖的说法，卖给燕京大学的主要物品包括一对石麒麟、一座喷泉平台、几块石帘（屏）、一座石桥、三根华表，见汪荣祖《追寻失落的圆明园》，江苏教育出版社，2005年，278页。

图33 华表，据说燕大最初拿到了四根

　　星期天的下午，我们去看了两座诱人的石头牌楼（是
一种装饰了的大理石拱门，和原来在哈德门的克林德纪念
碑非常相似，但比它小）。人们告诉我们，几百大洋就可以
买下这些牌楼，但我们可能要花两千大洋才能把它们放倒，
搬运到学校来。它们是非常美丽的艺术作品，将来大概再
也不会做了，我们强烈希望学校能够得到这些牌楼，沿着
这条线索进行问询。[①]

这段文字的描述却印证着一段独特的历史，这些不幸流落在那个
年代的艺术品，就如同古代埃及的方尖碑，多少年后在一个完全陌生
的情境里，装点了一群陌生人的荣光。这种历史的错置本不鲜见，如

①　　Gibb to North, 1925/03/31, B332F5076.

今却再难引起人们的关注——比如，燕京大学获得的两座华表，至今还放在北大西校门里的草坪上，但没人在意，它们其实是被错配了的一双。在这个"世界历史上的奇怪时刻"，燕大获得这些点缀了校景的集锦物件的方式，到底是购或夺，是"发现"还是抢掠，很多人都已经说不清楚，就像校门口石狮子的来历。[①]

翟伯并不一定懂得那些石头雕刻准确的文化意义，但旧物今用有时也赋予"校景"实在的意义，比如在学校中心位置土山上的钟亭里他们放置的古钟：

> 钟甚巨，口径逾三四尺，高达八九尺，悬于山冈亭下，该亭因曰钟亭。敲钟有专人司其事，每半小时其人必持搥（槌）拾级登冈，用力叩击，声音清亮悦耳。校内外数里之遥，均可闻及，不知者殆将误以为传自古寺之钟声。[②]

对校景委员会的人们来说，"景观"不再仅仅是抽象的审美判断，它对校园生活有着实际的意义，他们疏浚湖泊，连根拔起湖里生长了多年的芦苇，修葺驳岸。[③]那个从茂飞手下侥幸逃生的小湖本是人工

---

① 参见肖东发主编：《风物：燕园景观及人文底蕴》，4—5页。

② 陈礼颂：《燕京梦痕忆录》，李素等《学府纪闻·私立燕京大学》，219页。1929年1月4日此钟由德胜门外马甸迤南的黑寺购买。颐和园中南湖岛有景物铭牌称："岛北侧的岚翠间，1889年慈禧曾为阅兵台，检阅李鸿章调来的北洋水师及新毕业的水师学堂陆战队学员……当时为水师报时的大铜钟，1900年险被劫走，后来置于燕京大学内，今北京大学内未名湖畔钟亭内即此物。"另钟体上镌有满汉两种文字的铭文"大清国丙申年捌月制"，1929年《燕京大学校刊》34期称此钟为雍正年间制，按雍正在位时并无丙申年，许是乾隆丙申年（1776年）之误。

③ Gibb to North, 1926/03/31, B332F3080.

开掘，旧日风景里，大大小小的水体互相供给，它们又与一个更广大的湿地系统相联系，少了许多枯竭淤积的可能。由于清末开始就不断恶化的水源供给，这泓浅水很容易淤积而变得极不卫生。在1924年，茂飞重新设计了分隔男校和女校的两条水道，对建筑师而言，这事关美观和空间秩序，对旁观者来说，这连缀一体的水面和溪流有山林之趣，但对于工程师们而言，却有许多挠头的技术问题。

纯属实际的关心又反过来影响了校园规划的走向和格调。计划中，二十英尺宽的大路原本是可以跑汽车的，由于校园施工时装满建筑材料的大车的磨损，加上人力财力不逮，校景委员会决议先修十尺宽，将来再向两边扩展，在有的地方只好用炭渣或鹅卵石铺路。但后来人们发现，在"保持（校园）原有的风貌"方面，极少的一笔钱反而可以达到更好的效果。[1]1926年，全校的师生员工投票通过决议，不在未名湖畔营造机动车道，以保证未名湖区的安静闲适———一种真正中国园林的风味。[2]

1926年燕京大学从城内搬到海淀之后，景观里的文化含义开始得到空前的重视。

景观不仅仅包括树、灌木、岩石、水道的布置，池塘

---

① "Landscaping Problems at the Peking University," 1926/06, B304F4720.
② 1929年6月，燕京大学就景观问题所提出的报告中称："校景委员会向以为应该尽可能小地叨扰校园的幽静，保持恬静的林间去处。有鉴于此，我们只在校园边缘布置机动车道和干道，湖边和不紧邻建筑的其余校区只允许有黄包车道和步行道。对我们的学生而言，这些去处总是十分可爱的。"见 "Landscaping Problems at the Peking University," 1926/06, B304F4720。

和湖泊的布置，还包括道路和小径的安排。我们认识到，建筑设计的性质已经决定了这些事项中的某些，但是我们依然需要一个高度有能力的中国权威，给他充分自由的机会，从容不迫地研究整个事项，使得景观的特定方面和建筑群落相契合。[①]

那个"高度有能力的中国权威"是茂飞和翟伯角力的微妙结果，也是燕大建设自己中国形象的必然归宿，只不过这个结果落实到了"景观"的头上。现在，纽约托事部开始正式要求基地上的人们，随时向他们报告中国专家的意见，并附上相关的图纸；在那一头，一群美国人和一个美国建筑师忙活着，为的是彻头彻尾的可信的中国效果。1926年秋初步迁校之后，最终评估这种中国效果的不仅仅是那个"高度有能力的中国权威"，也是燕京大学的中国师生：

今春还要解决的一个新的问题是选择一个地点，树立高年级班送给学校的旗杆。为避免伤害学生团体的感情，这旗杆只好树立在男生宿舍和女生宿舍之间的地方，而校景委员会十分担忧这会影响景观的设置，通过多次友好协商，问题圆满解决，各方都满意。我们还花费大量时间精力重建在修建中弄乱的山丘，这些山丘是用池塘泥土和建筑物基础泥土做的，需要等到夏天大雨过后，地基平整，才能完工。我们希望这些小山成为静谧的林地景点，铺设小径

[①] "Landscaping Problems at the Peking University," 1926/06, B304F4720.

于其中。尽可能让它们保持野趣，自然天成。[1]

燕京大学的校景变得更适于一座"校园"了。

20世纪初中国许多新创立的大学的物理环境，确乎和旧时代里遗留下来的"园"有着这样那样的关系，但是没有多少"园"生来便适于新时代里高等教育的目的。

在燕京大学的校址从盔甲厂迁到海淀"满洲人的地产"的初期，"校园"并不是人们用来描述学校物理载体的通用词，我们甚至有理由怀疑，在20世纪20年代，"校园"这个词在汉语中是否被广泛使用。在多种这一时期的大学历史资料之中，当提到学校时候，一般都会说"校舍""校产"，但"校园"却少见使用。极有可能，校"园"并不适合用来概括当时大学的物理现实，因为大多数新兴大学并非新建，基地窄小，很难容得下什么园林景观。

但一所自然风景中的"校园"，也不仅仅是园林被用作教育用途的场所，"校园"本身可以解释旧日"园林"的某种特征，也将向新的公共生活开放，不仅服务教育，而且成为教育思想本身。我们后来将要说到，"校园"大于"校景"，就是因为它整合了"校景"中的某些因素，但是更超越了这些因素，成为一种统摄全局的指称。在这个时期，受到外来教育制度的冲击，也遥遥应和着欧美正在兴起的"花园城市"的变革，中国的新兴学校尤其是中小学开始寻求创制"学校园"——"学校园"和"校园"有所不同，是指学校需

---

[1] "Landscaping Problems at the Peking University," 1926/06, B304F4720.

要有一个同时具有教育意义和实用价值的外部开放空间，以花园形式存在，早期的"学校园"因此偏重于对园艺、农艺的介绍，强调使得它们成为课纲的一部分。最终，校舍所在的地方也被纳入整个"校园"的范围。[①]

这种出人意表的变化，不仅给1924年以后燕京大学规划的模式带来了新的变数，它还关系到整个校园建筑风格的指向，"校园"成为大学物理发展中笼罩一切的考量，也成为物理发展在精神层面上自圆其说的途径。

---

① 　参见《论学校园之有益》，《北洋学报》，1906年第1期，49—56页。

第三章

塔 影

第 一 节

伊甸园中一浮屠

"中国样式"与"中国式感觉"

> 燕京塔，塔燕京
>
> 燕京水塔十三层！
>
> ——燕园儿歌

对今天的燕园人而言，这座十三层的博雅塔已成为燕园的标志。和燕京大学中其他"中式"建筑相同，博雅塔徒有中国式的外表，但它所摹写的木构细节却非砖砌，而是由混凝土预制的。这座基本实心的密檐宝塔里面没有舍利和经函，却有层层铁梯通往顶端，它本是一座用于提升水位，以便向全校供应自来水的水塔。（图1）

这座塔的奥妙不仅限于此。在上一章中，我们已经强调了园林景观对于燕京大学校园规划的意义，这种意义甚至也着落到建筑设计本身。这塔是座具有实用功能的"建筑"，但它又不是一座平常建筑，它使得燕大的校园规划平添了许多"景观"的意味，也使得"燕园"的形象更加有声有色；这座塔明显是校园规划中平地升起的那个"中国园林"阐释框架的产物，是其他所有教会大学设计中阙如的元素；

图 1　由未名湖南岸俗称"花神庙"的小门旁看水塔，摄于 20 世纪 50 年代初

这座塔规范了它所从属的外部空间，但它本身却不保有可以居住或登临的空间，也不符合"凿户牖以为室，当其无，有室之用"①的高妙定义；它似乎内外脱节，"形式主义"严重，却是一座实实在在，而大名鼎鼎的"实用"建筑。

1762 年，英国造园家威廉·钱伯斯（William Chambers）伯爵在英

---

① 　海德格尔有一篇引用《老子》十一章来讨论荷尔德林诗作独特性的文章，后来，海德格尔的引用似乎被许多喜欢讨论"本质"的建筑师用作了东方思想对于建筑空间理解的旁证。

国约克郡的"丘园"（Kew Garden）中建起了一座八角形十层的古怪建筑（图2）。尽管那半圆形拱券下的弓形窗（compass window）以及洛可可风的檐饰都似曾相识，但西方人从来没有见过这样形制的建筑：热烈的色彩，鲜明的形体，但有着轴心对称的极单纯的平面；像哥特式大教堂一样，它旋转而上的动势暗示了一种垂直方向的运动，蕴涵着一种神秘的宗教气质，但这单纯而深奥的气质却不是西方人可以轻易理解的：

> 即令是今天……风格枯燥的色彩中绘制的那座宝塔依然可以让我们领悟到，为什么来访者会在它的面前屏息出神，它涂釉的瓦檐和金龙熠熠闪光……今天，中国宝塔依然

图2　1762年，英国造园家威廉·钱伯斯伯爵在伦敦西南的"丘园"中建起的"中国塔"

是欧洲"华风"园林建筑中最为出挑者。①

　　或许从那一刻起，塔不仅仅成了中国园林的象征，也成了中国建筑和中国的视觉符号。（图3）直到今天，在世界各地的唐人街，在那些涂得红红绿绿的奇怪房屋中，塔，或说，一种类似于塔的建筑，也总是被选择为中国社区的象征。且慢低估这漫画式的中国塔形象的力量，1998年，美国著名的建筑公司SOM在上海浦东建起了一座地标性的建筑——金茂大厦。按照美方建筑师的解释，这座420.5米，共88层的曾经世界第三高楼便是一座现代的像竹子一般"节节高"的"中国塔"（图4）。对于这遍体闪耀着黑色冷光的"中国塔"，为了避免中空的建筑内部拔风，变成一个巨大的烟囱，建筑师不得不付出大量精力考虑火灾隐患的问题。但中国方面似乎很欣然地接受了这种昂贵的比喻。

图3　美国唐人街快餐盒上的"中国塔"

---

①　John Harris and Michael Snodin, *Sir William Chambers: Architect to George III*, Yale University Press, 1996, p. 65.

图4 上海浦东金茂大厦"节节高"的外观设计

　　包括 SOM 建筑师在内的西方人，很少有人能够真正理解塔在中国城市中的意义和它的建筑逻辑。塔起源于古印度，原本是一种佛教建筑，据说，两千五百多年前释迦牟尼涅槃之后，弟子阿难等人将他的遗骸火化，烧出了色泽晶莹、击之不碎的珠子，称为舍利。众弟子在各地修建坟冢，坟顶立一根尖刹，这种建筑，梵语称为 Stūpa，汉语译为"堵婆""浮屠""浮图"等。到了汉末塔随佛教传入中国，印度塔的建筑形式与中国的重楼建筑结合起来，便形成了具有中国特色的各种样式的塔。（图5、图6）

　　释迦曾经以塔喻己，不管是用于埋藏经卷还是舍利，塔的最初意涵其实都是"道身"的物化（embodiment），如果要解释塔的意义，就不能不牵涉到塔的体量形制和安葬佛身的功能之间的关系。早期的佛塔，譬如山东神通寺四门塔，以及后来出现的一些实心佛塔样式，比如密宗的金刚宝座式塔等等，大概都可以算是一种"观念性建筑"。

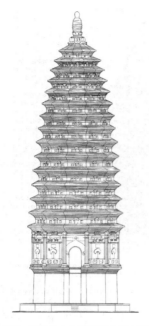

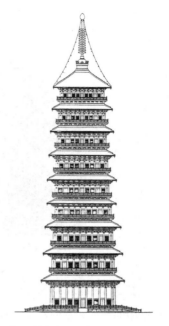

图5　河南嵩山北魏嵩岳寺塔立面　　　　图6　钟晓青复原的北魏永宁寺塔立面

来源:《文物》1998 年第 5 期。

它们要么是实心或基本实心，不能登临，要么个头很小，内部空间狭窄，也并不鼓励人进入。所谓观念性的建筑，并不能按一般方式体验，它们的"内外"有别于一般建筑，无所谓空间流线和序列，它们的体量、尺度和立面也不能以一般的眼光看待。

　　但英文的塔则又是另一种概念。习惯上，西方人并不把在柬埔寨等东南亚国家可以看到的那些金刚宝座式的密宗佛塔叫塔，近东文明中出现的"巴别塔"（Babel Tower）和我们的塔在建筑观念上也完全是两回事——严格地说来，本文中所有提到的塔都应该写作"中国宝塔"（pagoda），以便和其他形形色色的塔相区别。

我们很难界定，在18世纪的欧洲，诸如丘园塔那样的中国宝塔代表的是怎样一种"中国"。（图7）一方面，因为欧洲人关于中国的知识还或多或少停留在马可·波罗的时代，他们甚至分不清楚农耕的中国汉族人和游牧的鞑靼人的区别——或许他们也并不介意这种区别。[①] 另一方面，西方人对于中国木结构的技术一无所知（图8），即使是号称来过中国的钱伯斯也是如此。在中国，即使是砖塔也通常会模仿木结构的形制，以使得塔的轮廓柔和舒展，但钱伯斯的塔上出檐的起翘却僵硬生涩，在这里"所知"大概是对"所见"起了些作用的。

在燕京大学的例子里，我们看到，不管"中国宝塔"的确切意涵是什么，它和"中国"的关系是显然的。"中国宝塔"和"中国"本身都无以用一句话来静态地定义，但它们之间的联系却清楚地指示着一种"中国化"的范式转换。整个20世纪的中国历史都纠缠在这种贴标签或撕标签的冲动之中，对于中国人自己而言，是在"（全盘）西化"的框架下"现代化"，还是在"中国化""本土化"的前提下"现代化"，是一件事关存亡的大事。

但"中国化"在中国建筑的近代化进程中绝非一役之功。西洋建筑的这张中国面孔是从哪儿来的呢？

"中国化"往往首先起源于误取（misunderstanding），或主动误取。

钱伯斯就犯了一个大错误。钱伯斯对中国建筑的一厢情愿的喜好，多少是因为他敬慕他想象中孔子描述的理想社会。[②] 且不说，钱伯斯是否错误地将他远远瞥见的18世纪中国视为一个圣人治下的国

---

① 例如，国泰航空公司（Cathay Pacific Airways Limited）中的"国泰"（Cathay）一词，实际上和"契丹"一词的西文音译有关，长时间里被西方人用来代指中国。

② John Harris and Michael Snodin, *Sir William Chambers: Architect to George III*, p. 65.

图7 西方人描绘的层数为偶数，式样奇特的"中国"宝塔

来源：Paul Decker, *Chinese Architecture,Civil and Ornamental.*

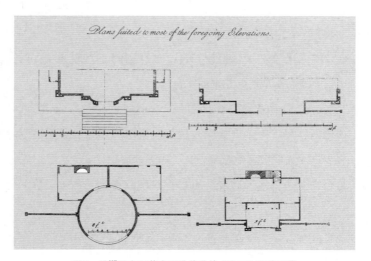

图8 早期西方记载中以讹传讹的"中国"建筑平面

度，任何把佛塔和儒家联系在一起的做法本身就是种误取——或者说，是一种"借他人酒杯，浇心中块垒"的做法。20世纪以来，那些已经有条件对中国进行深入了解的西方人臆想的中国图景，比如埃兹拉·庞德想象中的古代中国，则更明确地是一种主动误取。这种误取不无理由，20世纪早期的著名汉学家阿瑟·韦利（Arthur Waley）就说过，他不愿意去往当时的中国，因为他更喜欢一个幻想中的中国。

"中国化"又是一个简单化或程式化（stereotyping）的过程，不管这简单化的意义是正面还是负面的。20世纪之前的"中国化"经历了两个阶段，18、19世纪之交，随着马戛尔尼之辈在中国感受到的幻灭，中国文化在欧洲人心目中的地位一落千丈，建筑的价值也是如此。

当"程式化"发展到了一定阶段，它逐渐演化出了两种去向。一种成了"老生常谈"（cliché）：即便误取者清楚他们对于中国的了解不够深入，但还是大红的灯笼天天挂，日日挂，年年挂，了无新意。另一种则更隐蔽，甚至中国人自己也对此深信不疑，那就是英语中所谓的"常识"：比如中国人是世界上平均智商最高的民族，中国是人类历史最悠久的文明古国、礼仪之邦，东方女性就该娴静优雅、旗袍水蛇腰，等等。

无论是误取、程式化还是老生常谈，很多人对它们的公开反应或许都是负面的——尽管每个人或许都该想想，自己是否在哪里逃脱，就在哪里落网。

但"中国化"其实和"西化"或"现代化"同是一枚硬币的两面。

在20世纪20年代的中国，虽然打倒帝国主义的口号震天动地，新文化运动却也已经揭开了一个全盘西化的口子，在传统和革新、体和用的这两极中，显然是后者占了上风，尤其是一上来便被视为事关急"用"的建筑，在西洋化即是现代化的社会主旋律中，变革的去向不言而喻。比如周诒春治下的清华学校，虽然是一个国立教育机构，却可以肆无忌惮地"西化"，建全副西式的大楼，按美国规矩办事。在这种大气候下，燕大却反其道而行之，它的"中国化"几乎是从一开始就注定了的。1920 年 1 月 2 日，远在燕京大学新校址的地皮还没有着落时，燕京大学的巨头们便已开会讨论过"中"或"西"的选择，在那时，燕京大学未来校园选择"中国样式"基调就已经成为定局。

在我们讨论筹款的过程时，已经证明过这个被程式化的"中国"首先是给美国人看的，因为燕大急于改变一般美国公众对于落后中国的印象。在构思飞檐反宇的超豪华宫殿式校舍的那一刻，这些衷心支持"中国式"校园营造的美国人仿佛已看到，在纽约第五大道某间金碧辉煌的办公室里，叼着雪茄的富有捐款人眼中疑惑的神色——

你是说那些中国人？你怎么能够爱上那些洗衣工呢？ [1]

茂飞的清官式建筑五要素——或简称为"曲线屋顶""严整组合""坦率建构""华丽彩饰""开放体系"——因此被拿来佐证一个更趣味纯正的"中国"，言辞流利的洪业因此成为不可思议的充满"火与力量"的中国人的现实例证。但是过犹不及，这种范式化的"中国"同样不是一种真实全面的中国表述。或多或少，像阿瑟·韦利一样，

---

[1] *Peking News*, April 1921.

许多人更喜欢一个幻想与回忆中的"中国"。而即使今天，也还有许多西方人，虽然不乏可能从各种途径了解更真实的中国，但依然执拗地将世界各地的唐人街当作现实中国的缩影。

这种基于欧洲中心论的文化偏见当然并不足为训，但是它们并非毫无实在的理由。西方人将建筑看作一种艺术，是文明的"结晶物"，特别是在文艺复兴以来，西方建筑师常常发现他与艺术家为友；而在相当长的时间里，中国人在建筑中看重的往往是"建设"而非"意匠"，由于强调建筑物质化和技术化的方面，建筑师和工程师或工匠的差别不大，中国古代建筑师的这种窘迫身份，使得他们对于"设计"的强调程度和今天的建筑师有着天壤之别。值得注意的是，即便说起今天的西方世界，需要"设计"的建筑也只是一小部分。这种将建筑和建设区别对待的态度，在社会学意义上自有道理可讲，[1]而在现实之中，经过现代主义者对设计师主体性的高扬，大众早已把建筑师个人的创造力置于一切之上，那些"没有建筑师的建筑"（architecture without architects）很少引起我们的兴趣。[2]

而创造力并不是传统中国建筑，乃至传统中国艺术唯一看重的标准。历史上的中国建筑并不是精英建筑师个人主导下的产物，它的建构既受到家族手艺、规模经营的牵掣，也服务于现实社会中大量营建的目的。西方建筑体系里的一幢房子，在中国建筑体系里对应的却是一片房子；西方建筑实践中所推崇的是脱颖而出，而中国建筑实践却讲究浑然一体。因此，将单体和局部相比较，或是将一群人的协同劳

---

①   Dana Cuff, *Architecture: The Story of a Practice*, The MIT Press, 1992.

②   Bernard Rudofsky, *Architecture Without Architects: A Short Introduction to Non-Pedigreed Architecture*, Albuquerque: University of New Mexico Press, 1987.

动和一位大师的创作相比较，就难免有些文不对题。

我们的用意不是就此肯定或者否定某种"范式"。重要的是，范式化的"中国"不仅仅取悦了他人，也为中国人创造了一种揽镜自照的机会。和对中国式建筑风格的关注成为映照的是，1920年时，新近成立的燕京大学校方希望学校建筑的"中国样式"能够唤起参与学校事务的中国人的认同感。在创立的伊始，燕京大学便对学校管理层中只有极少部分中国人感到极为不安。他们希望未来的学校至少有一半是中国人，增添更多的中国教授。他们清楚，只有这样做，才能在中国人之间有效地传播基督的福音，他们渴望在中国人之间传播的公共精神，也就是一种主动参与、相互影响的可能。

因此，比真正的"中国样式"更重要的是"中国式的感觉"（Chinese feel）。这种"感觉"可以被灵活地解释为各种可能性，就其合法性的标准而言，完全是一个见仁见智的问题。比如，燕京大学在最初确定建筑涂装的色系时，曾经咨询过号称中国到西方学习建筑的第一人——贝寿同。燕京大学最初认为应该采用的色彩搭配是红色或绿色的柱子、绿色窗框、黄色的墙壁，屋檐下采用明色彩画，但在贝寿同看来，只有浅灰色的墙看上去才是和谐的，尽管燕大校方非常尊重贝寿同的声望，但贝的咨询方案却并不能使他们完全满意——贝对于理想色系的描述似乎并不符合西方人在北京看到的一般中国建筑的情形，但意见分歧的原因可能和更偶然的个人原因相系——贝寿同是苏州人。[1]

---

[1]　Stuart to Moss, 1923/6/26, B354F5449. 对于建筑色系的讨论早在获得海淀校址之前就已经开始，见 Francis J. Hall (to Warner?), B354F4448，在那封信里，弗朗西丝·J. 霍尔（Francis J. Hall）找到了一位中国画家来协助解决这个问题。

梁思成曾经含蓄地批评过一类对中国建筑传统一知半解的建筑师：

> ……有少数真正或略受过建筑训练的外国建筑家，在
> 香港上海天津……乃至许多内地都邑里，将他们的希腊罗马
> 高厾等式样，似是而非的移植过来外，同时还有早期的留
> 学生，惊佩西洋城市间的高楼霄汉，帮助他们移植这种艺
> 术。这可说是中国建筑术由匠人手里升到"士大夫"手里之
> 始；但是这几位先辈留学建筑师，多数却对于中国式建筑
> 根本鄙视。①

其实，在那个时代，这种对中国建筑的缺乏了解或囿于己见，并
不一定是建筑师的错误。在宾夕法尼亚大学的中国建筑师"小分队"②
回国之前，被我们今天视为铁板一块的中国建筑或中国园林都还正处
于一个"范式化"，即标准定义形成前的不稳定过程中。20世纪20年
代，对于许多领域的"中国化"而言都是一个关键的时期，拾起一种
新的标准，确立一种新的自我形象，这并不是短时间内可以做到的事
情。不错，中国历史中的建筑或园林实践由来已久，但将建筑园林从
它的上下文中分离出来，并且加以"设计"的名目单独计较，并不是
自古有之，而是一桩新鲜事。

---

① 梁思成：《〈中国建筑艺术图集〉序》，梁思成主编，刘致平编纂《中国建筑艺术图
集》，文前4页。
② "中国小分队"（The Chinese Contingent）是宾夕法尼亚大学美国同学对学习成绩优异
的中国学生的称呼，见陈植在1990年东南大学建筑系和建筑研究所举办的纪念杨廷宝、
童寯诞辰90周年学术讨论会上的发言，见《〈杨廷宝谈建筑〉代序》，杨廷宝著，齐康
记述《杨廷宝谈建筑》，中国建筑工业出版社，1991年，文前8页。

拿园林来说，那时候，中国近代第一代受西方教育的建筑师们尚未成气候。重新"发现"园林传统的大家如童寯（1900—1985）刚刚毕业于清华学校，正在负笈海外的启程时刻，他那本以西方建筑学的眼光重新写就的《江南园林志》还没有诞生；而由朱启钤发现、被今天中国建筑师们奉为圭臬的《园冶》亦未广为人知；"苏州园林"还没有因为叶圣陶的名文载入全国中学课本而独秀于天下；今天很多我们视为"常识"的园林知识都仍然在成形之中。

　　更不用说，传统园林和当代生活结合的尝试才刚刚开始。尽管园林传统在中国文化中从来都是文人心绪的载体，但在未经系统表述之前，它可能完全是一个不同的东西。它可能是几亩果园、数畦花圃，可能是私人住宅的一部分，也可能是官家的公寓，可能纯粹是游心娱目的所在，也可能像柯律格所说的，是可以带来实际收益的"丰饶之域"。或许因为它是如此模糊的一个概念，从未被严格地加以界定，反倒有了更大的包容性，园林史家亨特（John D. Hunt）说，园林不过是一个"意义互相竞争的场所"。

　　有趣的是，这个标准并不确定的时期，许多人都不惮于对"中国建筑"或"中国风景"发表看法，非专业人士的外行意见，或是那些一知半解者的轻率结论，往往是推动这种"中国化"更有力的因素。比如，作为燕京大学校董事会成员，清华校长周诒春在燕京大学校园规划中积极出谋划策，但是耶鲁大学的高材生周诒春，难道就比其他西方人更"中国"吗？要回答这个问题，看看金绍基先生的校景规划报告书就足够了。很多时候，他们不过是打了一个擦边球，就像董黎所概括的那样："……在中国人可以接受的意义上有更多的西方建筑特色，反之在西方人可以接受的意义上带有更多的中国古典建筑特色。"①

在这种模糊的"中国"身份得以确立的过程中，建筑风格相对稳定，形象明晰，混杂的余地比较小。而景观的营造比起建筑来说就有更多的灵活性，它是一种理想的连接两种文化的黏合剂——既中国又西方的风景在燕京大学规划中浮现的那一刻，既是"中国化"自我定义的肇始，也是用西方人可以理解的方式重新诠释中国建筑传统的开端。

这种"中国化"的巅峰时刻就是博雅塔的出现。

"性质上基督化，气氛上中国化"

塔，一种非实用性的建筑，所费不菲，但它却是西方人心目中最可靠的中国样式，"颇富变化，饶有趣味"。塔在西方人心目中所代表的中国形象如此历史悠久，令我们已经无法确知这座博雅塔在燕京大学校园中的真正"起源"——在寻常的典故中，我们都知道燕大教授博晨光是最终促成这座塔的建成的关键人物，在另一种说法中，英国长老会的巴伯（G. B. Barbour）则是第一个提议建塔的人。②

但是，博雅塔在燕大校园规划中的出现，未必有一个可以清晰界定的时刻，或仅有一个天才的首倡者——且不说自钱伯斯时代就开

---

① 董黎:《中国教会大学建筑研究》，200 页。
② 陈允敦:《燕大早期情况一束》，燕大文史资料编委会编《燕大文史资料》第九辑，9 页。

始的对于中国塔的痴迷，早在1919年在校址落实之前设计第一个校园方案时，茂飞就已经在校园东西主轴线的终点上安放了一座五层宝塔，似乎在他看来，这中国宝塔理所当然是那条富于纪念性的轴线的高潮所在。

> 在地产的西端主轴线的终点上，将有一座中国宝塔形
> 式的水塔，它将在无数英里之外的各个方向都成为一个
> 地标。[1]

1921年12月，茂飞又将水塔移到校园西门外，它的立足之处，此时其实是一块并不属于燕京大学的土地，塔依然是五层，只是形式已经由砖塔样式变为木塔样式。自然，茂飞也并不是燕大新校址规划者中唯一一个塔的爱好者，在燕大美国筹款运动中居功甚伟的亨利·W. 路思也是这个方案的鼓吹者，只是他对茂飞效果图上空中楼阁成分居多的这座塔，做了更切实、更有力的推动。经过他和燕大工程师的磋商，宝塔正式加上了那个后来颇受争议的实用功能——用作提升水位，向全校供应自来水的水塔。

纽约的头头们对这个新奇的提议在中国的可行性将信将疑，或许，这是他们后来一度将塔从规划中移走的一个最主要的原因。1923年8月30号，纽约托事部在给翟伯的信中肯定地说，他们能建议建筑师的是，建一座水塔没什么问题，但不推荐中国宝塔的样式。[2] 过了

---

[1]　Amos, P. Wilder, "Great Plans for Education in China," *The Far Eastern Review*, May 1920, p. 240.

[2]　North to Gibb, 1923/08/30, B302F4697.

一年，在各种变化令人目不暇接的1924年夏天，他们的态度便开始有所松动，华纳犹疑地说：如果要建一座宝塔的话，或许应该将它放到一个不是特别显眼的位置上？ [①]（图9）

但是，一句话提醒了司徒雷登：将一座佛教的象征物放置在基督教的校园中，即便他们自己没有意见，但中国人难道就不会找他们的麻烦吗？

作为教会大学建筑，燕京大学校园建筑"中国化"并不是没有底线的。它遇到的第一个问题就是基督教教义的问题。基督教强调宽容的精神，但它对于"异端"的定义却是凿实不容商榷的。这种文化冲突是相互的，中国人同样觉得，基督教的象征物——教堂，无论放在中国的何处，都显得与中国城市的文脉格格不入。（图10）

在清朝所谓"盛世"时节，西方传教士在中国的营建得到了皇权的宽容和荫护，德国传教士汤若望于清顺治七年（1650年）在利玛窦自建小经堂的基础上所建的南堂（圣母无原罪堂），在乾隆四十年（1775年）第四次重建后长230.40米、宽129.60米，比面阔63.96米，深37.20米，高35.05米的紫禁城太和殿还要高大得多。圣母堂所用的"明瓦"，大概是当时还很罕见的玻璃窗，初次尝新的雍正皇帝在养心殿卧室所安的所有玻璃，都抵不上一所教堂所有玻璃的一个零头。[②]这样"嚣张"的教堂建筑，在以所谓"乾嘉盛世"为主旋律的整个18世纪，除了天灾之外，居然也没有受到什么额外的袭扰。

但是到了19世纪，这种平和的局面随着列强对于中国威胁的增

---

① 　Stuart to Lewis, 1924/08/29, B354F5451.

② 　雍正元年，清内务府造办处《活计档·木作》："十月初一日有谕旨，养心殿后寝宫穿堂北边东西窗户安玻璃两块。"

加而被打破了。一方面，是层出不穷的"教案"风波，北京教会房舍屡屡被毁；而在另一方面，不知是否因为得到炮舰的支持，在文化适应性上西方传教士反倒是变得更加保守了，在形制上，教堂的营建不

图9　塔在燕大规划初期方案中的前后变化对比。作者示意图

图10　安徽芜湖市天主教教堂，西方殖民者在华东地区建立的较大教堂之一。作者摄于1998年

再有汤若望时代的顾忌，不再以华为表，以洋为里。直到义和团运动的硝烟散尽，在华的西方营造并没有对本地建筑实践带来什么影响。

在近代天主教切入中国文化的历史上，刚恒毅枢机主教（图11）是承前启后的人物。1922年，他作为罗马教廷的宗座代表来到中国，离开他的前站汉口，去往教友口中的"东方罗马"北京：

> 中国教友献给宗座代表的，是一座纯朴舒适的中国式的房舍，位在北京定阜大街三号。同街住着两大皇室王族……房舍虽然比北京主教公署狭小，但我觉得非常可爱，也适合我的个性，中国式装潢更别有风味。
>
> 一位外国公使建议我住到使馆区，我对这建议根本不加考虑；使馆区是一个享有治外法权的外国堡垒形的东西，四周围着高墙，墙垛上架着机关枪。是拳匪之乱后订立的条约；主要的使馆都在那里。这地方构成了可耻的纪念

图11　刚恒毅枢机主教

品，招惹了中国人民的仇恨。自然早晚会消除的。我来中国不是为配合外国政府政策，而是传扬被钉的耶稣基督。自然我是要住在中国人的地区。如此，中国人也赞赏我这种观点。①

在这个陌生的东方国度，刚恒毅很高兴去考据类似于"大秦景教流行中国碑"那样的史迹，对他来说，唤起人们对于"中国宗教艺术复兴的最初痕迹"的重视，是因为"长期以来在很多方面，传教工作肯定了中国艺术在礼仪上应用的原则"。②为拓展传教工作，他不仅仅追溯早期基督教在中国流传的史迹，也对挖掘现实里中西文化融合的因子兴致勃勃。由于天主教差会提出在华教堂应采用中国建筑形式的建议，刚恒毅到任不久就致函教皇，对西方教会在华实践中文化策略上的僵化提出批评："一、西方艺术样式不适于中国；二、在中国使用的西方基督教艺术使人们视基督教为舶来品，而不是一种普适的宗教；三、在它的历史上，教会自始至终都采用本地化的艺术；四、中国艺术和文化为艺术上的转适提供了许多可能。"③

刚恒毅将他的主张归结成一句话："既不要完全中国式的建筑也不要西方式的教堂。"④

在那个时代，类似刚恒毅式的妥协并非是孤例，挪威教会社团的

---

① 刚恒毅：《在中国耕耘》，http://books.chinacatholic.net/files/article/html/0/426/19023.html。
② 见旧金山大学撒切尔（Thacher）画廊藏品特展前的评述，《天国圣像——中国的独特艺术样式：北京的中国基督教绘画》（"Icons of the Celestial Kingdom – A Unique Style in China: Chinese Christian Painting in Beijing"），见网页 http://www.usfca.edu/library/thacher/icons/gallery2.html。
③ 同上。
④ 董黎译：《格里森：中国的建筑艺术》，《华中建筑》，1997 年 04 期。

艾香德（Karl L. Reichelt）曾试图说服他的外国传教士同行"尽可能地按照中国佛寺的布局"来建造一座基督教研究所。[1] 然而，可以想象的是，中国佛寺的平面布置将会给礼拜仪式带来巨大的问题：

> ……中国建筑的正立面是南向长边而不是山墙的特性，这种布局方法使建筑的中部空间成为一个有主入口大门的厅堂。按照中国人的观念，祭坛是设在中部厅堂里的，僧侣和信徒在祭坛前参拜。因此，祭坛的位置确实给天主教礼拜仪式造成了困难。[2]

作为一种由惯例驱使的神圣建筑，教堂建筑的空间样式长期维系和稳定着特定的宗教仪轨。（图12）可是，在基督教建筑大举进入中国的20世纪初期，它遇到了两个强有力的敌手：顽强抵抗的中国文化自不待言，在西方文化内部，现代主义者对传统的破坏性也不容小觑，它在改革敝习的同时，也放出了一切皆可变易的信息。

20世纪之初，在他激情澎湃的宣言中，意大利画家和雕塑家翁贝托·波丘尼（Umberto Boccioni）写道：

> 我们反抗对旧图画、旧物件卑躬屈节（groveling）的崇拜，反对一切对腐烂颓败、肮脏过时的耽溺。
>
> （我们支持）任何新生的事物，和生活一起脉动。

---

① 郭伟杰：《谱写一首和谐的乐章——外国传教士和"中国风格"的建筑，1911—1949年》。

② 董黎：《中国教会大学建筑研究》，315页。

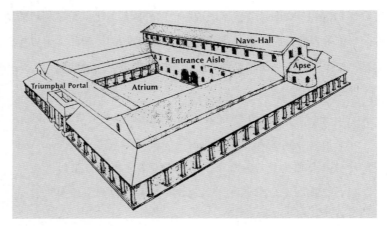

图12 公元2世纪位于英格兰的罗马巴西利卡（Basilica）式教堂。教堂的样式从这一时期开始发展稳定至后世常见的拉丁十字平面，也经历了一个漫长的时期

> （我们准备）摧毁对过去的顶礼膜拜，对于古物的痴迷，学院派的故弄玄虚和形式主义。[①]

正在兴起的现代主义本身便带有反宗教的倾向，它目睹着大厦将倾的基督教会从威权社会里的无上至尊，一步步滑向需要迁就大众趣味的边缘；而呼应这种大众趣味的，最终是教会内部的"开明人士"。八十年前，在中国民族主义的上升期，在华基督教会面对的困难局面不能不使他们寻求更多的灵活性，而且，他们已经广泛地接受，传教事业中的"道"和"器"其实是两回事：

---

① Robert Goldwater and Marco Treves, "Manifesto of the Futurist Painters," *Artists on Art*, Parthenon Books, 1974, p. 435.

但西方教堂的祭坛位置并非不能改变……早期西方教堂的祭坛位置，譬如带穹窿顶的十字形平面教堂，不是也充分满足了礼拜仪式的要求吗？教堂最重要的功能是容纳虔诚的教徒，应使教徒产生某种联想，从而对礼拜仪式的神圣庆典感到亲切。换言之，教堂只是向教徒们提供一个领受圣餐、进行祈祷和听神父宣讲上帝福音的最佳场所。事实上，十字形平面教堂的祭坛就是设置在穹窿正中的，在没有穹窿的情况下也是设在纵横交叉的中心位置……如果中国建筑形式需要将祭坛设置在中部厅堂，这种布局方式……（可以）加强传教士和教徒之间的联系，更有效地发挥礼拜仪式的作用。①

格里森安慰那些怀疑中国建筑是否能传达宗教仪式的神圣感的人：在中国"即使非宗教的建筑也带有宗教的意味。一所富丽堂皇的宅院，所表现出的是一种修道院式的庄严而不是那种世俗的华美。在宅院的建筑群里，最好的建筑总是家族的寺庙，反映出宗教在中国人家庭生活里发挥着重要作用"②。在他看来，中国建筑根源于一种深深的宗教情结，这种错解的眼光里无处不在的宗教气氛，成了民国以后评述中国建筑的一些西方人——如阿诺德·西尔科克（Arnold Silcock）、恩斯特·柏石曼（Ernst Boerschmann）——立论的基石。

---

① 董黎：《中国教会大学建筑研究》，315—316页。
② 董黎译：《格里森：中国的建筑艺术》。

不管一个西方人是否相信，中国人家族式的宗教信仰真的和基督教教义有某种契合之处，现实是"若教堂披上了一套外国装，会使中国人产生一个明显的感觉，即天主教真理是完全不能融于中国环境的舶来品"①。燕京大学校园规划的历史时期也正是中国现代历史上第一个民族主义思想上升的十年，面对"非基督教运动"②的挑战，基督教兴起了所谓"本色运动"，像参与创建并命名燕京大学的诚静怡博士所提倡的那样，"一方面求使中国信徒担负责任，一方面发扬东方固有的文明，使基督教消除洋教的丑号"③。

对于在华的美国教会来说，教会的"中国化"是教会大学建筑"中国化"的前提——在燕京大学这所教会大学的校园里，现在不仅仅有一座中国式样的教堂，还有一座中国式样的佛塔，而纽约方面似乎没有丝毫的异议，他们唯一保留意见的就是中国人可能的反应。诺思在1924年8月18日的信中写道："如果中国人同意在这所基督教大学里建立一座宝塔，我非常确定托事会也会同意。"

1919年，在燕大获得海淀校址之前，茂飞最早提出的校园宗教建筑实有两座，其一是东西轴线起始处北侧的教堂，其二是在行政大楼后面，位于校园实际中心的基督教青年会和学生中心（School Center）。在茂飞1921年12月的校园规划图中，校园核心部位依然还有一个社交中心——简明版的斯克兰顿–路思社交岛，但原先大门口的教堂却变了模样，在南北轴线的交点上，挤进来一座十字轴对称、"亚"字形平面、中国"明堂"布局的建筑。1924年7月，就在燕大规

---

① 董黎：《中国教会大学建筑研究》，313页。
② 非基督教运动是1922年至1927年间兴起的一次全国性的反基督教运动。
③ 诚静怡：《协进会对于教会之贡献》，《真光杂志》25周年纪念特刊。

划方案天翻地覆的前夜，茂飞再次强调了这个教堂的存在，而这时候它已经有了官方的名称（Wheeler Chapel），意味着专为某位赞助人或纪念人而设的一般建筑程序已经就位。

这个设计过程有"急就"之嫌的中心"教堂"在燕京大学校园规划的构想中足足待了三年，而它与众不同的建筑风格还仅仅是个开始。在随后的几份方案里，我们看到了一座北京天坛一般的圆顶重檐攒尖的"教堂"，我们不知道，这一切仅仅是茂飞的想象力作祟，还是有像金氏兄弟那样的高人在幕后给他支招，说这些明堂或坛庙才是中国建筑中最接近"教堂"地位的宗教建筑样式。（图13）像格里森曾经争辩过的那样，在基督教的早期历史上，唱诗班在半圆形后殿，祭坛的位置是可以伸出直达中殿的，祭坛在建筑中央，至少可以使得参加礼拜仪式的教徒少走很长一段路——这也使得中国建筑的对称式布局对祭拜不再是个问题，对于那些对中国建筑一头雾水的美国传教士而言，最重要的是，天坛或宝塔那样的圆形平面建筑，它们原有的宗教用途至少还足够切题。

然而，关于建筑样式的讨论似乎并不如它的地点变化那般重要。

1924年后燕大在建筑等级和数量上打的折扣，已使得茂飞规划中的东西南北两条轴线大大削弱。1926年春天，当一切都不可挽回的时候，茂飞造访燕大施工中的新校址后依然认为，从建筑设计的角度来看，东西和南北两条轴线交叉的地方是建教堂的最佳地点。[1] 这显然也合乎茂飞最初布置两条轴线的用意，在东西南北两条轴线的交叉点上布置全校等级最高、体量最大，也最为重要的一座建筑，看上去

---

[1]　Stuart to North, 1926/05/13, B354F5463.

图13 类似北京天坛的圆顶重檐攒尖"教堂"和类似中国古代明堂建筑的"教堂"。虽
　　　然两者都算"古典折衷",但后者更接近西方古典建筑的某些空间原型,因而在
　　　日后的中国现代纪念建筑中得到了一定程度的落实,这方面的实例如曾经在茂飞
　　　事务所工作过的吕彦直所设计的广州中山纪念堂,于1931年落成。作者基于茂
　　　飞鸟瞰图的示意

没什么奇怪的。

　　在茂飞看来,一所基督教大学有这么一座壮丽的教堂似乎是件顺
理成章的事情。

　　但是怕惹麻烦上身的司徒雷登并不这么认为:"出于宗教的、管
理的原因,我们中间很多人,尤其以我为甚,认为(东西南北两条轴

线的交叉点）不是一个理想的教堂的位置。"他建议将教堂移到"南边起伏的小山上"，下临那个还没有起好名字的小湖。

司徒雷登当然不是不理解茂飞的设计，可是就在这一年向中国政府申请注册备案的燕京大学，显然已经不打算在教堂上面大兴土木——这一年司徒雷登自己连"校长"的尊号都失去了。[①] 在这种局势下面，它原有的两所不甚声张的小教堂，也就是宗教学院所在的宁德楼小教堂，以及女校附属的圣人楼小教堂，已经足够引人注意了。

就在茂飞依然固执己见的那个春天，关于未来教堂的一切已经尘埃落定。1926年5月20日，教堂于未名湖南岸的新地点已经被批准，连建筑的大致样式也业已解决，看起来与先前的建筑样式几无区别，茂飞只需要做一个大致的平面方案即可。（图14）

图14　1926年5月确定的教堂设计，拟议坐落于未名湖南岸，实际上，这座中国式样的"教堂"并没有建成

来源：《北京通讯》。

---

① 国民政府训示，所有中国大学皆须由中国人出任校长，即使外国教会大学亦不能例外，这种条件是纽约托事部断不能接受的。面对这种僵局，原在宗教学院任教的前清翰林吴雷川被推为燕大首任中国"校长"（Chancellor），司徒雷登改任校务长（President）——结果是司徒雷登仍握有校政大权。

悄悄地，原先作为全校社交中心的那座小岛，真正变成了一个形状柔和、风格自然的"娱乐屿"（Recreation Island）。而在原先拟议的教堂位置上的那座重要建筑，则摇身一变，成了一座新的学生中心（Student Center）。最初设计拟定的基督教青年会，它校园社区中心的功能还保留着，可是名称里的"基督教"三个字已经被抹去了。

更有甚者，十年后，我们在校景委员会的杰作里看到的，并不是南北轴线交点上的什么教堂，而是堆砌起的一溜土山。规划中那座招摇惹目、似是而非的"明堂"建筑，终于在校园的中心彻底地消失了。湖区自成一方天地，而被一圈障山所屏护的小湖，它的谦和与包容本身，也不妨是中国人所理解的另一种"中心"。

如果一所基督教大学的教堂都可以在设计上这么妥协，那么其他建筑就自不待言了。

一开始，关于在基督教大学中建一座佛塔是否恰当，在燕京大学的社区中曾有过激烈的争论，因为人们意识到，塔是和尚从印度带入的一种异教象征物。但是，通过对塔的功能的"研究"，像对待教堂的情形一样，大家很快更正了认识。人们"发现"，中国宝塔在一所基督教大学的情境中居然可以如此切题。（图15）

微风吹来，将激荡密叠塔檐上悬挂的铃铛，听者将不知不觉渐入澄怀之境，思绪也为之高扬（exalted）。[1]

---

①   Dwight W. Edwards, *Yenching University*, United Board for Christian Higher Education in Asia, 1959, p. 219.

图15 在水塔附近举行的复活节宗教仪式

第 二 节

旧瓶装新酒

形式追随……

　　"形式追随功能"，是现代主义的警句。在《形式追随金融》(*Form Follows Finance*) 一书中，卡罗尔·威利斯（Carol Willis）通过对芝加哥和纽约早期摩天楼的形式进行分析，向人们证明，形式所追随的"功能"，往往有着非常具体的内涵。在这两座城市中，摩天楼兴起的直接驱动力是金融和人力资本的高度集中，摩天楼便是给了这种集中一种空间上的表达。这种表达说来一点也不玄虚，芝加哥早期的摩天楼里，因为人工照明的问题还没有充分解决，公司高层主管的工作位置总是占据采光最好的地方，同时，他们可以居高临下地监视工作间里发生的一切，包括任何人开始偷懒的情况。[1]

　　虽然在华的传教士们都意识到"中国"意象会给他们带来好处，但是，使得大多数设计项目裹足不前的，往往并不是宗教教义上的禁

---

[1]　Carol Willis, *Form Follows Finance: Skyscrapers and Skylines in New York and Chicago*, Princeton Architectural Press, 1995.

忌，而是实际的经济和技术困难。由于财务上的局限，传教士们一开始并没有如此热衷于"中国建筑"，正像郭伟杰指出的那样，至少是基督教青年会，在它向亚洲扩张的头十年期间，采用的大都还是西方典型样式建筑的范例。"改良的中国式建筑"不仅需要比以往大得多的土地，而且还带来了"由于屋顶过于巨大的重量和白白浪费的空间而增加的巨大的设施损耗"。[①] 不仅如此，传教士们需要雇用能够同时适应两种施工方法的当地工匠，这一点上着实不易。

最初，燕京大学选择的是美国公司。茂飞最初找到的，是大名鼎鼎的"麦金、米德与怀特"事务所。这家由曾经在亨利·理查森（Henry Richardson）手下工作过的查尔斯·F. 麦金（Charles F. McKim）和另外两位合伙人联合开办的事务所不仅仅是纽约最好的设计事务所，也是当时美国乃至世界上最大的工程公司之一。但是，这种合作很快就被与更实际的本地工程师间的配合所取代。当工程进行到1924年的时候，不管是在纽约遥控的头头们和现场工作者之间隐隐的矛盾，还是工地上一个接一个涌现出来的问题，都表明这种跨着大洋的合作并不像人们预想的那么顺利。

由此，中国近代建筑的进程不仅仅是一部风格和意象演变的历史，也是工程本地化的过程。

就从材料问题说起。重要的建材比如木材、水泥、板岩（slate）从外地购得，甚至直接从美国运来，而传统的几种建材——比如砖、

---

① 郭伟杰:《谱写一首和谐的乐章——外国传教士和"中国风格"的建筑，1911—1949年》。

石材和石灰——则可以从邻近的中国作坊获得。我们说过，当茂飞1914年造访清华学校校址的时候，他就已经发现残破的圆明园是一个取之不尽的建筑石材的来源了。由于北京靠近天津，有海运的便利条件，海外的建材用火车运到北京的清华园火车站也不是什么特别麻烦的事。但时常也有头痛的时候，20世纪20年代的军阀争斗频仍，1924年直奉战争波及天津的时候，就让工程耽搁了好一阵，航运虽然不受影响，但战事对京津之间的铁路运输影响很大。①

尤其是茂飞和燕京大学基建部门的矛盾激化之后，校园建设工程本地化的倾向日趋明确。工程处不再依赖"麦金、米德与怀特"这样的美国事务所，而转向他们1924年开始雇用的一家丹麦公司龙吉洋行（Lund Gernow & Company），公司的主管龙德（Lund）先生被聘为学校的工程顾问。从技术上而言，这家公司并不十分有竞争力，但和价格高昂、远在万里之外的美国工程商不同，他们有的是耐心和紧紧跟上的服务。1924年，龙吉洋行碰上了他们难以解决的工程问题，当公司的另一合伙人吉罗（Gernow）返回祖国丹麦时，便请他的工程师朋友在这件事上帮忙，并且主动表示，不对燕京大学额外收费。② 这种赔本赚吆喝的买卖方式，一定程度上打动了燕大工程处的人们。

试图发展自己的施工能力而不是一味依赖外部支持，是燕京大学校园规划的一个鲜明特征。

这时候，中国除了能够生产水泥混凝土一些基本建材，也已经有了些建筑机械和配件的生产能力，一些机器元件开始可以在中国买

---

① 　Gibb to North, 1924/11/12, B332F5075.

② 　Stuart to Lewis, 1924/08/29, B354F5451.Gibb to North, 1924/11/12, B332F5075.

到，比如动力工厂的供暖设备所需要的散热器（radiator）。但是中国新兴工业的竞争力很弱，产品的技术水平暂且不说，价格也居高不下，甚至不如从美国进口加上运费来得合算；再者，即使有了新的结构材料和机器元件，新建筑依然是旧施工，工程师按"新的和已经验证的系统"盘算得再好，大多数时候，计划依然得依赖苦力们实施。这些既无文化，又非专业施工队伍的穷苦人招之即来，挥之即去，他们落后的工作方式和在过去的帝国时代似乎没什么两样。（图16）

为了打地基，工人们采用一种古代的方法打桩。一队工人一天可以打五到六个桩，十到十二个人打一个桩，他们干三到四下，然后停下稍息，开始一个个"嗨哟"（chantey）——这种劳动号子喊了三千年了——然后再开始。①

图16　挖掘科学楼的地基

---

① *Peking News*, December 1922, n. 7.

燕京大学校园建设的用工制度离不开整个项目的特点和进度：北京冬季寒冷无法施工，夏季则有很长的雨季；雨季来临之前，所有不防水的部分都要加盖遮护，冬季施工时则要防止水管迸裂。[1] 更有甚者，由于人为的耽搁，体力工人或者是木匠经常做着做着就没事可干了，校方又不能将他们随便遣散，因为重新训练工人和工程师配合要花难以想象的时间——时常，翟伯也以此来要挟纽约权力部门，逼迫他们尽快做出对自己有利的决定。

雇用中国工人的价钱还是很便宜的，茂飞曾经提议建造一条水道，以分隔男校和女校，需要移去四万五千平方码[2] 的土，这种劳动密集的活计一共只需要花费一万二千元，还不到建设一座建筑的零头。这使得燕京大学校园建设的人力开支在整个工程中微乎其微，使得翟伯可以大批雇用中国工人，甚至中国绘图员、办事员乃至工程监理来操办项目。翟伯提到过，他们只需要花二十五或三十五块钱一个月就可以雇用一个中国绘图员，和雇用茂飞事务所的人员做同样事情的花费相比，这简直就是白干。[3]

工程协理是施工中的另一个重要方面，到1915年左右，传教士的工作变成涉及方方面面的一种事业，需要不同专业人才的介入，并且需要一个懂得所有这些专业的人来协调。如果施工不得不依靠中国苦力，工程协理却是非美国人不可——建筑师茂飞并没有在建筑细节这方面尽心竭力，以至于在工程现场遗留下无数问题需要解决，偏偏

---

①   Stuart to North, 1925/02/18, B354F5456.

②   1平方码约为0.84平方米。

③   Gibb to North, 1924/11/28, B332F5075. 茂飞自己曾经说过，在中国建设的成本是美国的1/4至1/3。

建筑设计和施工的改变大都事关金钱，翟伯们又没有太多现场决定的权力，大凡和茂飞的设计有出入的地方，都要通过电报或信件和纽约那边商量解决，不能擅自主张。

结果，凡是翟伯的想法，以及他和同事们繁多的讨论结果，都由速记员记录下来，再由打字员打印成正式文件发送或寄送纽约。

无论如何，这可不是一件轻而易举就可以完成的事，那个时代的文件全靠复写纸复制，打字机的敲击力量只足以复制两三份清晰的拷贝，如果想不耽误时间让更多的人同时看到一份文件，就得让几个打字员同时工作。我们不知道最初有多少文书为翟伯工作，但1925年翟伯的人手已经明显不够，他于是写信给纽约，不仅要求提高决策效率，还要求增加两个速记员的预算，五台安德伍德（Underwood）牌子的打字机。[①]

这一切，向我们指示着燕京大学校园规划中另一种无形的"建设"，这种看似大费周折的档案管理和共享文书系统，使得对规划各方问题的讨论有一个共同的基础，前人对于既往事实的详尽列举，特别是图纸的往还，让后来的人不至于从头开始。新建筑实践中的这种精准和效率与过去的中国营建大不相同，它还使得今天的我们可以从无数周转信件中，基本复原出燕京大学校园建设的全貌。

让我们再次回到1924年秋天那个关键的时刻。

由以上的叙述，我们可以更清楚地看到燕京大学校园建设转向的缘由。这所致力于成为中国高等教育翘楚的教育机构，比任何既往的

---

① 见 Stuart to North, 1925/04/30, B354F5458。

教会大学都雄心勃勃，尤其在草创之初，在建筑设计上，它需要比别的大学更宏伟的图景，以便向美国公众说明，为什么需要在中国有这样一所新的大学。但是，后期燕京大学的设计普遍"缩水"，这不仅仅是因为建筑设计的实施和募款活动的性质有所不同，还因为实际的施工和协作能力跟不上设计方案的生产。

学校发现施工进度远远比预期要缓慢，而他们正急着让那时还在盔甲厂的师生搬到海淀来。

大部分校园建筑其实是不需要"设计"的，就是那些看上去最花哨的建筑样式，也不必定每一个细节都和"设计"有什么关联。比如茂飞在建校初期和学校所商定的西式教师住宅的风格，就是对功能的考虑占了上风。一开始，每座住宅都按照美国的标准设计，中西教职员工对住宅的认同不一，有人觉得西式住宅标准更高，有人却觉得中式住宅更受欢迎。他们后来发现，对于燕京大学的情形而言，房子不必过大，太大了教员们负担不起，而且多余的空间也是一种浪费，几家合住对于有些人而言又不太现实。

工程与设计角力的例子在燕京大学校园规划中有很多。比如，学校决定取消所有建筑里的壁炉，这其中固然有风格的考量，因为"从中国建筑的正脊上冒出一股白烟来，简直是荒唐"，但是取消壁炉还有更实际的原因：壁炉的优点是每间屋子可以随心所欲地控制供暖，但它显然不如由锅炉输送、管道循环的集中供暖来得经济。作为这个例子反面的佐证，工程师们认为，司徒雷登自己的住宅临湖轩或许可以保留一个壁炉——尽管那也是中式建筑，但是，作为一个社交聚会的场所，校长会客厅里的壁炉有着某种超乎实际考量

之外的象征意义。^①

最好的例子，还是那座1924年由路思热心推荐的中国样式水塔。

在1919年茂飞所做的第一个规划中，"塔"本是有一席之地的。它坐落在学校的长轴上。到后来，这条长轴演变成了"满洲人的地产"上，由未名湖到体育馆的东西一线，体育馆后的体育场横空出世后，在窄促的东西方向上，这座塔就没什么容身之处了。

使得这座塔死而复生的恐怕不是茂飞的奇思怪想，而是以翟伯为首的实在的工程师们。

中国式宝塔所包裹的原本是一座完全实际的建筑——水塔。当时，北京自来水厂无力供水到海淀，学校因此自己开凿了三口水井，计划将井中的地下水日夜抽汲，贮存在塔中供给全校使用。在现代城市供水系统使用的地下水库和抽升加压泵出现之前，容积小却造价高的水塔是局部供水的唯一途径，它的功能本有两个：一个是用来蓄水，供水量不足的时候，可以起到调节补充作用；一个是利用水塔的高度，使得自来水有一定的水压扬程，可以做到自流送水。

这座水塔和动力工厂的建造，是1924年提上议程的年度大事之一。这些配套设施不及时完成，供水、供暖管道和供电线路不迅速接通，已经建成或接近建成的建筑就没办法投入试用。司徒雷登1920年年底在"满洲人的地产"上与茂飞展望未来时，原计划新校址的首批建筑1924年秋便可建成入住，1924年8月时，翟伯他们警告说，照这样的速度下去，不要说1924年没法让盔甲厂的学生搬来海淀，就是来

①   Gibb to Moss, 1924/09/17, B332F5074.

年迁校也将绝无可能——到了1925年年初，大伙果然发现，搬家是搬不成了，而亟须解决的棘手问题却不胜枚举。比如，那本来让人们引以为豪的中式室内装饰彩画，一定要接上暖气加热一个冬天，之后油漆中的有害物质才能挥发殆尽。因此，"对于完善这项（动力工厂）和其他服务设施，我们这里的人比他（茂飞）要急切得多"[1]；对于连带水塔在内的两座纯然"实用"的建筑，翟伯们原本希望纽约托事部能让他们便宜从事，就地处理。（图17）

图17　从一个不寻常的角度看这座大名鼎鼎的"实用建筑"。作者1997年摄于拆迁之前的成府村

---

① 　Stuart to North, 1925/02/18, B354F5456.

这种看似纯粹就事论事的争议，甚至不会在建筑史上留下一笔，但是它对一座中国风格的水塔的由来至关重要。

正因为一般水塔的样子太过难看，正因为水塔本无关美观或"设计"，这中国宝塔样式的水塔才能浮出水面。从1924年的一开始，大伙想得更多的并不是怎么设计这座水塔，而是如何使得这座看上去不大雅观，也和整个校园风格不够协调的丑怪建筑，连同它的同胞兄弟——那座动力工厂，变得不那么扎眼。他们想的最简单的办法，便是把这不太雅观的两座"实用建筑"挪得远点，这样就不至于给原先已经美轮美奂的几座宫殿建筑添上一处败笔。他们看中了未名湖东南角那边不太起眼的角落，那儿有几块大石，一堆小土山，几株树木，正好用来让这两座建筑"隐形"。

虽然将这眼中钉（eyesore）带离规划的主轴线并不是什么难事，但是在经济上这并不划算，它离规划中第一批建成的男生宿舍越远，学校就要花费越多的钱在铺设管道上，供热的能量损失也就越大。面对这么一种进退两难的局面，如果有人一定要说，会有什么万全之策，那或许只是一厢情愿。实践中的妥协往往不一定导致最好的方案，而是最合乎特定时刻逻辑的方案。这一点表现在水塔的例子上，就是中国宝塔的外表其实不是什么"绝对收益"，而只是一种"边缘收益"①，它建立在已成定局的水塔位置上。

既然，为了显而易见的原因，大多数人倾向于将动力工厂和水塔

---

① "边缘收益"也称为"边际收益"，是经济学分析中经常使用的一个重要概念。通俗地说，这个概念在燕京大学的例子里意味着，水塔的外表本身可有可无，并不是一个绝对的考量，它只是随主要的考量，比如水塔实际需要，以及更重要的规划对象，比如在建的男生体育馆，顺带"捎上"的一个考量。

移到小湖的东南角，那么人们难免会想，为风格的统一性考虑，在付出代价、减少损失的同时是否能收获更多？

路思的方案打动人心之处或许正在于此。

茂飞罕见地在水塔这件事上和大家保持了一致——作为名义上第一个提出这主意的人，他也拥有某种"专利权"，他热心地提议由他来设计这座中国宝塔，并在1924年8月得到了纽约托事部的首肯。但参与燕京大学校园规划的人们未见得那么天真，他们知道，风格上越华丽繁复，建筑师个人的潜在收益也就越大——别忘了在这之前，茂飞甚至不惜"创造"出子虚乌有的新建筑，来满足校方实际不存在的需求。

对于工程处的人们而言，即使要建这塔，也没有道理一定要让茂飞来设计，"中国宝塔样式的水塔最好是在当地设计，我们已经找了中国人做初步的咨询"[①]，为了防止茂飞在纽约又添乱子，翟伯在给诺思的信里抢先一步，占住先机。他在别处强调说，他们在中国就地估算的建筑开支，每座女生宿舍可以比茂飞的要价便宜六万三千美元之多——此前，茂飞不仅想要建造样式更加华丽、不切实际的女生宿舍，而且他预期的宿舍数目甚至比燕大后来实际建成的多了一倍。别忘了1924年秋天的时候，为水塔的中国样式所增加的开支还没有着落呢！

1924年11月3日，纽约的人们已经决定，水塔本身将"偏离东西轴线255英尺，南北轴线295英尺"——燕大校方提议的位置，在偏

---

①   Gibb to North, 1924/11/28, B332F5075.

离东西轴线的程度上，要比托事部建议的少40英尺，这大概是因为诺思本人看不到实景，他根据坐标估算的地点和学校现场勘测的不太一样吧。关于水塔的样式，托事部表示，此事纯粹关涉中国意绪（Chinese sentiment），他们不便于干预一线工作者的筹划，但同时诺思又隐约其辞地问道：

> 我依然在想，你原先的那座普通平易的水塔为什么就不好？因为这水塔可以（让我们）有一个另做的烟囱？茂飞的一个对称的布置和一个中国式的布置相比，后一种更不见序列（consequential）的布置可能更艺术化一些。是不是在西山地区和平原地区（紫禁城）这两种规划风格就将会有所不同？[1]

1924年快入冬时，燕京大学海淀校址的施工工地上，中国宝塔的前景虽然明朗，但是它到底不见踪影——燕大的人们并没有否决这个主意，他们只是搁置了它，把它从那看上去难以妥协的堂皇的主校园里挪出来了，这也就是诺思的疑问的来由——未名湖东南角那不起眼的角落正发生的一切会不会导致一个"中国式"的不规则布置？难道西山地区的郊野环境就是我们背离茂飞宏大"紫禁城"宫殿格局的理由吗？

不管怎么说，本来似乎是团乱麻的方案却一步步敲定了它的细节——"搁置"居然是个好办法，而现在大家的意见反倒向一座中国塔的主意倾斜了。1919年方案或1923年的规划方案中，茂飞原先的

---

[1] North to Stuart, 1924/11/03, B354F5433.

那座中国式宝塔，不管是北边的砖塔也好，西边的楼阁寺塔也罢，都是拿来在一根轴线的末端压住阵脚的，因此马虎不得。但是当这座塔的位置被移到较为隐蔽的角落时，它变得和轴线再无关系，倒是和校园中逐渐形成的自然风致更加融洽了，而且，正因为这个位置在校园中相对次要，所以做一番"遮丑"的实验，不仅风险不大，没准还有一点"边缘收益"。

现在缺的就是一点"风险资本"了。

瞿伯没什么偏向性，这位踏实的化学教授和业余基建工程师，只管埋头于眼下他的动力工厂的建设，对这样一座纯然实用的建筑，大家一致同意，不再争论中国风格的问题，也不对它抱有过于不切实际的想法。这不仅仅是因为时间、花费都不允许，而且还有大面积平整小山的麻烦，至关重要的是，一旦严冬来临，工人们就不能再像现在这般加紧干活了：

> 到1924年12月12日，我们已经干的活计如下：两座科学楼正在粉刷［地板已经铺好，正装固定设备（fixtures）、供热装置和家具］。女校也是这样。两个男生宿舍群还欠泥瓦匠的活，屋顶木构两个月内即将就位，我们正等着贝公楼和第四男生宿舍的完工，图书馆正准备上木丝板（slab）。如果战争使我们可以得到更多水泥的话，我可能已经干好两倍的工作了。图书馆的开挖已经结束，沟堑已经挖好。现在整个校园看上去就像一个重装的战场，我希望在来年雨

季到来之前完成这些。①

此时的翟伯很高兴一切进展顺利，特别是茂飞不在其中搅和——那时候他们的斗争才刚刚开始，虽然他不太满意茂飞在女校的体育馆上长期耽搁，但他有他的主意，一旦茂飞工作不力，大不了就给他开路费（quit fee）让他走人。

这时候，战局也已经稍稍缓和，"500000 英尺的原木，150 包管道加强钢，经过一些耽搁以后将从天津港运来。沙子和卵石的价格还和去年冬天相仿，但是食物饲料的价格却都增加了。砖的价钱增加了10%，石灰的涨幅也差不多，人工费用也上升"②。

几个月前，冯玉祥刚刚从紫禁城中把小皇帝溥仪赶了出来——那就是 1924 年 11 月 5 日发生的著名的"逼宫"，这动乱局面对燕大的意外好处却是，他们可以将另一片"满洲人的地产"，也就是燕大校园北边载涛的朗润园，从担惊受怕的园主手中租赁更长的时间了。并且翟伯找到了一个新的帮手，一个得克萨斯人将受聘来监理工程（供热管道），他本来在天津工作，却因为战事和洪水不能继续履职。翟伯和他签订的是三个月的合约，雇用这样的"临时工"，比直接找外国公司要经济得多。

翟伯告诉他的同事们："我们现在到了最繁忙的时期，需要努力熬过这个阶段。"③

翟伯还没有顾得上那座弃置在未名湖东南角的水塔。

---

① Gibb to North, 1924/11/12, B354F5453.

② 同上。

③ 同上。

由他经手打理，而不是茂飞担纲设计的这座建筑，显然不同于先前的例子。翟伯不知道如何设计一座古代形式转适现代功能的中国建筑，但以一个工程师协理工程的素养，他知道他可以把事情分为互不相干的两步：先设计一个纯粹实用的水塔，然后再单独考虑水塔的那层皮。

翟伯在信中提到，他们雇用了一个曾经受训于皇家营造部门的中国工匠，这个中国人自顾自地干活，用的是自己的那套方法，但同时，他也饶有兴趣地观察着基建部里用三角尺和绘图板工作的其他人——我们大概永远也不知道这个好奇的中国人是谁，但他实实在在地是中国建筑现代化的一部分——翟伯说，希望这个前清的工匠能够制作出一个令人满意的中国塔的图样，接下去他们就可以放手解决工程方面的问题了。[①] 如此，翟伯认为自己成功地管理了一个非常"国际化"的班子：

> 从匠人到最笨拙的体力工人，中国管理人员和监工赢得了他们的雇员的衷心合作，外国雇员也很重要，从学校的教授中借用了巴克（Barker）先生，从协和医科大学借用了威尔逊（Wilson）先生。燕京大学工程师提供4个人的半职工作。C. 桑德（C. Thunder）先生负责住宅的工作，4个监工，1个办公室秘书和1个会计。为了避开那晦气的"13"，

---

① Gibb to North, 1924/11/12, B354F5453. 此外，陈允敦曾提及燕大地质系主任巴伯曾主事水塔的测绘，并由他请本校一位善于绘图的广东学生司徒壮前往通州测绘燃灯塔，见陈允敦：《燕大早期情况一束》，燕大文史资料编委会编《燕大文史资料》第九辑，9—10页。

作者就把自己也算在内，一共14个外国雇员。如果爱尔兰、苏格兰和英格兰算作3个国家的话，我们的13个人就有了6个国家。[1]

1925年4月30日，自我感觉良好的翟伯再次重申，他们即使没有茂飞也能完成所有工作，他们认为他们的工作方式已经满足了学校所关心的两个主要需求，那就是实用性加上中国味。然而，纽约那边诺思对茂飞的信任却依然如故，当他们建议请茂飞再次访问工程现场以便指导项目进展的时候，翟伯干净利落地拒绝了这种要求。这两方拧着干的结果是或早或晚要到来的僵局，到了1925年下半年的时候，僵局开始让基建部门感到恼火了：他们不再能以自己理想的速度推进，工程重新缓慢下来，它老牛破车般行进着。

1926年4月15日，经过一番周折后的茂飞再一次来到了燕京大学校园建设的现场，这一次是所有矛盾的总爆发，已经很久没有关心过燕京大学校园规划详情的茂飞，一上来就对基建部门指手画脚。与其说他是想就具体的议题进行争论指正，与其说美国建筑师的自以为是透露出他对"中国样式"的错解，不如说，他的意见体现了建筑和建设之间的矛盾，或设计和施工两种不同的工作状态之间的矛盾：

　　1. 停止湖上的任何建筑工作，直到景观委员会对翟伯等人做出指导。

---

[1]　"The Report of the Construction Bureau to the Board of Managers," 1925/06/13, B332F5077.

（翟伯想：见鬼吧，这儿哪有什么可以对翟伯指手画脚的景观委员会？）

2. 停止贝公楼庭院内的桥路工作，搬迁石桥。

（重新拆碎石桥？贝公楼前的石桥可是翟伯从圆明园的基地里花了巨大风险零碎运来，又在现场用混凝土拼装在一起的！）

3. 提高整个校园的水位。

（水位即将变得太高了，从95尺变到100尺，这样在雨季就吃不消了！）

4. 避雷杆的尺寸样式不佳。

（这可是工程监理黄先生和他的中国同事弄的，翟伯可不想花时间教茂飞先生上中国建筑的课！）

5. 移去司徒雷登住宅里的水平线材（mouldings）。

（确实，这是翟伯为了使茂飞在纽约画的图样看上去更和谐些，而擅自改动的）

6. 移去女校四合院落里白皮松前的太湖石。

（那可是和珅留下来的石头呀，翟伯认为那是一块很好的屏障，他也不愿毁坏古树，他讥刺茂飞并不真的像他宣称的那样，懂得中国石作）

7. 移去宁德楼小檐下的装饰（彩画）。

（翟伯又让茂飞抓住了他擅作主张的小辫子，可这显然又是一个纽约图样不合中国习惯的例子）

8. 纽约的建筑图样必须被无条件地准确执行。

（去他的吧，茂飞根本不懂什么叫中国斗拱。"我们决

不愿意盲目地服从命令，这个命令隔了那么老远，下命令
的人又对相关知识所知甚少，我们这里到处都是可以帮助
我们的中国人！"）

......①

屋顶下面的东西

如果从茂飞接受燕京大学聘任算起，到1929年燕京大学正式迁
入海淀的新校址为止，燕京大学的项目前后拖了将近十年，这给了茂
飞，一个"中国建筑专家"，全面总结他的东方经验的机会。燕大建
设尚未尘埃落定，面向他的同行，茂飞已经颇为自得地总结了他的工
作哲学——又是以一种"现在过去时"的马后炮方式：

> "旧瓶装新酒"——一个聪明的旁白，鲜明地凸现了
> 我们正在燕京大学的工作，那就是采用旧的中国建筑样式，
> 加上新的加强混凝土施工技术。但是换一个角度，我们也
> 许可以称它作"新瓶装旧酒"——因为我喜欢把我们对于中
> 国建筑的转适想作是：像燕京这样的机构奉献给中国的崭
> 新教育，被旧的布置装点着……过去时代那些伟大中国匠人
> 遗留给我们一些最好的旧建筑，我越是深入探究它们的美

---

① 这场风波参见司徒雷登作为第三者向诺思的陈述。Stuart to North, 1926/05/15,
B332F5081.在信中，司徒雷登引述了茂飞的主要建议和翟伯的应对之策，并分析了两人
观点分歧的原因和后果。

丽、丰富和尊严，我就越有把握，我们的努力中的耗费和烦扰是值得的，因为我们正把这些美妙绝伦的艺术从考古学的兴趣变换为活生生的建筑，我们正为中国、为世界保存他们辉煌的遗产。①

建筑本是复杂社会实践中的动态成果，"旧瓶新酒"的观念却将它静态分解为可分离的"内容"和"容器"，这无疑是一种黑格尔主义的二元思维方式。在关于那座中国宝塔的纷扰中，我们或许已经察觉到，一座建筑的风格的由来似乎并不是设计酒瓶那么简单。

固然，"旧瓶新酒"可以很好地把博雅塔解释成一个古色古香的酒瓶，盛着现代机器文明的新酒，但这种解释模式却不能用来为"瓶""酒"几近脱节的关系正名，而新和旧的对峙本身也不能告诉我们，这种后现代主义者眼里小菜一碟的拼贴手法，在它原有的历史情境中到底算是成功，还是失败。

在讨论金陵女子大学建筑的案例时，董黎曾经指出茂飞在中国建筑实践的一般形式规律：

> 1. 以清代宫殿式歇山顶为最高型（形）制等级，用于校园中心的主体建筑构图，庑殿顶次之、硬山顶、攒尖顶和卷棚顶则灵活运用于附属建筑。
> 2. 用钢筋混凝土仿制中国古典建筑的斗拱。

---

① Henry. K. Murphy, "The Adaptation of Chinese Architecture," *Journal of the Association of Chinese and American Engineers* 7, no. 3, May 1926, p. 37.

3. 墙面处理已成固定模式，即中国古典式红柱按西方比例关系有规律的排列。

4.……

5. 改变了以往教会大学建筑朴实简洁的外部形象，开始追求中国古典式的色彩装饰效果，大量地采用檐下彩画和雀替彩画……

6. 不论其构图方式的变化，凡调用的构图元素一律以中国官式建筑为蓝本……尽可能在外部形象上淡化西方建筑的显性痕迹。①

这些折中中西的尝试大多是形式主义的逻辑，或者，更妥帖地说，尽管重视工程质量，但茂飞的设计手法首先是在观感而非功能上解决问题。人们对这些建筑的典型批评，就是它们的"内""外"之间缺乏联系，比如外观构图和内部布局毫无关系，水泥仿木构件的外在形式和内部功能完全脱离，等等。在此前，"教会大学建筑的檐下一般都很简单，多是用各种形状的斜向支撑解决出檐深远的大屋顶结构需要"，而不是如同中国建筑一般，从建造的自身逻辑出发，用层层递出的平槫（檩条）的末端自然构成有弧度的出檐。（图18）这样一来，"体积巨大的屋顶与墙身之间没有过渡"，视觉上不免显得有点突兀。但茂飞认识到的，只是"斗拱在造型方面的装饰性作用"，他并不重视"斗拱在木结构建筑中的结构功能"，以至于在金陵女大的例子中"出现了斗拱与柱头错位的明显错误"，被众多

① 董黎：《中国教会大学建筑研究》，212—215页。

图18　教会大学"中国式"建筑的大屋顶檐下直接过渡到墙面，并没有以层层递出的平槫（檩条）的末端来自然形成有弧度的出檐，所以屋面缺乏柔和的曲线

建筑史家抓了个正着。①

　　许多研究者都强调，这是因为茂飞等外国建筑师不理解中国建筑的"内在"逻辑，而只看重它的"外部"观瞻的结果：

　　　　……他们都错误地认为，中国建筑的特性似乎就唯独表现在屋顶……屋顶的形状乃是中国建筑区别于其他传统的唯一所在。因为并没有一个外国人对中国古代建筑的本质进行过广泛的调查研究（Boerschman 1912），同时也没有一个中国学者曾系统地从事过这方面的研究和论述（Liang 1984；Fairbank 1994），外国人要模仿中国的建筑，只能从他

――――――――――
①　董黎：《中国教会大学研究》，213—214页。

们最羡慕和钦佩的铺满琉璃瓦的宽阔的大屋顶入手，正如他们在北京故宫所见的那样。他们无法去仔细关注那些同样独特的木结构部分，比如说斗拱结构，它是支撑巨大屋顶重量的主要结构。（Needham 1971；Steinhardt 1984）[1]

对当时的建筑师而言，将功能和形式的问题简化为"内""外"的龃龉，并不表明他们一定对问题的实质一无所知——建筑师的"解决问题"很多时候只是修辞上的自圆其说，和历史学家的殷切期望不同，燕京大学的外国建设者们本来就不一定打算百分之百地忠于他们的中国母本。无论如何，事物的实际发生和人们对它的后来印象本无必然牵连，就像风水先生虽然可以把"龙脉""水口"说得头头是道，却绝不懂得真正的地质构造。

然而，在现实世界的逻辑中，这种"一分为二"再"合二为一"的简化方法却无疑是建筑实践的黏合剂，可以很方便地用来把许多风马牛不相及的东西黏合在一起，建构起建筑师用来说服别人的交流框架。这种来源和阐释蓄意分离的拼贴逻辑，虽然未见得是种健康有益的建筑学方法，对于解释既有的实践却很管用。我们在批评这种"形式主义"的手法的同时，或许不该忘记，这种形式主义在它自身的语境中，有着满足既定社会功用的适足"功能"。

难道，茂飞的"形式主义"不正是经过一大群其实非常"脚踏实地"的客户和观众认可的吗？难道一个不合逻辑的设计就那么容易逃

---

[1]　郭伟杰：《谱写一首和谐的乐章——外国传教士和"中国风格"的建筑，1911—1949 年》。

过历史旁观者的眼睛吗？现代主义之前，类似"旧瓶装新酒"的复古现象，在爵士时代新古典主义泛滥的美国并不鲜见，那时候，却不见多少人对此牢骚满腹。而另一方面，"新桃换旧符"的潮流更替，也并不总是现代主义者的福音书，如果说茂飞的"错误"使建筑史家如芒刺在背，经过多少年的时间之后，这些"错误"却不仅不再让它的同时代人耿耿于怀，也在新一代的中国观众眼中变得不那么突兀了。

其实，虽然事后诸葛亮更容易当，我们也不要小看了当时的人对茂飞作品的判断力，要知道反对一种混杂的、不中不西的风格的，其实也包括关心燕京大学校园建设的美国人自己：

> 我们不想在新的校址上建筑任何混杂的建筑样式……如果我们按龙德先生所描绘的那样建起这座水塔，那么它既不是一座水塔，也不是一座中国宝塔，只能归入我所说的那种混杂建筑的样式，如果北京的人们谴责宝塔的主意，那么，就我所能顾及的只是建一座平易的铁架上面的水柜而已。[1]

"风格"很重要，但它绝不是茂飞所考虑的唯一重要的东西。

1923年10月，南京。就在燕京大学的工地上即将上演一幕大戏的大半年前，"劳拉·维尔德（Laura Wild）代表《美以美会教报》（*China Christian Advocate*）参加期待已久的金陵女子大学的开幕仪式"。劳拉·维

---

[1] North to Stuart, 1924/10/02, B354F5452.

尔德盛赞茂飞："在不牺牲中国传统特征的情况下满足了现代教育之所需"：

> ……在很多情况下，传教士们要么为了省钱而放弃美
> 观，要么忘了在中国盖房子的财政现实而刻意追求美观，
> 结果半途而废；而亨利·墨菲却能很好地把握建筑上经济和
> 美观之间的平衡，在着眼于建筑艺术表现的同时，又不忘
> 财务的承受力。[①]

劳拉·维尔德或许不知道，金陵女子大学的第一任校长德本康早已希望，在未来的金陵女子大学能看到的不止是"中国式的屋顶"。1918年7月25日，她写信给那时已设计建造了雅礼大学校舍的茂飞说："就我个人来说，我希望它们在屋顶之下的东西也是中国化的，只要我们全力以赴去追求它的话。我认为你为雅礼大学所做的设计草图，就比其他所有我见过的建筑更接近真正的中国样式。"8月3日，茂飞回复道：

> 您认为建筑在屋顶以下的部分也应该保持中国样式，
> 我亦深有同感。的确，屋顶是整个中国建筑中最显著的特
> 征，但是中国建筑的特色是贯穿整个建筑的，它的开窗，
> 实体与虚体的关系，整体表现与细部处理等等，都是一个

---

① 郭伟杰：《谱写一首和谐的乐章——外国传教士和"中国风格"的建筑，1911—1949年》。

完整的整体。我们想在现代建筑上获得这些精彩的中国建筑特征，是一点也不可能的，除非我们能在模仿屋顶之外再做点什么。^①

茂飞所在意的"屋顶之下的东西"，绝不仅仅是"开窗，实体与虚体的关系，整体表现与细部处理"，而是如维尔德所说的"既满足现代实验所需，又非常方便生活"并浑然一体的建筑。最典型的一个例子便是他对歇山顶屋顶的使用。在中国古典建筑的造型语汇中，庑殿顶是最高等级的建筑，而歇山顶却是茂飞的至爱，为了达到经济合用的最大容积，他的"宫殿建筑"的单体要比故宫和明长陵的高等级殿堂还要高大，而由此而来的庞大的、无处开窗的屋顶也要想方设法给予用途。和庑殿顶相比，歇山顶屋脊转折，顶部的直立侧面可以以不那么古怪的方式安下暗窗，一定程度上也算是在"建筑上经济和美观之间"找到了平衡。^②（图19）

维持这种平衡是相当艰难的，巨大的屋顶主体结构本来拟用钢骨，却因为成本原因不得不放弃，改用木屋顶作结构骨架，然后再包以混凝土的假椽和屋瓦。（图20）如此，虽然还赶不上中国传统建筑的施工方法，却并不比后者省力，燕京大学第一批男生宿舍每座的施工成本也达到昂贵的两万三千元，后来更被燕大工学系的丁荫（Dean）发现有技术上的缺陷：

---

① 郭伟杰：《谱写一首和谐的乐章——外国传教士和"中国风格"的建筑，1911—1949年》。

② 茂飞对歇山顶屋顶的使用，详见董黎《中国教会大学建筑研究》，212—213页。

Interior Perspective, Anglo-Chinese College Chapel, Foochow, China

图19　这是茂飞在早先的西式设计如英华书院中常常使用的结构手法

图20　在燕大男生宿舍屋顶施工过程之中，我们可以清楚地看到，巨大的屋顶主体采用
　　　木屋顶作结构骨架，然后再在外面包以混凝土的假椽和屋瓦，总而言之结构和建
　　　筑外表皮没有必然的配合关系

> 他（丁荫）负责燕大的工程课多年，燕大的大屋顶下面的桁架他都检查遍了，那都是木结构。从材料力学来看，木制构件上有结疤的地方，都应放在受压的一侧，而不能放在受拉的一侧。他检查大屋顶下的那些桁架时发现，木制件上有结疤的地方都放在受拉伸的一侧……[①]

但是这并不是最麻烦的事情，作为一个听命于实际需要——不管这种需要是政治意涵还是实际功能——的实践者，建筑师无法埋怨建筑的使用程序（program of use）不合自己的心意，也不能责怪"中国复兴式"的风格本来就不适于某些现代功能。茂飞需要在这像是外星来客的"（巨大）屋顶之下"塞进一系列当代的使用，从容而不露痕迹。

这其实是对一个建筑师基本素质的考验。

水泥斗拱有没有对齐柱子，细节是不是纯粹"中国"，其实于茂飞来说都无所谓，相对于整体上的中国风味，相对于更为急迫的功能考量，这些小节上的差池在实际的操作中其实都不那么引人注目。对于他设计的第一批建筑之一贝公楼的内部装修，茂飞心里想的，并不是这座校园中第一建筑的歇山顶违反了中国建筑的等级秩序，他更关注的或许是：

> ——这座建筑最好能装上天花板，那么就可以用更便宜的美国造的连接件了。

[①]　贺联奎：《在燕京大学工科的日子里》，燕大文史资料编委会编《燕大文史资料》第十辑，北京大学出版社，1997年，397页。

——如果我们看不见天花板里的梁，构造的很多细节就可以省掉了，也用不着完全是什么中国样式。

——这样，也许又有人会跳出来说，装了天花板就不像是中国建筑的内部，也罢，那就只好多花钱，就用中国式的水平梁和连接件，他们爱出这笔冤枉钱，那也只好随他们的便。①

茂飞的态度并非一味消极敷衍，只是这里面有太多需要考虑的细节，特别是他又基本不在现场。天天盯在工地的翟伯，倾向于更便宜、更利于施工的方案，而不怕给那头的茂飞多找麻烦——面对这种麻烦，茂飞一贯的说辞是，改动他的设计需要纽约托事部的批准，想以此让翟伯知难而退——你难道就不怕再起草若干遍书信？在贝公楼，茂飞设计的本是一个木头地板的底层大厅，没有分隔，为了更好的声学效果，他声称一个开敞的听众厅（auditorium）里面不应该有回廊，这样也更适于将来举办舞会一类的大型活动；翟伯却坚持用水泥地板，要茂飞给出听众厅的空间隔断的具体设计，他也不管茂飞作为一个专业人士的抗议，他强调说，水泥地板其实比木头地板更容易维护。②

翟伯看穿了茂飞的心思，认为远在天边的他根本不了解基地上的情况，无权对这些完全实际的问题做出判断。他举例说明茂飞的无知和狂妄，本来龙吉洋行已经受聘全权管理建筑配套的管道设计，贝公

---

① Warner to Gibb, 1924/10/11, B354F5452.
② Gibb to Moss, 1924/09/17, B332F5074.

楼下面本有些管道，身为建筑师的茂飞对此细节一无所知，却有天心血来潮说，要在贝公楼东边来一个沙井（manhole）。[1]

　　翟伯又说，由于北方天气的原因，男生宿舍主要立面（东西立面）每边四窗结合的方案完全不可行，茂飞原设计中那么宽大的四扇四叶的窗户，根本就是要让人冻死。（图21）每扇的宽度多达三尺，要知道这么冷的天气下，连施工的时候还要考虑防冻问题，浇注混凝土之前需先放造型油砂（oiling form）以防凝结，何况弱不禁风的人的住宿？他们强烈要求，把窗户的尺度减为两尺以下，减少窗页的数目。[2]翟伯揪住茂飞的一点不可饶恕的错误，大肆渲染，在他看来，男生宿舍的东西朝向是大错特错了——冬天寒冷、夏天西晒的状况就这样延续到了今天。虽然茂飞随即修正了女生宿舍的朝向，让所有宿舍都冲南，走廊在北，翟伯还是不肯就此罢休，他认为这个错误表明的是茂飞作为一个建筑师基本判断力的低下。

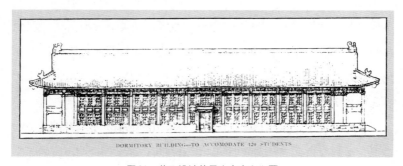

图21　茂飞设计的男生宿舍主立面

①　Gibb to North, 1924/11/12, B332F5075.

②　Gibb to North, 1924/11/28, B332F5075.

这些可以看得见摸得着的"屋顶下面的东西"其实还只是一种皮相。

翟伯挟以自重的"屋顶下面的东西"还有校舍建筑的物理功能，不像传统建筑完全依靠自然能源（日照、自然空气流通），现代西方建筑没有人工供给便难以为继。燕京大学的海淀校园内那时建设了四个锅炉，以及两台发电机，其中一台蒸汽发电，一台是柴油内燃机，它们提供供热设备的动力，供给冬天的暖气以及平时的热水。对当时的北京市民而言，这些生活便利意味着一种具体可感的"现代化"。（图22）"冷热自来水，能排水的洗脸盆、水厕、浴缸、淋浴的花洒、供饮水的小喷泉、电灯、电风扇、电炉、暖气系统等等，一应俱全。……所以本校师生所享受的舒适生活及种种便利，实在远远超越前清皇宫

图22　多年之后，北大下水系统使用的井盖上依然是燕京大学的校徽"燕"字。作者摄于2005年

里的帝王呢。"① 相对于当时中国人民的居住水平，这种远超帝王的生活实在是有些奢侈，即使是在十多年后的抗战结束之后，许多来自全国各地的燕京学生也是生平第一次用上"自来水、白瓷砖脸盆和洁净无味的抽水便坑"②。

茂飞被翟伯所攻击的地方，正在于他常常忽略这种功能性的考量。建筑师和工程师之间的这种相互指责，本不是什么稀罕的事情。然而，建筑设计和功能考量之间的矛盾，却不是绝对不可避免的，建筑学本来理应涵盖建筑功能的方方面面，实际中，也很少有建筑师忽略这些林林总总的功能细节。只是"功能"并不像翟伯理解的那般狭隘单一，"功能"本包括建筑"形象"所服务的文化考量在内，须知，需要"设计"的建筑大概只是人类所有房屋中的一小部分，之所以花那么大的气力和金钱设计一所建筑，一定不仅仅是为了提供一个遮风挡雨的荫蔽之所，因此，建筑的功能需要在它具体的操作情境中来定义，"合用"同时也有了非常丰富多元的可能。

在燕京大学的例子里，巍峨壮观的中国宫殿式立面后面，并不仅仅是昂贵的材料和物理功能，还有一种新的生活方式和文明观念的"物化"（embodiment）。这种"物化"并不纯然是建筑形象的包裹，而是代表着完全独立的两种理解建筑的方式。或者，我们可以说，这种"物化"所包含的，既有大屋顶所代表的建筑形象，也有建筑的现代使用所涵盖的建筑程序，前者突出了建筑作为某种意义表征（representation）的作用，后者则看重在实践中，建筑潜移默化建构社

---

① 李素：《燕京大学校园》，李素等《学府纪闻·私立燕京大学》，81页。
② 丁国藩：《复员北平琐忆》，《燕京大学成都复校50周年复校纪念刊（1942—1992）》，113页。

会生活的能力。对于近代中国来说，西方人的建筑程序不仅仅是教给建筑师新的营造方法，也对建筑的社会使用进行了重新定义，建筑设计由此对改造社会生活产生了积极的意义。

比如，"远远超越前清皇宫里的帝王"的"舒适生活及种种便利"并不真的是要用路易十四的技术来包装爱新觉罗们的生活，舒适和便利也意味着现代社会对于生活中"合用"的适度理解。燕京大学校舍既是中国近代最早安装公共饮水机的建筑之一，大概也是最早安装节水式自来水龙头①的建筑之一，校园中还使用节电的路灯和室内照明，只在没有月光的夜晚和有人需要的时候才点亮：

> 记得我们当新丁的时候，晚上走进盥洗室，只见当中吊着一盏亮着的电灯，浴室和厕所全是黑黑的，想找电灯的开关，摸来摸去都找不到。没奈何，只得打算在黑暗中洗个"瞎澡"吧，放好了衣服，把门关上，呵，电灯却自动亮起来了！……我们于是共同研究一番，明知是门在作怪，可是上下左右地摸索，却摸不到电钮所在，摸了好久才发现它是被夹在门缝里的。②

这种设计似乎是室内装修的小把戏，却并不纯然是"大"建筑师

---

① "在燕大凡教室、实验室、办公室的电灯按键下皆钉有一长方形铜框小牌，上印'Switch off every light, when you leave'（离去时请关所有灯）。盥漱室的水龙头下，贴有一张白底蓝字'节约用水'标示。"文彬如：《燕大琐忆》，燕大文史资料编委会编《燕大文史资料》第五辑，63页。
② 李素：《燕京旧梦》，58页。

心目中的"小"节，对于建筑功能限度的细究可以下降到非常具体的层面：比如在美国，洗手间顶高（headroom）四英尺，但燕大的洗手间就绝没有那么高，这不仅关系到东方人和西方人的生理特征，还有对于同一工作空间里的社会关系的不同理解。就小小一所洗手间的使用者和使用方式，建筑师和学校基建部门曾进行了反复的讨论：

> 两个洗手间（原来）分别标明"中国""外国"，如果我们标明"教工""学生"，我们相信或许就不会有（公众心理上的）问题了……贝公楼有校长办公室、教员室、财务和会见室，这样四个房间里的人可以更灵活地使用洗手间，而在每个小洗手间各加上一扇门，使用起来就会更灵活，（相对其他员工）校长没有格外的个人隐私。[①]

燕大的建设者们永远是带着镣铐起舞的，就像贝聿铭在领取建筑普利策奖时所说的那样，建筑是一种"实际的艺术"，建立在具体需要的基础上，他引用列奥纳多·达·芬奇的话说，建筑的力量正是在于它"成于所困、溺于所纵"。[②]

但问题并不完全在于建筑功能为建筑形式设定了一个外部的框架。

建筑的功能并不是一个抽象的要素，可以单独从建筑的形式、形象、材料、空间布局等要素中间分离出来。建筑师所做的也并不是像历史写作一样，总是先勾勒出一种形式，再赋予它某种功能和历史含

---

① Gibb to North, 1924/11/22, B332F5075.
② 贝聿铭 1983 年普利策奖获奖感言。I. M. Pei, "Acceptance Speech by Ieoh Ming Pei," 1983, http://www.pritzkerprize.com/pei.htm#Ieoh%20Ming%20Pei's%20Acceptance%20Speech.

义，形式后面的"深层结构"其实并不存在，形式总是和功能共生共灭，一种形式既是生活方式的物理表达，同时也给生活灌进了新的可能性。

这才是"屋顶下面的东西"。

燕京大学的图书馆就是一个关于"屋顶下面的东西"的现成例子。

盔甲厂校园建立时，它的"图书馆"只能称为"图书室"，一间房屋，一个书架，几百本图书男女两校合用。到了海淀校园建成时，这种物理格局有了根本的变化，美国人托马斯·百瑞和珍妮·百瑞夫妇的三个女儿为纪念父母，捐款五万美元为燕大兴建了一座新图书馆，为的是"在全中国推广智识"。在时任历史系主任兼大学图书馆馆长的洪业的亲自过问下，燕大图书馆的馆藏，从当初的几百本图书发展到后来的五六十万册，由宗教类的读物扩充至适合全校文、理、法各科教学选用的图书，除了国内外新出版的书刊杂志之外，还有不少明、清史志善本图书，今天北大图书馆中还可以找到这些盖有燕大图章的收藏。

燕大图书馆1924年动工，是最早在新址建成的建筑之一，由此可以看出它在校园生活中的意义。不用说，图书馆的主事者都是一时之选，像著名学者陈垣、马鉴，还有梁思成的胞妹梁思庄——作为化学系教授的翟伯也跻身于图书馆委员会委员之列。在这里值得一提的是，燕大图书馆的成就和它所配合的那套西方知识索引制度不无关系，而图书馆的建筑就是这种制度的物化。说起图书馆，传统的隐喻或许是"知识的宝库"，但它的意义不光是为学校提供一个储藏资料的场所，对于一所现代意义上的教育机构而言，它还有更多的用途。

首先，图书馆的馆藏结构和管理方法，往往反映——也同时限制——了学校的研究方向。举例来说，如今中国有的大学的文科研究中常常可以看到一种情况，那就是阐释性的成分远远超过描述性的成分，描述性的成分又往往是因循二手资料，没有对原典做出自己的分析和判断。原因固然很多，但最重要的还不是资料不全，而是资料之间几无衔接性可言。其次，图书馆又是一个学术交往的场所，这种交往不仅发生在人和书籍之间，还发生在读者之间、读者和图书馆的工作人员之间。现代的大学图书馆不再是昔日僧侣们冥思苦想、互不往来的修道院，越来越多的图书馆把讨论室（seminar room）和计算机操作台，而不是书库和阅览室，变成了图书馆的核心部分。

作为服务于如此功能的图书馆，茂飞的设计并不是十分切题，相反，一贯的包括大屋顶在内的"中国样式"——据说这屋顶是仿照"文渊阁"的样式——多少给图书馆的功能带来了限制。[1]（图23）但是，在那时西方大学图书馆的布局功能几乎已成了定制，耶鲁大学的毕业生茂飞一定对一个西方公共图书馆的工作方式了然于心，他的图书馆设计和使用，不能不引入一套令当时的中国人感到新鲜的东西，它们和同样也在大屋顶下的那些中国旧式私人图书馆有着天壤之别：

这座房子的格式很特别，初看像个戏院，却又没有舞

---

[1] 作为图书馆而言，燕京大学图书馆的缺点是"看似宏大，实地却较少"。汤燕：《燕京大学图书馆的创立和发展》，燕大文史资料编委会《燕大文史资料》第七辑，3页。

图23 图书馆设计渲染图，图中人物和建筑物之间的比例关系经过了夸大，显得建筑格外高大，事实上这座建筑作为图书馆的使用面积却相当有限

台。四周有一层"阁仔"，就算是假二楼吧。这楼上是一间一间没有门的小屋子，就像戏院里的包厢，又像饭店里的卡座。每一间里只放着一张长桌，两排椅子，在这儿看书，那就更加清静了。[1]

图书馆的空间结构中体现的首先是公共性，一层是和所有用户都发生关系的公共空间，因此高大开敞，中间是由二层回廊围护的跃层天井，[2]而和公共使用关系不大的办公用房则放在二层的北东南

---

[1] 李素：《燕京旧梦》，66页。

[2] 对于图书馆而言，二层回廊围护的跃层天井营造的高大空间无疑减少了实用面积，但这对于一所公共建筑来说却是切题的，也是中国私人图书馆，如清代皇家藏书楼之一的文渊阁，所不可能有的。

三面。其次，按照研究的深度，图书馆的不同功能合理安置在建筑的不同位置：一层人来人往，设有目录框、出纳台、指定参考书借书处等设施；而二层相对安静，有各科中外文工具书开架查阅，北面为现期中外期刊；三层则是可藏书三十万册的巨大书库，虽然空间窄小只堪容身，但对于那些做研究的学者却正相宜。最后，对不同的学习方式和要求也有考虑，阅览室的东北角为研究保留座位，作论文的同学可以申请一个固定位置，领到铁锁可以将研究用书锁在座上书柜内。在图书馆二层，还设有讨论室，需要组织讨论课和工作班（workshop）的老师和同学可以申请使用。

大学图书馆的组成有两种主要形式，一种是不分学科的综合图书馆，将大学藏书几乎一网打尽，还有另一种则是专业图书馆的分散收藏，这两者互有利弊，前者有利于鼓励跨学科思考，而后者则更便于专业性的研究。1923年，燕大图书馆委员会曾经专门讨论图书集中还是分散，讨论的结果是集中管理，分散使用，这样一来，各系图书馆之间的物理距离，只好用重新设计的使用结构来弥补，有点类似于今天利用计算机网络进行的管理——这结构或管理不仅仅事关物理空间，也涉及人事制度。

所采取的措施是两方面的。一方面，图书馆委员会设计好了一套进入知识的门径：一个统一的检索系统，几套针对不同主题的查书目录和分类书目，配上各专门图书馆在校园中的分布示意图，要找自己需要的书籍变得轻而易举。另一方面，为了避免偷懒的学生只接触本专业门类的书籍，所有的系图书馆书籍都从主图书馆提书，年终退还，跨学科的图书则永久保留在大馆之中；同时，主图书馆不间断地展览到馆的新书，把这些新书摆放在学生们进馆必须经过

的位置上，这样，就在不同领域的知识和新旧知识之间，维持一种适当平衡。（图24）

图24　燕大图书馆楼梯处的陈列情况

据周汝昌的回忆，燕京图书馆成就了一套在北大图书馆中还一直沿用的借阅办法：

> 燕大图书馆好极了，只填一个小借书单，馆员用"吊篮"传送到楼上书库，不一会儿，"篮子"下来，书在其中！把借书证备妥，附在书的存卡上，签了名（或"学号"），就能抱回宿舍任情翻阅。①

让书坐"电梯"，免掉读者自行在图书馆里奔走的方法，在当

---

① 周汝昌：《红楼无限情》，北京十月文艺出版社，2005年，150—151页。

时也算不得什么高科技的发明，但它和茂飞所学习的西方建筑学传统那一套大相径庭，这里并未强调物理的空间可达，也不在乎可见的视觉形象，而是直奔主题的问题解决。在那时，这更像是工程师的业务范围，而和建筑师的工作无涉，但近四十年以来的建筑学，已经开始越来越多地将这种方法放到主流思想的范畴里。西方图书馆源自修道院中的自修室，它的形制一度和教堂、医院差别不大，就连外表也是如此，但着眼于"交流"而不是"汲取"的当代图书馆，强烈地体现出我们生活中"合用"标准的非物理一面，典型地关涉建筑使用不可见的一面，难怪一些当代的建筑师喜欢拿图书馆来做"数字化"的文章。

图书馆的公共使用因此往往压倒它的建筑形象，使用功能比细节雕饰显得更为重要。1927年12月对外开放的燕京大学图书馆，外表看上去也还是一座歇山顶的仿古建筑，和东西轴线上与它对称的那座宁德楼（图25）差别不大。尽管燕大图书馆的中式外壳和它的内部功能之间依然有着这样那样的龃龉，但在这座公共使用最为频繁的建筑内部，却不能不认真考虑图书馆实际的使用情况，这是用于古老仪式的宫殿建筑们不曾面对的新问题。

比如，回廊围护的跃层天井中原有一座天桥，用以调剂二层仅有周边回廊的交通状况，这天桥却造成了一种意想不到的后果，1935年夏天改建时不得不将它取消：

> 图书馆无二楼，中空有悬弧桥，桥东为办公室，西则陈列中西杂志。寻填平，辟二楼阅览室，而往年胜迹顿泯。
> 初，男生物色佳丽者，晚餐毕，必整装凭桥四眺，颇籍此

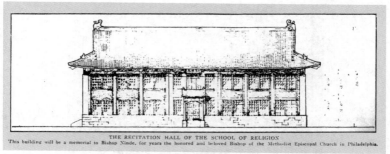

THE RECITATION HALL OF THE SCHOOL OF RELIGION
This building will be a memorial to Bishop Ninde, for years the honored and beloved Bishop of the Methodist Episcopal Church in Philadelphia.

图25 宁德楼主立面

成卷属焉。[1]

取消天桥的交通功能，不光是为了让本层更加安静，另一个主要的原因是，这座"鹊桥"（图26）方便了四处"打望"的好"色"者，让有些人觉得，在同一个室内空间里，有人直接"站"在他人头顶上，无所事事，四处眺望，对其他埋头苦读的读者是种无声的干扰。[2]

又如，图书馆设计时，提出要有符合读者实际需求的室内装修。首先是方便大家的饮水机，使得人们不违例带入饮料也可以就地解渴；此外，阅览室的桌椅舒适实用，每个座位都有自己的桌灯，这样读书时可以做到互不干扰；目录柜使用的是高级木料，并且制作精良、坚固耐用，据说，现在的北大图书馆特藏部用的依然是燕大的家具。

各系都有自己的图书室，图书室里的阅览座位可以满足一部分同学的自习之需。其中女校的适楼（圣人楼）阅览室有少量工具书

---

① 王伊：《勺园纪闻》，转引自李素《燕京旧梦》，66页。
② Gibb to North, 1926/01/22, G332B5080.

图26　图书馆内可供觅偶者打望的"鹊桥"

及期刊，多数是女同学使用，法学院在穆楼楼上的图书室最大。为管理的集中方便，各系的图书室一般晚上不开馆。邻近考试时，学习的人数骤然增多，像穆楼这样的大阅览室也要增设挂灯，以便学生们的晚间自习。但人气最旺的，无疑还是一直开放到深夜的主图书馆。

没有其他任何大学建筑，能比图书馆更代表大学的性质和目的了：

> 本校图书馆是壮丽的殿宇形式，前后有大门，出入便捷，也减少人影幢幢的扰攘。楼下是宽敞的阅览室。排列整齐的长桌上有光管。有靠背有扶手的半圆形交椅，久坐

也不觉劳累。二楼是一层浅狭的阁楼，简直是戏院里的包厢，每一间都有长桌和两排椅子。探头下望便见阅览室中书虫满座。这些是供研究生或教授各据一厢，堆放应用书籍，随时到来钻研的。

三楼是书库。书架像列阵的军队，满眼是挤得密密麻麻的中外图书，确实数量难以查考了。据说约有三十余万册……①

_____

① 李素：《燕大学生生活》，李素等《学府纪闻·私立燕京大学》，197页。

第 三 节

玉泉山或通州

风格之争

　　1925年1月，在纽约托事部的办公室里，执掌"生杀大权"的人们正面临一个让他们挠头的判断，在他们的面前，摆放着两张茂飞送来的中国宝塔的蓝图。这两张图里，塔的建筑细节宛然，绘制的方法却有些朴拙，像是依据中国人的作品画下的临摹，而不像是准确测绘得来的投影——绘制这两张图的人没准就是那位曾经在内务府工作过，又被燕京大学聘用的制图匠。一张绘制的是楼阁式塔（图27）；另外一张图里，七级宝塔的形制简单得多，尺寸也小些，是玉峰塔（图28）。

　　　　对于两座塔选哪一座的问题，我不是特别确定说什么好，
　　　　那座大点的、胖点的塔非常漂亮，我猜它一定是真正中国式
　　　　的。但这塔的不甚规整的外表对我来说还是一个新的理念，不

图27 楼阁式塔蓝本

图28 玉峰塔蓝本

过，那也可能是因为我从来就对中国宝塔没有研究罢了。[①]

　　那座楼阁式塔，也就是托事部觉得"非常漂亮"的宝塔，和数年后茂飞为南京国民政府设计的，在南京孝陵卫的那座阵亡将士纪念塔很像，——没准，此时茂飞已经执着于这种他认为很有中国味的宝塔样式了。[②]另外一座，玉峰塔（图29、图30），也叫定光塔或大塔，位于玉泉山的主峰。玉峰塔的塔顶距地面150米，是北京地理位置最高的塔，为八角七级仿木构楼阁式石塔，塔的自高为47.7米，茂飞从燕京大学基址上望见的"玉峰塔影"为乾隆命名的静明园十六景之一。[③]

图29　茂飞事务所绘制的玉峰塔

①　Warner to Stuart, 1925/01/16, B354F5455.

②　"Pagoda Builder: a real Yankee," *New York Sun*, Janurary 28, 1930, p. 23.

③　工程处的人们"偏好简单的设计"，也就是那个依据玉峰塔为原型的设计，认为它"可能更优雅和令人满意"，但茂飞喜欢一个繁复的设计。

图 30　玉泉山远望

　　今天看来，似乎这两座塔放在燕京大学的校园中都太唐突。玉峰塔是按照镇江金山寺的慈寿塔的样式建造，并多少考虑到了北方的气候地理特点，塔身没有慈寿塔的护栏，每层的塔檐往外伸得较短，这样可以抵抗北方猛烈的强风，但是和燕京大学已经建成建筑的华丽风格比起来，这种效果在外形上稍显得粗略单薄；而那座楼阁式塔呢，又由于过多的细节而显得繁缛和堆砌，更何况，如果是用混凝土模仿木构的细节，很难保证这座塔的种种零碎，不会给整个校园的建设和成本的控制带来无穷的麻烦。

　　燕京大学校方对这些有分歧的意见的解决出乎人们的意料，他们既没有从这两座可供选择的塔的形制中寻找灵感，也没有采纳茂飞先前方案中的五层塔提议，最终，他们选择了通州的燃灯塔（图31）作为摹写的原型。燃灯塔位于通州老城的城北古运河西岸，是一座密檐式的八角形十三层砖塔。在流传的说法里，燃灯塔是一座辽代风格的密檐塔——但现存的塔其实建筑于清代。

不少人认为，从"形式追随功能"的角度看，在水塔上套上和它的功能全无关系的辽代密檐塔的外壳，可谓"不伦不类"（杨秉德、

图31　位于通州老城的燃灯塔

蔡萌，《中国近代建筑史话》）；从模仿它的原型是否成功的角度而言，也有人认为，这座塔的收分，也就是中国建筑特有的逐次增减的外形尺寸变化，格外生涩，完全没有它原型的曲线优美（王绍周主编，《中国近代建筑图录》）。而建筑行业之外的普通人，似乎不怎么在意这塔的具体形制，有人在燕园中生活了四年，却顺口把它混淆成钱塘江边体量、规格与之完全不同的六和塔。[1]

　　亨利·路思和司徒雷登都曾经在中国南方传教，他们所见过的名塔，诸如杭州西湖边的"雷峰夕照"（图32），或是沿长江旅行的外国人必会见到的镇江金山寺慈寿塔，想必不在少数。但是，未名湖的水体比西湖或长江小了不是一点半点，而已经建成的六所男生宿舍的巨大体量对于中国建筑而言史无前例，再在小池塘边配一座巨大的中国宝塔，不啻一个崭新而有挑战性的议题。

图32　杭州西湖边的"雷峰夕照"
来源：何重义、曾昭奋《圆明园园林艺术》。

---

①　王罗兰：《回忆和怀念》，燕京大学37—41级同学《燕京大学37—41级校友入学50周年纪念刊》，19页。

首先是位置经营。在印度佛教传入中国的早期阶段，寺庙经常奉行"塔庙"的格局，平面上较多地保留了天竺佛寺的影响，以塔为中心展开整个寺院建筑的布局，塔内供奉佛像。但是在汉化的过程中，"塔院"的布局逐渐改变，而逐渐向中国的院落式格局——"前寺后塔"的模式靠拢。许多寺庙不仅不再把塔放到寺庙的中心位置，甚至也不再专门建塔，塔从它的佛教建筑上下文中脱离了出来，成为城邑地望的标志。在燕京大学的校园中，博雅塔和四周的建筑多少有些脱节，它处在一个相对隐蔽的位置上，为山石和树木映衬，看上去更像是一座"风水塔"。

其次是比例构图。在一般的基地里，塔总是一种不能忽视的大体量建筑，适合远观而不便于近览，但在燕京大学校园的上下文里，同样高大的男生体育馆紧紧挨着它，看起来并不比它矮小多少。在杭州有过多年传教经历的路思，或许会拿燕大的湖光塔影和西湖上的风光比较，也有论者说未名湖的格局其实是和珅模仿福海的结果，无论是哪一种情况，我们都可以看出，相对于那些更开阔的水面而言，这个还没有名字的小湖畔的36米高塔，就像是微缩景观的"锦绣中华"。只是中性地考究比例和构图的西方建筑师，或许并没有意识到塔身微妙曲线的意义。（图33、图34）

如果我们回到燕大的建设者面对的最初情境，或许会发现，那里不但没有一种解决这些矛盾的理想方案，他们甚至从来就没有好好想过这些问题。

1924年9月末，诺思在从纽约发给司徒雷登的电报中，正式批准了建一座中国样式水塔的动议，但在这个好消息的后面，诺思却指

图33 苏州瑞光寺塔、庙之间的比例关系

WARNER GYMNASIVM ～ YENCHING VNIVERSITY ～ PEKING
HENRY KILLAN MVRPHY ARCHITECT ～ NEW YORK CITY

图34 燕大男生体育馆、博雅塔之间比例关系

示说，最好能在同一幢建筑里面安顿下烟囱的功能。这一通瞎指挥让司徒不禁啼笑皆非——主要建筑的正脊上没有竖起烟囱，如今烟囱却要和一座水塔结成连理，如果中国人看到一道白烟从一座宝塔中冒出来，那该是多可笑的情景？但是，司徒雷登除了告诉诺思，这样的安排大概不合乎中国人的习惯，他也未必清楚自己有什么内行的选择。

"中国风格"的正当性是毋庸置疑的。问题是感受并不同于再现，除了耳存目击的印象之外，对于怎样理性清晰地界定一种纯正的中国风格，美国人并不是十分自信。很自然地，他们或许想过，"中国专家"喜欢的东西，一定就是"中国味"了，但自从贝寿同建筑师帮助他们评估色彩体系引起了争议开始，美国人也开始怀疑这"中国味"是不是像他们原先想的那样铁板一块。

早先，就在决定女校的建筑风格时，围绕着什么才是合适的"中国味"，代表着不同利益的人们已经进行了一番交锋。

从功能上讲，晚建的女校宿舍理应比匆匆拍板的男校更为圆满，茂飞的事务所设计女校的第一个方案时，却险些犯下一个明显的朝向错误，重蹈男生宿舍的覆辙。但如今，对已经建成的男生宿舍的功能检验，使得他有机会校正这个错误，他将女校所有宿舍的房间都改成坐北朝南，以便冬暖夏凉。[①] 然而，在汲取前一阶段教训的同时，茂飞的地位也不如前一阶段稳固，当燕大校方从筹款的最初困难中挣扎出来，喘息方定，茂飞再不能像此前那样快速设计、蒙混过关了，他

---

① 　Stuart to North, 1924/10/02, B354F5452. 从设计上而言，这便意谓着三合院的走廊不得不一个在里，一个在外。

面临的是更多挑剔的眼光，以及风格选择上的责难。

1922年，燕京大学已经决定将女校主教学区的尺度由东西385英尺缩短到285英尺。女校南北两边本是每边两个（东西）主轴长132英尺的建筑，现在，代替它们的是每边一个（东西）主轴长165英尺的歇山顶建筑。到了1924年的夏天，女校开始进入全面施工，新的总规划思路是，那座已经建成，最为重要的（南北）主轴长132英尺的建筑（圣人楼）在东侧的主教学区东西轴线尽端，它面对着的是西面两座四角攒尖的楼阁式建筑（甘德阁和麦风阁），南北两边的建筑则有待讨论。作为建筑师，茂飞对这一结果好生失望，他认为：其一，如果女校教学区的南北两侧各只有一座建筑，本应逐渐展开的南北两翼便没有"更好的群组效果"，无从突出圣人楼的中心地位；其二，从构图上而言，如果南北两边建筑缩水，那么主教学区的四角，尤其是西北和西南两角，便会出现难以弥补的空白。茂飞建议保留他的南北四座建筑的方案，他的理由是由体量较小的圣人楼过渡到两侧时，南北每边两个132英尺的建筑，将会比新提议中每边一个165英尺的建筑更为自然。[①]（图35）

在1924年的夏天，就在学校戏剧性地改动小湖四周的景观格局的同时，翟伯也不客气地拿茂飞对于女校的建筑布置开了刀，[②]这不仅仅是两个人私人矛盾的开始，也是燕京大学校园规划中两种不同价值观的正面冲突。茂飞本有更多的优势从大处着眼"中国风格"的纯正性，而对自己商业利益的高度关注，却让他前后矛盾；翟伯并不在乎

---

①   North to Sturat, 1924/10/17, B354F5452.

②   Gibb to Moss, 1924/08/19, B332F5074.

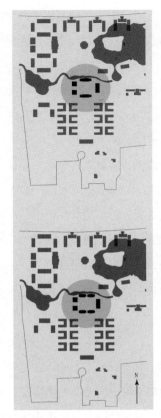

图 35　两种女校教学建筑群组方案的对比。作者示意图

什么"中国风格"，可他如果想在和茂飞的辩论中占据上风，却也要击其软肋，找出茂飞扯虎皮作大旗的"中国风格"中的漏洞来。

　　就这样，在什么才是真正的"中国味"的问题上，两个教育背景和文化趣味迥异的美国人短兵相接了。

　　就建筑群落的布局而言，一种"贯穿景深"（through-vista）的效果使茂飞深深着迷——对他而言，缓步穿过紫禁城大小庭院的经历显然太重要了。在茂飞的心目中，参观者眼中的"贯穿景深"理应从甘德阁和麦风阁南边的一座小门开始，由十棵大树拱卫的林荫大道穿过两阁之间，再经由三组大小十字路分割的庭院，直抵圣人楼的大门前；然而大出他的意料，以翟伯为代表的校方认为，这种"贯穿景深"的效果"非常地不中国"，这种茂飞心目中女校的显著中国建筑特色，从一开始就被使人迷惑的关于"中国性"的分歧，搅得支离破碎。

　　茂飞自己对这种局面难辞其咎，他的一个重要过失，就是对"贯穿景深"末端圣人楼体量的误判：1921年10月，茂飞的设计里还正确地指出，圣人楼应该和贝公楼的形制相仿——一座歇山顶建筑两侧伸展出体量稍小的两翼，即歇山顶的"配房"。可是在后来的实际执行中，茂飞却将这两翼"配房"自行取消了，圣人楼的体量也缩小了大约三分之一。等他和燕京大学校方回过味时，两边都发现对女校主教学区的最重要建筑而言，（南北）主轴长132英尺的圣人楼实在是太小了点。更要命的是，茂飞还没有像在贝公楼的处理中那样给圣人楼配上一个稍高的基础，对于有地下室的西式建筑而言，这台基只是一种虚设的假象，但它多少可以掩盖圣人楼体量过小的缺陷。（图36）

　　翟伯正确地看出了这一错误，他告诉茂飞，从属建筑反而比主要建筑更高大是极不符合中国人的口味的，茂飞也未必不承认这一点，但建筑师以另一种"中国味"，也就是中国建筑的布局原则来为他自己开脱：

　　　　……只要圣人楼（的视觉效果）最显著，其他建筑的尺寸无所谓，如果翟伯的理论能够成立，那么群组（grouping）就不是整个中国建筑技艺中最微妙和困难的部分，而是小

图36 "圣人楼"是女校最早建成的建筑之一,它的设计时间相对短促,计划不够周详,以至于造成了后来的一系列问题

菜一碟了。在群组中大致的体块(mass)要比细节更为重要,这一点不可违背。①

茂飞认为,在协调好群组关系的大前提下,对圣人楼的中心地位其实有多种补救措施,如果人们认为中央的建筑太过狭窄了,那么有一种非常"中国式"的手法重新突出它,那就是"从建筑任一侧的中央建造一道(垂直于建筑短轴的)翼墙,8英尺高,可以在建筑一侧任意地方中止"。如果整个群组完工之后,建筑比例不协调的话,人们完全可以在将来什么时候,在圣人楼的两侧加两段这样的翼墙。还有一种办法就是协调建筑之间的细节上的繁简关系,"圣人楼的屋檐下有斗拱,其他可以没有,我们可以不要斗拱……"②

---

① Stuart to North, 1926/05/15, B332F5081.

② 同上。

翟伯反唇相讥说，茂飞的这些措施都将无济于事。在他看来，茂飞为了突出中央的圣人楼而不惜简化两侧建筑的装饰细节，不要斗拱的做法，是非常不可取的错上加错。翟伯认为，既然圣人楼的尺寸已经覆水难收，就该实事求是，从实用的角度看，侧翼两座足够使用的建筑将解决问题，像圣人楼那样尺寸的建筑对计划的用途来说太小了。至于什么"构图上的空白"，如果一座165英尺长的建筑还不足以充分填充南北两边上的空白，那么一边各两座尺寸减小将近一半的建筑，也不见得就会好到哪儿去。建两座建筑以改善"群组效果"的建议完全是从有利茂飞自己的角度出发——因为两座建筑的总容量远远超过一座，基于工程量的设计费也就会上升。[①]

茂飞讥笑翟伯根本不理解，在中国建筑中一加一不等于二，两座小体量的建筑之和并不等于一座大体量的建筑，翟伯完全错误地估计了两座建筑之间的空白对这个建筑群落布局的影响。两座已经建成的正方形平面的建筑，也就是甘德阁和麦风阁，每边长60英尺，有汇聚的屋脊，而边上的建筑将有100英尺长，屋脊线至少也60英尺长，将会是"在圣人楼和两阁之间合适的过渡"。茂飞最后辩白说，无论一座建筑还是两座，计算容量是按实际需要的房间数目和尺寸——而不是根据建筑师业务的需求。

茂飞体量稍小的圣人楼设计当然是个显见的疏漏，1924年11月22日，连温和的司徒雷登也对此做出了个人评价，他认为圣人楼其实一切都好，只是台基确实不够高。茂飞已经指出了这一点，司徒说，但是不妥的地方，是建筑师忘了造成这问题的根本原因是他自己没有预见到。

---

①   Stuart to North, 1926/05/15, B332F5081.

但身为建筑师的茂飞也有建筑师不可或缺的辩才，他告诉翟伯，谁说那些微末的高差就足以让圣人楼处于一个尴尬的、不显著的地位？

> 除非圣人楼能够放在一个5到6英尺的台基上，再加上栏杆（就像贝公楼的画那样），我们才认为这话有道理。[1]

言下之意，要真正使得圣人楼处于一个建筑群落上的统摄地位，就应该效仿贝公楼的做法，进一步强调这座建筑的复杂形制和无上等级，现在，反正学校也没计划把圣人楼建得如此富丽堂皇，那么那一点点高度上的差异又能产生多少区别呢？

似乎明显占有真理的一方——翟伯——在这种强词夺理的争辩中却不能占到上风。这位业余工程师只是想实事求是地解决问题，他本没把女校主教学区的学术建筑放在讨论范畴之中，因为觉得这些建筑和它们南边宿舍之间的风格区别本无所谓，宿舍是藏在一道连接它们东西两端的虎皮墙后面的。翟伯的这点含混之处，却被茂飞抓住不放，反咬一口。茂飞认为，那道宿舍区的矮墙根本不能掩盖两组建筑明显的不和谐，必须将学术建筑区其余建筑尺寸尽量减小，以有利整体群组上的统一——同时也有利于他自己的盘算。

两人唇枪舌剑，可以想象这样的讨论毫无结果，直肠子的翟伯对这种局面无计可施，一肚子恼火。茂飞却自以为得计，他复制了十三份——一个不吉利的数字——10月11日他和翟伯书面辩论的"补充备要"，到处散发和抄送给可能支持他的人们。"我认为这些相关论点

---

[1]　Gibb to North, 1924/10/22, B332F5075.

事关重要，建筑构图上的错误决不允许，决不能使得后方的决策者们首肯，要知道这些决策者是如此坚持建筑构图问题上的最高标准。"[1]

　　然而，正如我们上文中所提到的那样，茂飞在这种竞争中渐渐处于不利的地位。燕京大学现场指挥的真正"决策者"们逐渐看出，虽然翟伯辩不过伶牙俐齿的茂飞，但茂飞绝不像他自己所夸耀的那样，对中国建筑的风格和做法熟稔于心。1924 年 11 月 22 日，司徒雷登在信中提到，茂飞的第一个设计方案中"直的屋脊线"和中国建筑秀美的屋顶曲线显然大相径庭，燕大基建部门本来及时地发现了这个错误，茂飞却狡辩说，他只是不想增加学校的费用而已，但后来燕大自己改正了这个细节，也没有像茂飞所说的那样提高费用——显然，在这过程中茂飞损失了一些他的信誉。司徒雷登还提到，茂飞在邻近的一个校园——那自然是清华了——已经建造了一些比较糟的建筑。[2]诸如此类的事情，削弱了他们对茂飞的信心，使茂飞在水塔设计上的权威地位受到了动摇。

　　在早先，茂飞不遗余力地强调建筑群组的重要性，在他看来，塔，一种中国风景中的独特象征，可以像哥特式钟楼一样用来压住自己愿景中宏大的轴线。1924 年 11 月 22 日，亨利·路思却建议将水塔和动力工厂移离主轴线，他觉得这个不雅的烟囱最好不是特别扎眼，也不一定就得放在主轴线上，司徒雷登随之应和说，茂飞最初的设想，也就是严整排列在东西主轴线的一溜建筑，包括教堂、湖心岛、水塔，是"僵化"的，和中国建筑的真正趣味不符。"那条严格的轴

① Stuart to North, 1926/05/15, B332F5081.
② Gibb to North, 1924/10/22, B332F5075.

线，"司徒在信中写道，"恰如其分地中止于贝公楼。"〔司徒又写道，
当然，(与贝公楼)隔湖相望的那座体育馆放在这条轴线上倒也适宜。〕
但是，像塔那样一个装饰性的元素在中国设计中是不适宜放在轴线
上的。

意外之财

在燕大校园中，博雅塔本是一个可有可无的因素，由于上述纷纭
扰乱的考量，它的最终面目更是笼罩在一团神秘的迷雾之中。最终博
雅塔方案的敲定，凭借的不是建筑师茂飞先生的专业知识，也不是众
口不一的"中国风格"的指针，它取决于燕京大学哲学系教授博晨光
的叔父慷慨的馈赠，一笔我们上文提到的"风险投资"。

当估算表明一座"中国宝塔风格"的水塔的预算可能会大大超过
一座普通水塔时，燕京大学曾经打算放弃这个或许"出格"(司徒雷登
语)的想法。但1924年夏末，翟伯写信给燕京大学校董，称"一笔捐
款已经补足了一座'中国宝塔风格'的水塔和一座普通水塔的差价"[1]，
最终使得燕京大学校方敲定了这一方案。关于博雅塔方案的呱呱坠
地，这封署明9月17日的信件是最直接和清晰的"出生证明"。1924
年9月，就在燕京大学校方想到校园中的水塔不妨有一个中国宝塔的
形式，却又对它的额外开销感到犹豫的时候，博晨光远在美国的叔父
慷慨地应允，他将填补这建筑因出格而多有靡费的财政漏洞。

---

[1] Gibb to Moss, 1924/09/17, B332F5074.

虽然博晨光的叔父已经保证襄助水塔的建设，老练的诺思却在纽约担心，对于这样一个没有先例的尝试，目前人们估算的水塔开支或许并没有反映实际的情况。这也就是他事实上并不看好那座九层楼阁式塔的原因——即令它其实看上去要"中国"得多，他更担心的是，样子繁复的塔可能建造起来技术上要困难得多：

> 很可能这座塔会比那座更简单的塔花费大得多。这一点我想是很重要的决定性因素，尤其是它所需要的资金还没有完全到位的时候。[①]

那么，又是为什么，人们最终没有选择风格更加素朴的玉峰塔作为水塔的模板呢？要知道，茂飞早先曾经通过各种方式强调，燕京大学的东西轴线恰恰指向玉泉山上的这座塔，这风水先生勘地的典故，已经在燕京大学广为流传（我们也已经证明过这典故不太可靠）；而且，外形相对简单的玉峰塔建设成本很可能会比最终选择的密檐塔要低很多。听起来，玉峰塔的方案似乎是顺理成章的，类似玉峰塔的方案和类似那座楼阁寺塔的水塔形制，也已经分别出现在茂飞1920年年底和1921年年底为燕大绘制的规划图中。

很显然，通州塔是后来居上的方案。随着时间的推移，通州塔的重要性在逐渐增加——这种重要性是和捐助人的影响力成比例递增的：最热衷于这一方案的路思——其本人也是燕京大学海外筹款运动的领导者——和捐助人（博晨光的叔父）都曾在北京东郊通州的教会

---

① North to Stuart, 1925/01/26, B354F5455.

大学工作。[1]1925年1月20日，也就是诺思正在纽约面对前两个方案举棋不定的时候，翟伯写信给诺思，信中提到燕京大学已经获得地方政府的许可"测量通州的那座塔"——很显然他提到的是燃灯塔——他认为委员会最终会投票支持建造这种样式的塔，他们请了一个善于绘图的燕京大学学生司徒壮专程前往通州测绘那座古塔。[2]

注意，在此之前，尽管燕大工程处不断地提到中国宝塔方案的各种样板，却从没有正式测量过其中任何一座，诺思先前收到的那两张图都只是示意性的，而不是可以指导建造的蓝图。

1925年2月17日，燕大工程处给诺思寄去了通州的塔的测绘图样。

在司徒雷登1925年4月30日的信中，清晰无误地显现了博晨光博士（图37）的影响力，这位耶鲁大学毕业的博晨光博士曾经担任第一任哈佛燕京学社执行干事，和路思一样出生于一个宗教气氛浓郁的家庭。扮演了"老神仙"（Fairy Godfather）的角色的捐款人，就是他的叔父詹姆斯·波特（James Porter），一个将自己的生命奉献给传教事业的美国人，先前已经为燕大的发展做出过不少的物质贡献。如今，他显然更乐于将他的捐款用于这项不仅意义非凡，而且饶有趣味的工作：

> ……博晨光博士和他的叔父尚未如我们所认定的那样，
> 明确地表明将支付（修建一座中国宝塔样式所需的）全部

---

[1]　在北京至少还有另外两座著名的密檐塔与通州那一座风格相近，它们是宣武区广安门外护城河西岸的天宁寺塔以及阜成门外八里庄的慈寿寺塔。这两座引人注目的塔都是八角形密檐式砖塔，同样高13层，近60米。如果不是因为早期传教士和通州的关系，我们或许很难想象为什么燕京大学校方会舍近求远。

[2]　Gibb to North, 1925/01/20, B332F5076.

图37　博晨光博士

6000美元。但是毫无问题，我们之间已经就这个问题达成
了共识。而他许诺说，他叔父原捐给一般用途款项的1000
美元可以被算作建塔用途，这样的话，那么迄今我们就已
经有了3500美元，他可预见的是，他或他的叔父将补进额
外的2500美元。他的这番话明显是冲着刘易斯（James H.
Lewis），而不是他的叔父说的（否则他就给你写信了），换
言之，他认为这纯粹是一项管理上的问题。因此，我们应
该接着放手落实一切有关事项。[①]

有了这笔意外之财的保障，整个夏天，对于水塔的研究慢慢深入
到内部结构和功用的层次。有人提出，要在水塔里装上两部升降机，
有一部可以升到水箱的上面、水塔的顶端，另外一部则只能升到水
箱的底部——这又是路思的主意：他执着地认为，一座中国样式的水

---

① 　Stuart to North, 1925/04/30, B354F5458.

塔，哪有不让人登临的道理？[1]

基建部门感到为难，但并不是因为他们多么懂得中国建筑，认为密檐塔不该是座能登临的建筑，他们只是认为，密檐塔的狭小顶部只能开非常有限的窗户，似乎不值得为了这么一点微末的需要，而在安全和可靠性上花费如许的功夫。[2] 尽管如此，他们还是建议纽约托事部向奥的斯(Otis)公司征询一下，装两部升降机需要多大的内部空间。从1853年纽约的世界博览会开始，奥的斯就开始为各种不同的高层建筑设计升降机了，但是，这家那时已有七十年从业经验的公司，或许从来还没有接到过在一座中国宝塔里装设升降机的订单。

我们丝毫不感到意外，当工程处投票表决路思的建议时，多数人并不看好这个离奇的提议，同样，不是因为他们觉得这不合乎中国习惯，大家只是觉得，塔的体积有限，从塔上狭小的窗户看出去，也没什么好看的，因此这笔钱最好还是用在别的用途。但中空的塔里还是留下了一部螺旋铁梯，它为的多半不是满足路思的好奇，而是方便上塔检修水箱的工人。[3]

对升降机投反对票的人们是不无道理的。这水塔本来就是一个代价高昂的物事，一个别开生面但风险重重的实验，而实验总该是有所节制的。负责账目的黄先生曾悄悄地提醒翟伯，他觉得预算账面上可能有问题——因为人们对于这幢建筑的成败完全没有把握，在设计、

---

[1]　Gibb to North, 1925/07/29, B332F5077.

[2]　有不止一个人提出，要在水塔顶部开窗，以便登临者可以俯瞰观景，建成水塔的功臣博晨光博士便是其中的一人。"Meeting of Ground & Building Committee," 1926/06/28, B302F4698.

[3]　很多文献中提及燕大学生曾经"登临"此塔，杨振芝：《难忘的一周》，燕京大学45—51级同学《雄哉！壮哉！燕京大学：1945—1951级校友纪念刊》，1994年，378页。

施工和工程协理上必然要采取一种新的模式，黄先生建议燕大基建部门，先不急着签订承包合同，而是先让承包商做做看，以便检验出是否可以花更少的钱来完成这件事，免得在制定预算之前太过于盲目。[1]

讨论升降机方案的时候离宝塔的竣工时间已经不远，但远在纽约的诺思他们有些沉不住气了：

> ……鉴于水塔的异乎寻常的高花费，……我们建议你们考虑先单独立起水塔来，以后再加上中国宝塔的外观，在我们看来工程师一定能够做得到这一点……这并非是说要将中国宝塔弃之不顾，而是说先把水塔建起来，而对中国宝塔假以时日。[2]

但到了这么一个地步，博雅塔的竣工已在望中，它在燕京大学校园中的最终出现早已不再是什么疑问。就在1925年6月，一年前还对水塔的风格颇有微词的燕大工程师们，也已经决定"义无反顾地前行"，他们汇报说：

> 塔的基桩已经就位，一大部分基础也已经打好，用来浇注其他基础部分的模板骨架以及所有的加强钢骨也已经就位，第一层出檐的屋顶浇注了不多的几个斗拱。为这塔所寻觅的基地是如此恰当，以至于放别的任何水塔都不大合适了。[3]

① Gibb to North, 1925/06/09, B332F5677.
② North to Gibb, 1925/07/30, B332F5077.
③ Gibb to North, 1925/06/09, B332F5677.

从1924年8月算起——那时的司徒雷登一度"做好准备设计一座纯然西式的水塔，甚至连龙德洋行提议的中国屋顶也弃之不用"——到1925年9月，外表酷似燃灯塔的博雅塔基本建成，一切像是一个从天而降的奇迹，即使对于那些推进"中国化"最不遗余力的人来说，这个耗资不菲的实验也是一场难得的冒险——请注意，博晨光和他的叔父帮助凑齐的六千美元并不是营造水塔的全部费用，而只是补贴那个中国式外壳的费用。[①]

然而，一旦财政和其他实际因素取得平衡，这种新确立的标准就成为检验校园其他部分建筑风格的准绳。在他们看来，现在这块地方"放别的任何水塔都不大合适了"，连老派的中国人也把这座钢筋水泥的"洋"塔当作新校园风水的恩物。[②]

三十年后，在司徒雷登的回忆中，这一切听起来并不像是种种偶然因素的际合，而是一种经意的、不露痕迹的安排：

> 我对建筑这个话题的关注始于当时我们决定以改良的中式风格来建造燕京大学的教学楼。除了杭州西湖边特别美丽的那座宝塔和周边自然风景中坐落的一些庙宇，我对中国建筑没有特别注意过。直到我来北京之后……我立刻为

[①] 张玮英、王百强、钱辛波主编：《燕京大学史稿》，1208页。《燕京大学史稿》中所载的水塔费用无单位，按照其他可查的、有美元单位的建筑开支记录与《燕京大学史稿》所载数据的比例换算，水塔的耗费大约是35000美元，博晨光及其叔父捐赠的6000美元全数用来补贴水塔的新方案，耗费只多不少，也就是说，如果各项数据无误，为这个中国式外壳增加的费用（6000美元以上）可能是原有计划开支（29000以下）的20％以上。

[②] 1926年，出售"满洲人的地产"的陈树藩来到了燕大，对校园的访问使他得出结论，博雅塔显著改善了未名湖北岸的风水，会给他算计着在那里为自己建造的住宅带来大利。参见本书第四章。

北京城的庄严雄伟所着迷。北京的宫殿和庙宇以及附近的西山，以其大弧度的曲线轮廓和华丽的色彩，展现了中国建筑最华美的篇章。对我来说其中最有特色的就是线条的合理规划……另一个没有怎么被注意到的特点是，虽然中国的主体建筑都是严格对称的，但是却抛弃了单调和沉闷。亭台楼阁这样的自然建筑被精心地不规则的分布在各个角落，有的在山脚下，有的在假山边，有的在山谷中，有的在湖畔。所有建筑物都是星罗棋布地分散开来，没有任何规律。在燕大的校园，我们的建筑就是把中式的外景和现代的内部设施结合起来，象征着中华文化和现代知识的完美结合。[1]

燕大美丽的、富有中国韵味的校园和司徒雷登喜好"自然"之中建筑的个人趣味契合无间，现在看起来似乎是命里前缘。很多人都忘了西直门地产和农事实验场地产的希望破灭时，司徒雷登失落的一刻，也忘了1922年到1923年足足两年时间里，并没有人对茂飞那个洋味十足的规划说三道四，但后来一夜间，这美国式的洋派规划就突然显得"僵硬造作"起来了。

回头望去，司徒雷登，这位在燕京大学规划工程上比很多人都更实际和谨慎的神学博士，对中国艺术的传统竟然早已是"意"会于心的：

---

[1] ［美］司徒雷登著，陈丽颖译：《在华五十年：从传教士到大使——司徒雷登回忆录》，57页。

在讨论中国艺术的结语部分，我还要提到中国人在日常生活中对形式和色彩的灵活运用。庙宇和宝塔的建造地点总能选在风景最美的地方，"百工"体现了中国手艺方面的高超水准，男性着装优雅，普通商户和人家也透露出有序和美感。中国人撰写公文时，都要严格按照标准格式行文，情绪高昂时又能体现强烈的个人风格。我深深地感觉到，对美的欣赏植根于中华民族的血液里，也贯穿于中国人生活的方方面面。[①]

下面我来说说中国的艺术……这仅是我对中国艺术的一种喜爱之情。任何一个学习中国文字的人都会为中国的书法艺术感到由衷的钦佩。国画和书法也有很深的渊源。我没有专门学过但是却渐渐喜欢上了中国的绘画……我也特别喜欢青铜器……[②]

无论如何，一旦历史的尘埃落定，早先的种种纷扰和不确定便也一卷而空，一切又回到那个方便"宏大叙事"的笔直轨道中。1929年10月1日，燕京大学在海淀新校址上隆重举办了迁校的仪式，同时举办了开放参观的活动，到场者有外国使馆、国外大学的代表，中国各界要员、名流、各大学代表等，七十八个单位，数百人众。

刘廷芳博士代表学校做了郑重的建筑赠献仪式：

---

① ［美］司徒雷登著，陈丽颖译：《在华五十年：从传教士到大使——司徒雷登回忆录》，57—58页。

② ［美］司徒雷登著，陈丽颖译：《在华五十年：从传教士到大使——司徒雷登回忆录》，56页。

为了具有高度学识的教育，为了我们学生身心德质的发展，为了培养出符合中华民国的国家和社会生活需求的领袖

我们奉献这些建筑；

为了带领中国人民因真理得自由以服务

我们奉献这些建筑；

为了散播爱和分享基督生命的精神，直至中国终将为基督所赢得的那一天

我们奉献这些建筑；

为了弘扬国际友好和人类幸福，为了加快在大地上建立起神的国度，我们奉献这些建筑……①

在好客的主人的介绍中，燕京大学的新校园简直就是一座天然妙绝的园林，它有一个"在数个世纪之前由最初的艺术家从地表挖掘而成"的湖泊，挖掘这湖而移去的土转而堆成了"非规整地排列着"的小山，"继而，这些小山上种上了平顶的（flat-topped）松树，它们枝蔓的树杈组成的图案伸向天穹，赏心悦目。从西山采石场移来的叠石处处可见，显示出自然野性的一面，加上一两处天成的石窟，为这校园带来一点神秘感"。②

在为鲜花和绿荫所环绕的宏大典礼上，人们不再会注目于这幅美妙拼图下隐约的拼合痕迹。

---

① Dwight W. Edwards, *Yenching University*, p. 214.

② Dwight W. Edwards, *Yenching University*, p. 218.

第四章

燕园

第 一 节

修禊事也

乐园

就在搬入新校址不久的一天，燕京大学的师生们多了一项常规的
娱乐——看电影。周末，远离北京城的人们如果不想进城娱乐，在未
名湖中的小小岛亭中花两毛钱看看文艺片（其间还会插播学校自己拍
摄编辑的新闻时事），也称得上是一项难得的消遣。（图1）

这一天，播放了一部神秘的电影，名字叫作《淑春园的宝藏》：

皇帝没收了和珅的所有家业，不包括他的地产，就有
16000000美元，但是和珅的主要宝藏从来就没有找到过。
一个多世纪以来，一直流传着一个淑春园中有大量藏宝的
传说，全园各处都被搜遍了，为了寻宝，甚至湖边的石舫
也被移动了。

和珅败后，淑春园被分割赐给十公主和成亲王，1823
年，他们同一年去世，淑春园荒芜之后，它的辉煌的建构、
侈丽的凉亭、精美的茶庐倾颓在一片废墟之中，只有偶尔

图1　未名湖中的小小岛亭曾经是燕京大学的社交和文艺活动中心，彼时地势平坦的岛上的风景和今天迥异其趣

的寻宝者叨扰它的寂寞。①

　　和以上的这些叙述对应着的画面自然不会是和珅本人，而是校园生活的几个片断。说到"失落的宝藏"，平日里偏僻的后湖，突然多了几分神秘的色彩：

<hr />

① 　此处的文字出自燕大女校监制的学生电影脚本。耶鲁大学神学院图书馆藏燕大档案，Group 11, Box 318。

时光流逝，昔日的华厦今日已成瓦砾堆，即使在一片废墟之中，废园依然美丽。

和珅死后，一个多世纪过去了，园中突然出现了些古怪……①

镜头一转，几个像是寻宝者的学生演员蹑手蹑脚地出现在场景中，脸上还都带着狡黠的微笑。看到这里的学生们不禁交头接耳，他们当然不会相信他们的校园会有什么价值不菲的宝藏，这多半不过是个玩笑，但是，这部女校主任监制的、让人摸不着头脑的电影究竟搞的什么鬼呢？

但是，淑春园是不仅仅属于过去的……如果今天故园重访，和珅将会发现满洲王朝初年的尊严和洵美依然存留。沿着大路上行，他会突然看见两只石狮守卫着一座卷棚大门，入口的上方镌刻着光彩熠熠的四个金字"燕京大学"。

东西方的来客们，用这座有温淑春意的园子给人类带来春光，他们的发现，比和珅曾经拥有的金珠宝玉更弥足珍贵……②

银幕前面的观众们恍然大悟。

---

① 此处的文字出自燕大女校监制的学生电影脚本。耶鲁大学神学院图书馆藏燕大档案，Group 11, Box 318。

② 同上。

写到1926年燕京大学由盔甲厂老校初步迁入海淀，写到1929年燕京大学新校的正式迁入仪式，这本书已经交代了司徒雷登得到废园基地的因缘际会，交代了燕大校园里中国园林愿景的由来，交代了景观考量对于建筑营造的影响，交代了影响风格选择的实际因素——在一般建筑史的写作框架内，废园到燕园的故事似乎已经可以顺利结束了。

但是直到此刻，我们今天所熟悉的"燕园"图景依然还没有完全浮现。1926年之后，校景委员会其实刚刚开始他们的工作，由盔甲厂迁入的燕京大学学生们，还正徜徉在他们的新天地里不知所以。继续那个"瓶"和"酒"的比喻，这就像一瓶上好的陈年老窖，尽管少不了优质的粮食作为原料，尽管蒸熟、配料、蒸馏、过滤、陈化的工序少不了有经验者的监理，但时间才是最终的酿造师，瓶盖密封的刹那，一切不过刚刚开始。

建筑师们只感兴趣瓶子的外观，关心它是否配得上干白、XO，是否对得起五粮液、竹叶青，至于酿酒的工艺，他们谦虚地说，就不在他们的控制范围之内了。

"燕园"之于燕京大学的校园规划，最恰当的比喻并不是茂飞心目中可以截然分离的旧瓶新酒，而是融入酒中的"味道"。

什么是"园"？

有一种流传中的有趣拆字法，似乎很直观地图解了"园"的含义：所谓"園"者，就是一个框框里面，"土"加上"口"再加上"衣"（另说加上"人"或"木"），换而言之，一堵围墙、一泓池水、一堆土石。

1930年从宾夕法尼亚大学学成归来，却随即潜心于江南园林的童寯即如是说：

　　　园（园）之布局，虽变幻无尽，而其最简单需要，实全含于"园"字之内。今将"园"字图解之："囗"者围墙也。"土"者形似屋宇平面，可代表亭榭。"口"字居中为池。"衣"在前似石似树。[①]

　　其实很多园林并不一定合乎童寯的定义——当然，在他自己的上下文中，童寯也并不一定要把这个定义放大，成为很多后来者心目中"园林"的标准定义。

　　园林不一定是不规则的，且不说南方庭园中那些常见的方形池塘，紫禁城中的乾隆花园就比三山五园来得中规中矩；当然，倒过来一想，我们似乎也可以对凡尔赛宫花园的设计者安德烈·勒诺特尔（André Le Nôtre）说，园林也未必是规则的。

　　园林不一定有水，如果说日本京都龙安寺的"枯山水"中，多少还有象征性的海洋与湖泊，在日裔美国园林设计师野口勇设计的、位于耶鲁大学珍稀图书博物馆的雕塑花园中，就没有一点点水的痕迹，只有些极尽抽象的石头形体，搁在一坪白沙之中。

　　进一步地说，园林甚至也不一定和植物种植，或者真正的"自然"有什么必然关系。当代著名建筑师伯纳德·屈米（Bernard Tschumi）在法国拉·维莱特公园的中标方案，便是一个全然不以传统园林为意的城市公园，在那里人们只注目于一堆钢铁巨怪，而不见花花草草的

---

① 　童寯：《江南园林志》，中国建筑工业出版社，1984年，7页。

重要。

其实"园林"很难有一个笼罩一切的定义，正像陈植所说的那样，中国"园林"并不是一个充分涵盖其指称的文化现象的词汇。中国古籍中，语涉"园林"的词恐怕是无以计数，什么"园池""园林""宅园""花园""苑囿"等等，这些词汇既对应着不同园林的物理类别，也暗示出他们各自的社会功用，里面的千差万别很难用一个名词来概括。

陈植建议用动词换掉名词，在他看来，"造园"比"园林"要来得重要得多。①

和珅绮梦里的海上仙山旁遗落的，又在"满洲人的地产"上渐次造起的，自当是一座"乐园"。可是作为一所基督教大学的所在，"乐园"的乐趣，却不得不打扮成清规戒律之余的种种点缀。像"伊甸园"一样，燕园这个世外桃源般的所在充满了现代文明的种种矛盾：它亲近自然，却绝不荒芜；它有郊野生活的清心寡欲，却也不少舒适生活的一切便利。这种矛盾恰恰是乐趣的来源。

学校的规章制度虽然严格，却仍可有漏网之"鱼"：

> ……你忽然嫌食堂里面许久欠奉鲜鱼而馋涎欲滴，大可以持竿前往未名湖畔，钓它几尾大乌鱼养在浴缸里，等有空才带往常三饭馆去大饱口福……

---

① 陈植：《造园词义的阐述》，中国建筑学会建筑历史学术委员会主编《建筑历史与理论》第二辑，江苏人民出版社，1982年，108页。无独有偶，柯律格也强调说，园林实践既包括"制作"（making）也包括"消费"（consumption），这两者不是一前一后，而是互相促进的。

假如当你提着几尾大鱼时，恰巧司徒校务长迎面而来……他绝不会惊诧或露责怪的眼色，大概只是点头微笑，也许蔼然地说："这湖里的鲜鱼味道的确不错的。"[1]

经过校景委员会整治的未名湖和园外水道以水闸相连，湖水中的鱼大概不是从天而降。吃喝玩乐的第一条便是"吃"。一方面学校严禁"偷鱼"，另一方面，每年四五月间，每个馋嘴的学生都常在湖中"看到长长的鱼影（偏黑色）缓慢地升起来再缓慢地沉下去，人说那是大鲤鱼"[2]。法网恢恢，疏而有漏，但是看起来一切却是不露痕迹。

学校东门外的成府酒家，即大名鼎鼎的"长顺和"，号称"常三"，便是从未名湖中钓出的鱼儿的最终归宿，他们那里甚至还自酿一种本地出产的名酒"莲花白"，其味醇厚。常三的生意红火，不仅仅有自己的招牌菜，与北京城内各学校附近的小饭铺可以媲美，而且极会做学生生意，抓住了他们"打牙祭"的心理：

——善推新的菜色，而且多半以主顾的口味是瞻，什么"赵先生肉""黄小姐菜"，都是来客的发明。[3]可要是推出新菜色，一定趁机涨价，一盘红烧鱼可以卖到大洋一元——学生们不得不服膺老板为"狠人"。

——生意经灵活，可以赊账。学生的饭钱多半是家中汇款，常老

---

[1] 李素：《燕大学生生活》，李素等《学府纪闻·私立燕京大学》，194页。

[2] 杨稼民：《燕园钟声》，燕京大学校友会编《38班入学69周年纪念刊》，2007年，95页。湖中据说有放养的黑鱼和鲤鱼。

[3] 比如"黄小姐菜"就是松花蛋炒肉末，是一位姓黄的广东籍燕大校友发明的，见谭丽珠《往事悠悠》，燕京大学45—51级同学《雄哉！壮哉！燕京大学：1945—1951级校友纪念刊》，369—370页。

板和学生们故作交情深厚，其实是放长线钓大鱼，以至于早上的钱刚刚汇来，下午便进了长顺和的账簿；有学生赊得昏天黑地后，偶一计算钱数，才吓出了一身冷汗。常老板把学校的各宿舍楼的佣工都摸了个遍——为的是及时打听学生家中来汇款单的消息。

——善于察言观色，比起校园中换了一拨又一拨的学生，常三大概更熟知多年来校中的掌故。"凡今道貌岸然之老毕业生在校执鞭者，其当年之玩弄跳浪，绝不能不识常三"，但是常三颇识时务，经常伪称不认识这些娃娃教授，也把当年自己知道的那点底细撇了个清楚。

"常三"的伙食不真正实惠，燕京大学的食堂也本不差，经过营养学家合理配餐的"小灶"，让集体宿舍中住过的冰心惦记不已，可是校外的饭馆依然像未名湖中的鲜鱼一样，撩拨起学生们破戒的胃口。于是除了价钱不菲的长顺和，又兴起倪记、校西门外迤南的杨先生及其儿子所开的"平民化"食肆。燕京的"名菜"，除了常三的"坛子肉""溜黄菜""切盘叉烧肉""伊府面"，倪记的"何先生炒面"，还有杨记物美价廉的"肉丝汤面带卧果儿"，据说"嘉惠士林"一时脍炙人口……[1]

> 燕林春有大饭馆风，壁悬字画，多钟鼎篆隶，肴核丰美，曼华与郑因百每至，则呼鸡蓉（茸）豆腐黄焖肉白菜火腿汤等食之……
>
> 兴隆馆奇峰突起，生意初颇好，鸡绒（茸）菜花辣子

---

[1] 《燕大校友通讯》，15期，1993年7月，34页。赵蓉在《我在燕京》中也提到"何先生炒面"，燕京大学45—51级同学：《雄哉！壮哉！燕京大学：1945—1951级校友纪念刊》，372页。

鸡回锅肉等，颇可食，花卷包子，俱系甜皮，虽非纯蜀味，而大抵近之。

岭南馆与市场之东亚楼为联号，在兴隆之北，荣康祥隔壁，粤食肆也，以蚝油菜花加里牛肉驰名，红烧鲍鱼尚可口，其鸭粥虽故置油条于中，而绝非粤味，腊味饭火候欠匀……馆中雅座有联句曰"家乡风味，投机营饮食生涯，财恒足矣"，虽鄙俗，而寥寥数十字，颇能将巧贾形容画致，自岭南兴，兴隆馆顿萧索矣。

燕北馆今已闭，曩在第二食堂后庙内，每日卖煮水饺及炸酱面，其司账者系老学究，写账如誊奏折，小僮一，专司高呼传菜，冬夜呼声凄亢，闻之心烦。

中和月后，燕北馆设小几案于庭中，卖黄花鱼拌面，晚风拂面，颇有古寺只旅之感，自校垣筑成后，往食须远绕，而燕北馆遂不得不停业矣。[1]

原本简单粗粝的北方求学日子里，对吃的追求，是一种与少年生活相粘连的情趣，是一种苦中作乐的情趣。对囊底空空的学生来说，从常三处赊来的美味和校园的气氛不可分离，且不说，中秋节在未名湖中有岛亭聚餐的湖光山色，且不说学校附近果园中那令人垂涎欲滴的鲜果，这园中野生野长的风景里，本就有无数俯拾皆是的吃食：

---

① 微明：《枫湖丛话（一）》，燕京大学《燕大年刊》编委会编《燕大年刊》，1929年，155页。

燕园的树木茂密，野果遍布校园，学生们对于各种野果树的地点了如指掌。春天采樱桃、桑葚，秋天摘酸枣，冬天捡松子，草丛中有时意外的发现很稀罕的"赤包儿"和"豆腐蕈儿"……两棵高大的银杏树，成熟季节白果纷纷落地，发出刺鼻的臭味，但它的果仁烧着吃却清香无比。[1]

和灰暗逼促的北京城内老校相比，就像是换了个世界，野地里的燕京大学海淀校园为"吃"提供了别样的便利。对那些熟知校园的本地孩子来说，自然不仅如画，而且可口，像那十分可爱的枫树，"五角形的叶子，春天开满小黄花，嫩枝中有甜甜的汁，秋天落下带小翅膀的'爪子楂'，放在炉台上烤烤，吃起来特别香"[2]。

除了吃，就是玩。玩是分时令的，各个季节，特色有所不同。春天可以泛舟湖上：

轻舟短棹睿湖好，放乎中流，与良朋或情侣互诉心曲，多妙！花三十大洋就可以购置一艘小艇，不太贵吧？合资同乐，又何妨！你没看见东一群、西一撮，正在逍遥飘荡，桨声轻扬吗？[3]

---

[1] 张玮英、王百强、钱辛波主编：《燕京大学史稿》，599页。
[2] 赵汝光：《燕大孩子的课外活动》，燕京大学45—51级同学《雄哉！壮哉！燕京大学：1945—1951级校友纪念刊》，408页。
[3] 李素：《燕大学生生活》，李素等《学府纪闻·私立燕京大学》，207页。

冬天可以在溜冰场上驰骋：

> 严冬到了，湖水结冰。辟一角作为溜冰场，悬灯结彩，
> 近在咫尺，健儿们不假外求，昼夜都可以登场。瞧哪！冷
> 风萧瑟的冰场，也是温馨洋溢的情场。红男绿女，哥儿姐
> 儿，眼波含笑，粉脸微红，短衣窄袖，七彩缤纷。一个个
> 眉飞色舞地在大显身手呢。或追奔逐北，或随意回旋，花
> 式变化万千。或独行，或结队，或携玉手，作龙飞凤舞，
> 一泻千里的演出，岂不快哉！①

无论未名湖上的泛舟，还是溜冰场上的玩耍都并不是野小子们的
娱乐，而是文明人的游戏——野蛮其体魄，文明其精神，体育系系主
任黄国安是位美国"海归"，包括他在内的这批华侨子弟，为中国现
代体育培养了第一批真正意义上的运动员。（图2）盔甲厂时期毛家湾
5号的燕大校舍，院里好容易有块空地，洪业想到的便是立即将它铺
上水泥，改建成网球场。到了海淀，喜欢体育活动的人们有了四百米
跑道的田径场，足球棒球两用，两个篮球场，两个排球场，六个网球
场，1931年第一座（男生）体育馆落成使用，1933年又建成了第二座（女
生体育馆），网球场增到二十个，而当时全校男女学生不过五百人。②

各种现代意义上的体育运动，在燕京大学的校园中都开始变得为
人所知：

---

① 李素：《燕大学生生活》，李素等《学府纪闻·私立燕京大学》，207页。
② 林启武：《黄国安与燕大体育系》，燕大文史资料编委会编《燕大文史资料》第二辑，
258页。

图2　燕大冰球队在湖上和来访的美国的大学选手进行比赛

高惠民长身玉立，名网球家也，技既精绝，而临阵复能腾闪镇静，有时旁人为捏一把汗，而君独泰然化险为夷，良不易也。

……

古志安白端，俱善长跑，戊辰冬，卞凤年曾在校，三君俱为足球选手，驰蹴精捷，田秩曾任玲逊唐秉亮掷篮球有盛誉，铁饼推大徐，其抛掷前之转身，颇不易习，标枪赵启明曾一度夺标，跳高高惠民尤推上选。[1]

燕京的学生中，有今天被人们称为"大玩家"的王世襄，虽然说得流利英语，受到良好的西式教育，同时却也沉醉于提笼架鸟、收藏

---

[1]　微明：《枫湖丛话（一）》，燕京大学《燕大年刊》编委会编《燕大年刊》，160页。另见徐兆镛《燕大的趣闻轶事》，李素等《学府纪闻·私立燕京大学》，237—238页。

古代家具这些看来似"不务正业"的爱好。这些爱好未必是学校所提倡的主业，也不是所有燕京人都有福分消受，但是这个远离各种势力纷争的北京城的校园，却确乎比其他院校更有足够空间，把旧日消闲生活中的趣味带入公共生活。

> ……梅派的真正传人的（梅）绍武同学登台，大家总认为他要来几段地道的梅派京剧，有人还嘀咕，难道唱成英文的？谁知他却是说相声。捧哏的……问："你西语系的，知道英文'缸'怎么说？'"梅说："那有什么难？缸不是嘛？外国人叫 gongbipention（缸比盆深），于是就有 penbiwantion（盆比碗深）。"捧哏的说："我也会了 wanbidietion（碗比碟深）。"台下笑成了一片。后来又说水果，"香蕉呢？""bapichi（剥皮吃）。""葡萄呢？""tuhuchi（吐核吃）。""我也会了，橘子叫 bapituhuchi（剥皮吐核吃）。"①

自然，燕京大学的"中国式"景观要有中国式的游乐，才像一个中国式的"乐园"（pleasure garden），这种比附即便牵强附会，却可以有效地将自身与对旧园林的历史记忆联系在一起。在燕京大学迁校不久后拍摄的新闻纪录片里，所谓"曾为皇家表演的旗人"在结冰的

---

① 谭丽珠：《往事悠悠》，燕京大学 45—51 级同学《雄哉！壮哉！燕京大学：1945—1951 级校友纪念刊》，369 页，标点和字母大小写略有改动。梅绍武，1928 年生于北京，原名梅葆珍，父亲是著名京剧表演艺术家梅兰芳。1952 年毕业于燕京大学，是著名的英美文学翻译家。

湖面上做起了花样溜冰表演。① 毫不奇怪，设计并最欣赏这种"皇家游乐"的，是燕京大学的外籍教职员工。此外，白瑞华（Roswell S. Britton）是最初设想在湖上设置几条"上海式"的小船的人之一。尽管没有人清楚，为何要在北方园林中放上几条"上海式"的小船，白瑞华却坚定地相信这"会给（燕大校园）带来美观上的好处"，并坚持，应该由那些"先前的皇家工匠"来制造这些"16英尺长的小画舫"（house boat）。②（图3、图4）

图3　给早期西方殖民者留下深刻印象的中国风景中的"画船"

来源：Paul Decker, *Chinese Architecture, Civil and Ornamental.*

---

① Film edited out of "Yenching movie," B388F5757.

② Roswell S. Britton to Stuart, 1926/10/25, B345F5465.

图4 水塔下的新的"画船"

　　乐园之中自然也少不了男女之情。(图5)燕京大学是头一批实现男女同校上课的中国高等教育机构之一，而"校花""校草"这些今日少男少女们喜欢的话题，早在他们的曾祖母那一辈就已经深入人心了：

　　"一九二八，燕大之花。"……这班里美丽的女同学最多，尤其是有名的蓝馥清、许畹君……还记得蓝馥清上俞平伯的现代文学班，我也在那班里。那班人数很多，约八十人，在盔甲厂神学院大礼堂上课。俞先生……那时是个青年作家兼讲师，常常穿了一件灰色长袍，戴一副没边的眼镜，说国语带江浙口音。每次上课先点名，因为班上人数多，他每叫一个名字，听见答声"到"，没时间抬头观望，便叫下面一个姓名。某同学告祈我：他注意俞先生每次叫蓝馥清，必定抬头瞧瞧。我们男同学侧身在"燕大之花"的班里，自然觉得光荣，但我们只算是"燕大之叶"或"燕大之草"罢了！[1]

海淀时期燕大的开放程度可以向美国教育机构看齐。[2] 博晨光叔父捐赠的湖边"十三级（姊）"的那座水塔，成了有心寻觅意中人的男女的圣地。跳舞在美国学校本是件平常事，但20世纪20年代的中国大学当中，能够准许校内举行男女舞会的，却只有燕大：

> 本校男女社交，向极公开。同班上课，同组比赛。姊妹楼内椅背特高，男女并坐，各有所属，视若无睹。夕阳西坠，或皓月初升，携手同行，"溜达溜达在湖边"。遇者亦司空见惯，毫不惊奇，决不饶舌，广为宣传。司徒先生赴美，临湖轩私邸由黄国安伉俪管理，可借宴客。作者当时只费每客七角半，可享西菜全餐，并可跳舞。后周末每在男生体育馆举行舞会，一部分守旧教授，稍有意见。司徒先生言曰："本校学生赴城内北京饭店跳舞者特多，深夜返来不便，为何不让在校内举行？"其明朗处有如此，不胜钦佩。[3]

---

① 徐兆镛：《燕大的轶闻趣事》，李素等《学府纪闻·私立燕京大学》，232—233 页。

② 陈礼颂谈到，在燕京大学定下终身的青年情侣有好几种方式结交，世交、表亲、同学同系、同乡、学生会同事、旅行游侣，然后就是滑冰时认识。陈礼颂：《燕京梦痕忆录》，李素等《学府纪闻·私立燕京大学》，229 页。

③ 刘欢曾：《读燕大的想与心得》，李素等《学府纪闻·私立燕京大学》，288—289 页。

图5　时髦的男女情侣

　　为年轻恋人们留出一块自己的天地，是燕大人彼此的默契，用燕园中的行话来说，这不容他人涉足的天地就是"Legation Quarter"（租界），校长司徒雷登也一再成为终结良缘的情侣们的证婚人。只有好奇的小孩们——多半是燕大职工的子女——不大"宽容"，他们时常唱着一首改编后的美国民歌《溜达溜达在湖边》，挤眉弄眼地，给偷偷"溜达"在湖边，原本彼此有点尴尬的男生女生添乱：

　　Romona（罗蒙娜）上课铃已打了半天

　　Romona 你怎么还不来上课？

　　我爱你，我要你，我一分钟也离不开你！

　　你不来听 lecture（课），我一个字也听不进去！

　　Romona 我带你去"常三"吃饭。

　　吃完饭我们遛（溜）达遛（溜）达在湖边

Romona 我心真爱你！ ①

孩子们并不认为自己是在给他们捣乱，因为"独乐乐不如众乐乐"。假使一个人的个性成长需要扩大社会交往面，他的个人隐私就只好受些委屈，这"乐园"因此建立在一种半强制的集体生活上，这一点，就是非常在意个人自由的西方人也不能例外，大多数的美国大学会要求所有学生至少在大学一、二年级时住在学校指定的宿舍中。

像未名湖里的漏网之鱼一样，这种"起哄"的文化被设计成大学集体生活的一部分。

"莫春者，春服既成，冠者五六人，童子六七人，浴乎沂，风乎舞雩，咏而归"，在当代社会的情境下，"乐园"是否还有可能和教育切题？寓风雅于游乐的聚会，是王羲之《兰亭集序》中所说的"修禊事也"，在燕京大学的新校园中，虽然没有崇山峻岭，却也有茂林修木和清流激湍，还多了些西洋的丝竹管弦，只是"仰观宇宙之大，俯察品类之盛"的目的不仅仅是"极视听之娱"，还是为了贯彻"寓教育于生活"的东西方共通理想。既然是真实的生活，就不能不包括它的所有禁忌和乐趣。

中国老师，尤其是大牌老师，已经习惯将在家中招待客人作为探讨学问的一种方式。《中国文学批评史》一书的作者、中国文学批评

① 吴荔明：《燕园的孩子爱燕京》，燕京大学45—51级同学《雄哉！壮哉！燕京大学：1945—1951级校友纪念刊》，399页。

史家郭绍虞担任燕京大学国文系系主任时，便常在朗润园的家中招待客人。"……（郭府）地处幽静，加上主人的高雅，不知道吸引了多少学生、教授、外宾。一时郭府成为学术交流的重地，交际活动的中心。"郭师母显然是烹饪高手，"拿手的江南糕点，脍炙人口，苏州水饺，尤名噪燕园"。每年圣诞之夜，都会有挤不动的人前来光顾，直到食物吃光为止。[①]

据说，听教授们在优美的园林中谈天说地，谈笑风生，不仅有机会吃到美食，还可以增长很多书本上见不到的知识——至少在肚子有收获之余，还可以学到西方人的社交做派，参加西语系主任柯安喜（Ms. A. Cochran）的西式冷餐会便是如此。[②]还有那位喜爱中国园林的包贵思，她在军机处清朗小院中的"晚山园会"，以及心理系的教授夏仁德（Randolph L. C. Sailer）家中的"茶叙"，这些都成了"乐园"之中别样的课程。[③]

传统的书院建筑在尺度和功能上都无法和现代意义的"校园"相比。"校园"（campus），首先是对美国大学校园，特别是那些处于郊区自然环境中的大学的模仿。然而，20世纪二三十年代燕大规划的历史遭际，使得它的"校园"无法完全是西方意义中的开放式campus的翻版。"乐园"，同时也是在围墙之中的禁地。

---

①　张云笙：《缅怀恩师郭绍虞先生》，燕京大学38班同学《燕京大学三八班入学60周年纪念专刊》，1999年，18页。

②　谭丽珠：《往事悠悠》，燕京大学45—51级同学《雄哉！壮哉！燕京大学：1945—1951级校友纪念刊》，369页。

③　杨稼民：《燕园钟声》，燕京大学校友会编《38班入学69周年纪念刊》，94页。

在英文中，"校园"的对应词 campus 所指的，不仅仅是教育机构的地面，也可以用来指一般医院、研究机构或公司的领地，只要它们像校园一样，有着自己大致的边界和自成一统的内部组织——比如著名的谷歌（Google）公司位于加利福尼亚州芒廷维尤（Mountain View）的总部就可以称作 campus of Google。和中国校园不一样的是，campus 不必有分明的界线和围墙，不必与世隔绝，而当代汉语对于学校所在地的一般称呼"校园"，字面上即暗示着一个封闭的、与社会绝对分离的象牙塔的存在。所以初学英文的中国人容易把"在校园上"（on campus）误写成"在校园里"（in campus）。

美国建筑师茂飞设计的燕京大学的校园，和它基址上的旧日园林不一定完全对得上号，可是说它是美国式的 campus 也不尽准确，因为今天的燕园实实在在是一个中国式的"校—园"。

在物理和象征两个层面，燕大的校园都是一个远离现实社会的小世界。20 世纪前半叶出现的政治乱局里，外面的北京城常常闹得天翻地覆，"乐园"里面却风平浪静、自成一统，这种自在的局面，只是在 1941 年到 1945 年太平洋战争的短暂四年里有所中断。环绕燕京大学校园的围墙后面，大学的美国背景和大多数学生家庭的优越条件，以及学校严格的安全措施，使得它的教学生活不至于受到外界兵荒马乱的干扰。

在燕京大学购入"满洲人的地产"的时候，各个园子四周已经为一圈虎皮墙所环绕，虽然它们有些破败坍塌，防不住胆大妄为的盗贼，但安全感良好的燕大美国管理机构本没有打算将整个校园的围墙连缀起来，只是在学校的四周粗粗地以一圈铁丝网为界。[1]

然而，1922年直奉战争的爆发提醒了校方，即使是北京郊外这荒僻的废园也不见得是安全的世外桃源。1924年第二次直奉战争爆发，11月24日，张作霖率兵进京，第二年5月，奉军进驻北苑和西苑，一年之后，再次入京……直到1928年4月，奉军被蒋、冯、阎、桂四大集团合击而全线崩溃之前，张作霖的部队对京畿的骚扰从来没有停止过，人们对那些个"妈了个巴子不要票，脑勺子是护照"的东北乱兵的恐惧和憎恶之情，都反映在冰心的几部小说，比如《冬儿姑娘》《到青龙桥去》之中。[2]

鉴于这种形势，燕京大学开始着手修建环绕学校的围墙，在物理上把学校和外面的世界隔离开来。1927班同学毕业时，墙尚在砌造中，鸠工庀材一共需要一万七千大洋，这围墙以后又逐渐扩展到校园南部的南大地（燕南园）、朗润园等等。[3]

作为外国教会在中国创办的最大学校，燕京大学是一个宗教气氛浓郁的教育机构。因着它的著名校训"因真理得自由以服务"（图6），美国人创办的燕大，对当时中国学生的反帝运动一定程度上持开明的支持态度；可也正是这种普遍的宗教气氛，使得燕大在代表美国社会主流意识形态之一的自由主义精神的同时，更强调社区精神和向心的凝聚力，以及一种含蓄、内敛却独善其身的秩序，这种特点，也暗合

---

[1]　1925年初夏，中国和外国员工都同意，没有必要在学校的周围整个围上一圈围墙。"The Report of the Construction Bureau to the Board of Managers," 1925/06/13, B332F5077.

[2]　冰心：《冰心选集》，93—98页，155—159页。

[3]　陈允敦：《燕大早期情况一束》，燕大文史资料编委会编《燕大文史资料》第九辑，12页。

图6 燕大校训
来源：哈佛大学图书馆。

它世外桃源的实际。

对中国社会而言，燕京大学的"社区精神"是一个新的东西。精致的"乐园"虽然隔绝于社会之外，却是一个组织健全的小社会，一个别样的社会——在这一点上，它和男性家长独享的大多数中国园林绝不类似，却和西方"幼稚园"（kindergarten）的概念有某种联系，这种相似透露了燕园这"中国园林"里的某种西方精神，也和基督教的文化相契合。

某种意义上，学生们并没有被看作有独立思考能力的成人，而是伊甸园中那心智并未开化成熟的亚当和夏娃，甚至可以说是某种小动物，他们在放任于山水之间的同时，也需要严父慈母般的导师家长的关爱和悉心呵护。在"受礼"之中"犯戒"，拿西洋便利搭配了中国闲适，由调侃个人隐私带来公共乐趣，借着"讨论学术"享受口腹之欲——这半开半掩的"乐园"之趣来自围墙和自由之间。

如画

20世纪30年代，燕京大学招收了大批出生在海外的华侨学生，这些人很多来自东南亚诸国，有的甚至生长在太平洋中的夏威夷群岛，对他们来说，北京四季分明的大陆性气候还是头一遭遇到。终年不见冰雪的南方人往往冰雪不分，以至于把冰叫作"生雪"，冰激凌叫作"雪糕"，冰棒叫作"雪条"，如此，北国的园林便给这些南国子弟带来了别样的生活经验。① 出生在泰国，受教育在燕京的历史学家陈礼颂后来打趣说，这就应了古书上的话——"夏虫不可以语冰"，北京大概农历十月份之后就开始降雪，降雪时天色阴暗，雪絮纷扬，北方人看了无动于衷，南方学生便会啧啧称奇，精神抖擞地跑出去打雪仗了。

雪后的校园是如此入画、如画。（图7）

图7　雪后燕园，景物的三维空间感为黑白的图地关系所削弱，显得更加"如画"

①　参见林明广：《侨生忆燕园》，燕京大学45—51级同学《雄哉！壮哉！燕京大学：1945—1951级校友纪念刊》，338页。

夜雪于灯光反映之下，寒光照射，格外明亮。迨校内积雪没胫之际，大地皎洁，皑皑如银，树桠则宛若玉树琼枝，其未为雪所蒙盖者，则显出阴暗之色，于是黑白分明，俨然一幅泼墨之山水画，或西洋之黑白画（silhouette）矣。[①]

自然绝非仅仅为人类而存在。但今天，我们看燕京大学的旧风景照片时，或许能领会陈礼颂彼时彼刻的感受：一片白茫茫的雪原中，奇迹般地升起了几座朱红翠绿的亭台，枯树零落的枝条仿佛八大（朱耷）、青藤（徐渭）散乱淋漓的笔墨，在那微妙的时刻里，人造世界和自然世界的逻辑似乎变得出奇一致了。（图8）那也就是贺拉斯·沃波尔（Horace Walpole）评论18世纪英国著名的造园家威廉·肯特（William Kent）的名言：

图8　雪后的燕园嫣红柔绿，宛如一个失落的遥远世界

---

① 　陈礼颂：《燕京梦痕忆录》，李素等《学府纪闻·私立燕京大学》，218页。

他越过樊篱，看出自然是一个伟大的园林。[①]

（He leaped the fence and saw that all of nature was a garden.）

强调中国园林须有"画意"的大有人在：

中国园林是由建筑、山水、花木等组合而成的一个综合艺术品，富有诗情画意……中国园林的树木栽植，不仅为了绿化，要具有画意。

——陈从周

中国园林最鲜明的民族特色是园林中意境的创造，而意境的创造，必须要有丰富的文化内涵，通过"诗情"与"画意"将传统的审美观与自然景物作密切的结合，达到"情与景融，天与人合"。

——朱有玠

"诗情画意"是中国园林的精髓，也是造园艺术所追求的最高境界。

——周维权

---

① Isabel Wakelin Urban Chase, "Horace Walpole: Gardenist; An Edition of Walpole's 'The History of the Modern Taste in Gardening'," in *Art Bulletin*, Vol. 27, No. 2, pp. 156–157.

这其中，影响最大的莫过于叶圣陶的《苏州园林》[①]一文，叶圣陶不仅仅提出"园林是美术画"，而且还力图证明"各个角度看都成一幅画的效果"。池沼里养着金鱼或各色鲤鱼，夏秋季节荷花或睡莲开放。游览者看"鱼戏莲叶间"，又是入画的一景。

《苏州园林》一文影响广播，当然是因为被选入了中学课本。中学老师们未必是中国园林的专家，甚至也常和中国绘画无缘，他们不会去考究这篇文章的专业意义。可是，从行文逻辑的角度，他们会不厌其烦地向学生们解释："作者为什么说中国园林具有画意""中国园林的主要特点是什么"……今天苏州园林成为中国园林的代名词，叶圣陶功莫大矣，而这些未经澄清反思的结论，往往成为一个人一生中稳固的"常识"的一部分。

用平面、立面设计的结合控制视点，是一种传统中国建筑设计中很常见的手段，经常举到的例子是故宫、十三陵、天安门广场，在这些仪式化的空间里，随着公—私、主—仆、尊—卑这些建筑使用中清晰的社会关系，视点的对景关系带来了建筑空间的"标准像"和典型的观览方式。[②]

在另一些更私密而适于人居的所在——比如私家园林，空间的观览者往往不会停滞在某一个时刻和某一条路线，观看者和被观看者之

---

① 1956年，同济大学出版了陈从周教授编撰的《苏州园林》图册，叶圣陶购买了此书，两人于近20年后相识，《苏州园林》一文原为叶圣陶1979年为陈从周《苏州园林》一书所作序言。

② 东西方设计方法的区别与其泛泛地归结为东西方文化的不同，毋宁解释为社会生活情境的差异，无论东方还是西方文化本身并不是铁板一块。对艺术作品中所体现的对于风景的观察和体验方式，可以参见马尔科姆·安德鲁斯的历史考察。Malcolm Andrews, "Framing the View," *Landscape and Western Art*, Oxford University Press, 2000, pp. 107-128.

间的动态关系，也不是静态的摄影镜头所容易描述的，因此就有了"各个角度看都成一幅画"的印象。

但是，大多数人可能都没有认真地去想过，将二维的表现"翻译"为立体的图画，不是件可以想当然的事情。

从苏轼评价王维"诗中有画，画中有诗"的那一刻，关于不同艺术门类之间的"通感"就已经深入人心，中国文人传统更是以能够出入诗、书、画、乐为殊荣，钱锺书论通感的专文《通感》便是其中著名者之一。但是这种说法也遭到一些"较真"的人的反对：

> 就诗中有画的命题本身看，"画"应指画的意趣，或者说绘画性……它在诗中的含义有三重：其一，重视提供视境，造就出意境的鲜明性；其二，以精炼的文字传视境之神韵、情趣；其三，"虽可入画却难以画出的东西，入之于画为画所拙，入之于诗却为诗之所长、所胜，因而非'形'所能尽，而出之以意。"第三重含义又分为两个类型：一是动态的或包含着时间进程的景物；二是虽为视觉所见，但更为他觉所感的景物，或与兼表情感变化有关的景物。……历时性的、通感的、移情且发生变化的景物，实际上是不能充任绘画的素材，而且根本是与绘画性相对立的。[①]

乔钵更直截了当地说："诗中句句是画，未是好诗！"而勉力作

---

① 蒋寅：《对王维"诗中有画"的质疑》，《文学评论》，2000年04期。

"诗"的画，用徽州画家程正揆的话来说"画也画得，就只不像诗"。如果将这种观点移植到园林和画的议论上，简单地说，任何艺术门类都有自己的所及与不及，从施工操作的角度来说，"各个角度看都成一幅画"的园林，几乎是不可能实现的，包罗万象的"立体的画"本不是画。

在中国艺术传统中，"景"不仅仅是静态的画面，还寓示着观察者和观察对象之间的某种特定交流。"如画"的视觉经验并不是照片上那呆板的框景，而是一种因退身观览而产生意义的特定时刻。[1]

司徒雷登在回忆录中不无得意地说，燕大新校址建筑完成后，很多年来，凡是来参观的人，都夸赞燕园是世界上最美丽的校园，在评价司徒雷登毕生的成就时，著名教育家胡适也说燕大"是校园最美丽的学校之一"[2]。但"世界上最美丽的校园"，这句话是否夸大？后来，一位曾经去过世界上无数所著名大学的燕京毕业生给出了这句话的注释，他的理由是：

> 燕大校园具有天然美丽，加上人工建造，假如只有天然美丽，不加人工修饰，便近于"野"，反之，假如完全人工修饰，没有天然美丽，便近于"俗"。燕园的美，在有湖光山色，配上美仑（轮）美奂宫殿式的建筑，宏伟雅致。园

---

[1] 参见 John Dixon Hunt, *Greater Perfections: The Practice of Garden Theory*, University of Pennsylvania Press, 2000。园林史家亨特在这本书中的"再现"和"词、像中的园林"两节中从相反的角度说明了园林和文字再现，以及意义表达之间的关系。

[2] 胡适：《〈在华五十年：从传教士到大使——司徒雷登回忆录〉引论》，［美］司徒雷登著，陈丽颖译《在华五十年：从传教士到大使——司徒雷登回忆录》，文前3页。

里春夏秋冬四季都有佳景；无论晴阴雨雪，也有乐趣，决不单调。这样美的环境，令人陶醉。[①]

这段话一语道破了天机，燕京大学校园的美不仅仅是纯出天然，它是两种环境的复合，既是悉心建筑的人工世界，又是连接蛮荒风景的自然天地——同时，他没有说出的是，这校园还同时处在好几种变化的交集点上：在这里既可以感受前朝胜景，又可以看到西洋风致，既可以享受荒野生活的新奇乐趣，又可以用文明世界的经验发掘出这风景中的意义；最后，重要的是，围墙里的"乐园"既是一个稳定安全的居住地，对于那些少男少女而言，它又是一个不断生长，而且有明确始终的时间意义的场所。

换句话说，说这校园"入画""如画"，焦点并不在"画"上，而在于和"画"相关的动词——"入"和"如"——所催唤起的特殊生活情态中的时间因素。

对这"世界上最美丽的校园"的感受指向一种特殊的阐释框架，一种一般校园都具备而此处尤佳的不断变化中的心理机制，在海船报时法[②] 半小时一鸣的钟声之中，紧绕湖边"富于魅力"的小径，道旁种植垂柳花草，时而穿过起伏的土丘，时而跨过镶有精美的、来自圆明园的石刻的小桥，在校园的爱侣聚首之中，系着一群年轻人生命的成长：

---

① 徐兆镛：《创校的艰辛》，李素等《学府纪闻·私立燕京大学》，64—65页。
② 每逢4、8、12点，各敲8下，4:30，8:30，12:30各敲1下，以后每过半小时多敲1下，每敲满8次，又重新开始一次轮回。

姐妹楼为湖上交际乐园，级社茶会，契友相聚，例于彼间行之。楼下堂三楹，雕修缮饰，颇极巧技，玲珑相望，辉映溢日，凭窗西眺，玉泉万寿，尽来眼底，佳侣盘桓，可以忘岁，据言楼中有时计一，或云其速，或云其缓，春宵华筵，歌乐杂佐，清谈未几，夜已及央，则惊其速，良朋悠邈，搔首立伫，虽才瞬息，便觉经年，是讶其缓，大抵罗曼韵事，姐妹楼实为滥觞……[1]

　　姐妹楼（姊妹楼）指的是女校的南阁（甘德阁）和北阁（麦风阁），正是借景西山的地方，在七十多年前的当时从会客室的窗中远眺，当能看到"玉泉万寿，尽来眼底"。（图9）

图9　凭窗西眺，玉泉万寿，尽来眼底

① 　微明：《枫湖丛话（二）》，燕京大学《燕大年刊》编委会编《燕大年刊》，1929年，171页。

走廊尽处就是一间很宽的会客厅，真个是雕梁画栋，滴翠流丹，金辉玉映，富丽极了。梁间悬挂着一对对的宫灯，彩色缤纷，光线柔和，略带点朦胧意味……而且这厅堂三面都是玻璃窗，遥望远山近景，都足以娱心悦目。[①]

但更重要的是，姊妹楼还是女生会见男宾的地方，这就是"佳侣盘桓"的由来：

（梁间悬挂的宫灯）下有一套一套的沙发椅，各占一方。不知是谁的巧安排，可谓心细极了，椅子的靠背都是特别高的，就像咖啡室的卡座，窝藏着一对对情人，有自成一国之妙。尽管这偌大的厅堂里座无虚席，但每一对都可以自适其适，各不相妨；或轻谈，或浅笑，尽可恣无忌惮，享受一番……楼外有池塘荷影，有丁香蔷薇，门前多绣球芍药，风光绮丽，花气氤氲；加上绵绵不绝的甜言蜜语，眼波欲醉，笑眼生春，温馨与神秘兼而有之，这就难怪许多人都曾在此陶醉过来。[②]

情侣们卿卿我我的忘情之时，尴尬的管理人员不得不用闹钟来提醒他们分离的时间。青春年少加上良辰美景，这才是"如画"经验的最大保证。和恋爱时节相仿，"如画"并不是一个稳定的状态，而是

---

① 李素：《燕京旧梦》，62页。
② 同上。

个体生命在黄金时刻对身外世界的不断体认。

> 少年心绪，易为情绪，矧乍来湖上，如入五都之市，初值而惊丽，拳拳探姓字，于是镌名笔端，印影脑海，或祷拜神祇，乞邀垂青，倘蒙睐顾，期遍罗今古中外之诗歌妙语，崇之为神，仪之日后，课室影场，得连屐之欢，图馆圣楼，有偕步之喜（，）人惊其浊世，我见而犹怜，既而默识同心，盟成有日矣，其无幸运者，虽献礼甚虔，而伊人却如海上三山，不可引近，失意之余，则披发佯狂，唏嘘跌足，故湖上老钓叟，只知薄其爱染，不言烟雨风波，非无故也。①

新文化运动已经过去了十年，爱好旧体诗词的人们虽不在少数，但新文学已是一时的风气。而燕京大学的学生却一反常态，颇有些"枫社清流以词相酬唱"的风气，唱出了"莫将残照入新词"的歌吟。②

这些学生中不乏西装革履、生活优裕者，他们有不错的英文根底，却频频出入于花间珠玉的古代世界；这些青年本没有理由成为逃世主义者，却会在"乐园"中整天发着似乎不切实际的感喟；他们有人正值血气方刚，却有了"也有空花来幻梦"的低唱……

这些为赋新词的优柔或许不应当受到责备。在那个特定的物理环境中，这些温婉绮丽的词句反得到了更好的理解，年轻的学生们将他

---

① 微明：《枫湖丛话（一）》，燕京大学《燕大年刊》编委会编《燕大年刊》，159 页。
② 微明：《枫湖丛话（二）》，燕京大学《燕大年刊》编委会编《燕大年刊》，171 页。

们面对的新的视觉现实纳入一个恰如其分的文本中：

> 平西郊外，海甸乡中，十顷庭园，林木蔚郁，百里湖
> 山，烟雨迷蒙。华屋星罗，有如帝子之殿；亭台棋布，仿
> 佛王者之宫。暮揽西山之夕照，落霞片片；夜窥东冈之新
> 月，明星点点。涟漪波光，摇漾于前湖后湖；晓雾残云，
> 掩映于小岛大岛。塔耸于东，与烟突同凌霄汉；钟悬于西，
> 合棋杆共参云表。[1]

在这烟雨迷蒙、晓雾残云的十顷庭园中，年轻的园居者们所出入
的却是"广场、宿舍、科学馆、课室楼"，与这里的庭院历史上的主
人不同，他们不再纯然是终日闲居的游园者了：

> 莘莘学子，咸负笈以来游，芸芸士女，亦联翩而莅止。
> 听钟鸣而惊醒，闻铃声以趋跄，蹀躞道路，出入课堂，如
> 蜂碌碌，如蚁遑遑。[2]

或者是：

> 平湖一片琉璃滑，刃逐云车；
> 人舞飞花，紫色巾扬翠袖斜。

---

① 李素：《燕大学生生活》，李素等《学府纪闻·私立燕京大学》，207页。
② 李素：《燕大学生生活》，李素等《学府纪闻·私立燕京大学》，207—208页。

夜来灯月相辉映，俪影参差；

语笑喧哗，不到更深莫返家。[1]

古色古香的建筑创造了一个神话梦境般的所在，和古雅的歌咏，时髦的社交相映成趣，楼院中"多以彩色绢罩饰灯，晚间嫣红柔绿，静丽无比，迦楼那室更别制一淡黄色者，上绘工笔花鸟，下垂丝穗绝长，益以琴几盆卉，古意盎然，坐读拜伦诗，偶一掩卷，但闻钟机滴搭（嘀嗒），此时尘虑全湮，心如止水"[2]，宛如一个失落的遥远世界。

每到春来秋至，校园中却也有无数生动鲜活的自然色彩，使这古雅诗境登时有了勃勃生意。春天，黄刺梅香甜迷人，叶碧绿，花鲜黄，榆叶梅更加繁茂，深粉色的花，朵朵绽开。秋天，则是枫林如火，芭蕉彤然，一湖如火的倒影：

湖上堤柳，含烟作雪，风流似张绪当年，岛隅苍松，雄姿若戟，云月掩映，如在梵刹，夜起徘徊，默念了了浮生，肝胆为之澄澈。

春来金谷园中，万卉竞妍，不遑题品，惟菊早植晚发，君子之德，与丹枫红蕉，并与湖上三逸，秋来楼头院角，金紫争荣，有时移槛列斛，亦成觞咏，红蕉遍植，足慰秋情，枫社清流，尤多吟赏，忆网春有句曰：

江海飘零夏已空，

---

① 戚国淦:《鸿爪留痕》，燕京大学38班同学《燕京大学三八班入学60周年纪念专刊》，106页。

② 微明:《枫湖丛话（二）》，燕京大学《燕大年刊》编委会编《燕大年刊》，169页。

马缨垂荚怨西风，

昨宵凉起雨声中；

旧事凄迷留梦短，

秋情寂寞爱蕉红，

晓来人立画楼东。[①]

    这种情怀里，却也多少渗入了新的视觉经验，对那些曾经熟悉东南巨埠的十里洋场生活的人们而言，这种新旧混合是一种奇妙的体验。(图10)

    晚间各楼院华灯灿烂，隔湖远望，如在吴淞观巨舰，浮光耀金，上下闪动，楼中书声，似舟旅喧语，回廊小步，仿佛在甲板上夜眺，足动怀乡之感……[②]

图10　夜晚的湖畔男生宿舍，有如上海吴淞口停泊的巨舰

---

①　微明：《枫湖丛话（二）》，燕京大学《燕大年刊》编委会编《燕大年刊》，171页。

②　微明：《枫湖丛话（二）》，燕京大学《燕大年刊》编委会编《燕大年刊》，169页。

或者：

> ……行将见未名湖水，冻结成冰，燕大之名士美人，又将回旋于水晶场中，翩跹于琉璃板上：团团转兮如游龙之戏凤，步步趋兮犹猛犬之逐猎；轻巧兮如蜻蜓点水，曼倩兮若乳燕迎风；翕乎兮迅如流星，矫健兮疾似飞鹰，衣袂拂拂，玉臂摇摇，穿梭织锦，搓碎琼瑶。既睹玲珑影倩，复听裂帛声清，伶立堤岸，有不悠然神往者耶？[1]

或者：

> 冷冰冰的湖面挤满了热烘烘的人群。星光闪闪，灯火通明，映照着一个个英俊潇洒的青年，和一个个活泼妩媚的少女，或长裤笔挺，或短裙飘拂，配上色彩鲜丽的毛衣、暖帽和手套等等，真是耀眼生辉，好看极了。而且每一张脸都那么愉快，白里透红，真是容光焕发，神采四照，的确加倍动人。[2]

"如画"并不仅仅是一种静止的文学比附，只停留在修辞层面。恰恰相反，在看似一片白纸的自然风景中，发现浸润着文化意义的视觉图式，这不仅仅充分调动了园居者的逸兴闲情，也创生出了一种人

---

[1]　李素：《燕大学生生活》，李素等《学府纪闻·私立燕京大学》，209页。

[2]　李素：《燕京旧梦》，54页。

与物理环境的互动的样式——1928年（戊辰年）孟冬，就在短短的半个月之间，有两人投未名湖自尽，学校上下登时一片哗然。有人便联想到风水中所谓"西北不利"，于是"鬼瞰其室"，这自然野趣的校园顿时充满了幽冥中的鬼魅：

> 顾厅旁楼角，幢幢蠕蠕，亦大有物在，虽佛家言五趣中有之说，言人死则灭既往而成未来，然好事之徒，故衍其说，以骇人听闻，于是恇怯者偶闻风啸，便疑鬼哭，终宵栗伏，甚至汗湿重衾。[①]

那时，在这座自荒野之中拔地而起的燕园，这种幽魅的氛围并不使人感到意外。和旧日园林不尽然相似的是，人们不是心寓目游于此，过着终老于山林的生活。真真切切地，他们生活在一个创造历史的时代，处在现代生活和过往时代对位的交接点上，他们时而是视觉表现的体验主体，时而又是被表现的主题与客体，时而向旧日的生活经验寻求意义，时而又因为自己站在一个超越者的位置上，而对过去的历史图像产生一种俯瞰的感觉。在这种错综复杂的关系中，人们发现他们不总是能分清主体与客体的界限，是湖山如画，还是画入湖山。

这也是燕园独特"造园"经验中不可或缺的一环。

燕园"形象"的重要性最早出现在募款阶段。如前所述，"愿景"

---

① 微明：《枫湖丛话（二）》，燕京大学《燕大年刊》编委会编《燕大年刊》，169页。

不仅仅是空幻的海市蜃楼。燕京大学最终的建成规模和茂飞所勾画出的"愿景"相差何止毫厘，但是就是这种宏大的"愿景"使得燕大校园异乎寻常的规模和形制成为可能。

建筑形象的重要性，也凸显出了"蓝图"对于规划设计中协商过程的意义。纽约托事部的人们的书信往来中多次提到建筑图的数目和参考意义，[1] 对于细微到每一笔投资用途、每一宗建材订货的燕京大学校园规划而言，它对视觉知识精确的强调程度是不难理解的——今天时常为建筑面积测算发生法律纠纷的房地产业最能证明，"建筑图"并不是可有可无的文人游戏。在没有电视，没有互联网的20世纪20年代，如果没有这种视觉知识的准确，隔着大洋的规划协作简直无从谈起。正如华纳所说："建筑图是一个控制性的因素。"[2] 有了这种精确对位的空间示意，理论上纽约托事部就可以在万里之外准确地操控一切了。

托事部温和地劝说司徒雷登，他们一定要借茂飞的眼睛"看"到基地上发生的一切，[3] 即便这意味着纽约的人们将不得不高度依赖这位索价不菲的建筑师。而有趣的是，对于负责具体工程事务的翟伯而言，茂飞的效果图却是失之于粗疏。茂飞的图纸可以让美国那边的人们形象地认识这校园发展的远景，却对指导实地工作的人们没什么实际价值，[4] 这或许也证明了建筑图往往超越于技术性的考量之外，醉翁之意不在酒，那些描绘建筑形象的图绘往往暗示着一些超乎它自身功能之外的东西。

---

①   Gibb to Moss, 1924/06/04, B332F5073.

②   Warner to Gibb, 1924/10/11, B332F5075.

③   North to Stuart, 1925/01/16, B354F5455.

④   Gibb to North, 1925/01/20, B332F5076.

燕京大学校园规划中浮现出来的，不仅仅是一个历史基地的改造和使用。这"燕园"的形象不仅跨越新和旧的分水岭，也浮现于两个文明的碰撞时分，现身在全盘西化的建筑语汇和中国艺术惯例、"西洋景"和"中国意"之间的龃龉之处。

1920年年末，茂飞初次见到基地的时候，他的心中是一种带有几分熟悉的陌生感，是类如贝聿铭当年为香山饭店寻址时"就在这里了"的指认。当大多数人面对一片荒野，完全不清楚这新的校址能够为他们带来些什么的时候，茂飞已经像一位玉工，在毛坯的石料里看到了天机欲启的那一刻。

1926年，在茂飞为燕京大学校园规划正式工作五年，勾画出无数草图和渲染之后，他终于见到了他构想中整个大图景的第一部分的实现。他所感受到的…….

　　　其实是一阵狂喜，而且是一阵失态的狂喜，尊严、法度、洵美、仪态庄严，一座大学所具备的真正的学术气氛……[1]

作为一个建筑师，茂飞一定会情不自禁地将自己往昔的图绘表现和这现实进行比较，而一般人因为并没有参与构思，或没有经历这从无到有的变化，便不能像他受训练的眼睛那样，辨别出已经建成和尚未"呈现"的东西的界限。对茂飞而言，眼前的这一切，不仅仅是将画中的愿景落实在物理现况之中，同时，这包裹在别样风景里的校园

---

[1]　Murphy to Stuart, 1926/07/30, B332F5032.

本身是幅调动观众的"画"。"如画"的观览情境，指示着某种使建筑师本人也会"退后一步"的陌生感，它富于暗示的异国情调，已让人们把对地道"中国风味"的关注抛到九霄云外。

而在这种从纸上画到"立体画"的移转之中，司徒妈妈感受到的，则是前所未有的创造新生活的可能：

> 1924年在燕京大学是建设之年。海甸的校园已与去年不大相同。一座座官殿式的高楼已经矗立起来，一切已呈现一项目标，或者说是一个具体的期望……每念及此，我不禁屏息，回顾50年前，火车、电报、电话，中国都还没有……[1]

梦想变为现实的刹那，那种亦真亦幻的、由愿景和真实混合着的历史新质，甚至比梦想本身还要激动人心。

半个多世纪过去后，"一塔（塌）湖（糊）图（涂）"已经是燕园最新的"心像"。视觉上，这个"心像"本不易被抽象，但在徽标漫天飞的时代，人们还是画蛇添足地想给这个"未始有名"的著名学府一个"形象"的简约表达。1998年的燕园，北大有了一百周年校庆的徽章，几只翩翩起舞的"燕子"同时又构成了"100""北大"的字样，这大概是追步平面设计里美术构成的通俗手法。但人们旋即发现，将

---

① Mary. H. Stuart, Ms. Stuart to Friends at Yenching University, 1924/12. B354F5454.

"燕园"和燕子们联系起来，其实只是望文生义。①（图11）

这类误解或主动误解，或许多年之前就已经开始，"光社"的创始人刘半农在《三十五年过去了》这篇短文里便从鲁迅设计的北大校徽里看出了"愁眉苦脸"②。（图12）但更"中国"一些的做法，或许会欣赏"燕园"或"湖上"这寥寥数字所包裹的意象，而不是从已经变得抽象的象形文字里，再看出具象的表情——要知道，这种意象的立足之处，本在于它的模糊与包容，它简约的魅力，在于它虽然包罗万象，却又缺乏一个明晰可辨的凿实形象。

图11　北大100周年校庆纪念标志。除此之外，北京大学学生服务总队的标志也取自"燕子"的意象，它的主页上明白地写着："我是一只燕子，我们是一群燕子，我们在燕园，我们来自燕园"

图12　鲁迅所设计的北大标志

---

① 江南的"燕园"才是和"燕子"有关的燕园，它位于常熟古城区，乾隆年间东阁大学士蒋溥之子、台湾知府蒋元枢所建，关于园名：一说初名"蒋园"，后来延请叠石名家戈裕良叠黄石假山一座，取名"燕谷"，因名"燕园"；一说是乾隆四十五年，当时任福建台澎观察使兼学政的蒋元枢，渡海遇险，回常熟后，取"燕归来"之意，以"燕园"为园名。

② "我以为这愁眉苦脸的校徽，正在指示我们应取的态度，应走的路。"原见于《北京大学卅五周年纪念刊》(1933)，转引自陈平原《作为话题的北京大学》，《老北大的故事》，江苏文艺出版社，1998年，167—168页。

据说，梁思成在燕京大学演讲时曾经提到过："燕京建筑的优点是有个总体规划，而清华就没有。"[1] 如果梁思成能够看到今天被齐整地划分为若干方格的清华校园，真不知道他会如何重新议论；而与之映照的是，曾经有一个宏大的整体规划的燕园，并没有忠实地将这种规划贯彻下去，燕园向着"中国园林"这个谜团迤逦而去的结果，就是它远远不是一个可以用一个词解释清楚的规划，它远没有一个清晰的、统摄一切的"标准像"。

或许，"未名"也就是这所校园的独特魅力。

---

[1] 孙幼云、叶道纯:《尘迹拾零》，燕京大学38班同学《燕京大学三八班入学60周年纪念专刊》，160页。

第 二 节

校址，校舍，校园

从私园到公园

1926年9月中旬，陈树藩，也就是前文提到的那位将睿王园卖给燕京大学的陕西督军，又回到了未名湖畔。这位"满洲人的地产"的前主人目睹校园上已经发生的一切，简直不敢相信自己的眼睛。

陈树藩一来感慨这六年间燕大校址上的巨大变化，二来也感慨自己已经不复往日荣光。在1920年陈树藩将这块地卖给燕京大学的时候，他提的条件之一，原本是燕大要在湖边给他父亲腾出一块地居住，但这六年间物是人非，不仅他自己已经大权旁落成了平民，他父亲也业已乘鹤西去了。陈树藩转念一想，又不禁感到欣慰，因为那块原本他随便买下，瞧都没瞧过一眼的荒地，此刻已经被燕大整治为上好的风景——出乎他的意料，一个美国人建设出的校园，居然看上去真有那么一股子"中国味道"；重要的是，面对这如画风景，他这"燕园"的半个主人别有一种优越感。

想到沿湖一片都为他一家所占用，他不禁心花怒放。

陪同陈树藩在湖边散步交谈的司徒雷登察觉到他内心的算盘，不禁感到难言的尴尬——湖北，陈树藩看中的那块正对南岸"花神庙"庙门的地盘，正是起先校园规划中争议颇多的小湖东北角一带，眼下正在设计建造第二组两座较为素朴的男生宿舍。

司徒雷登心里暗暗叫苦，陈树藩显然没有明白两种不同经营间的差异：虽然这位先前的地主和燕大有言在先，但如今这湖边的地皮并不是说给就给，说要哪块就哪块的。陈树藩，北洋时期因军阀混战，而从一个穷小子跃身成为民初闻人的失势将军，他怎么也不会理解，虽然他在燕大购入海淀地产一事上起了决定性的作用，但他绝不是凌驾于学校集体议事机构之上，可以予取予夺的恩主。[①]

因为燕大已经成为一个公共场所。

陈树藩显然不能明白，燕京大学校园中没有一个人可以将他的影响力完全凌驾于众人之上，学校的管理政策是"非以役人，乃役于人"[②]，即使校长司徒雷登也是如此。"校园规划"这个新事物存在的一个重要前提，便是这种群言群议的民主过程，在对建筑基址的既有要素的吸纳基础上，燕大校园规划无疑是一个现代意义的、面对公众的建筑设计活动。纵有"燕园"和旧日园林丝缕的联系，它却不是对传统中任何既有之物的陈陈相因的模仿，而是在新的社会土壤之中，生长出了新的"造园"手段和阐释模式。

---

① 陈树藩选择未名湖北岸作为他的住宅所在，其中一个原因是此时博雅塔已经建好，陈树藩认为东南方的塔可以给他的临湖住宅带来好风水。见 Gibb to North, 1926/10/7, B332F5083。最终，1927年1月24日，燕京大学财政委员会（Committee on Finance）否决了陈树藩的要求。司徒雷登受命请求陈树藩在别处寻求他客居燕园的住宅。巧合的是，"体健全"中的"体健"两斋，也即燕京大学的湖滨楼和平津楼如今已经被改造成为大卫·帕卡德国际访问学者公寓，也算是在某种意义上完成了陈树藩在此地寻觅"客卿"落脚处的心愿。

② 刘欢曾：《读燕大的感想与心得》，李素等《学府纪闻·私立燕京大学》，283页。

因此，"燕园"的建造与过去的造园实践有着根本的区别。

这会儿，我们或许还记得永锡，一百多年之前在燕大校址上的集贤院中，那位倒霉的满族官员因"官园私住"而让嘉庆皇帝发出了"是有此理"的愤怒质询。但那时的"官""私"之分并不就是今天的"公""私"之分，北宋诗人黄庭坚"痴儿了却公家事"的名句后紧跟着"快阁东西倚晚晴"的放任，让人们总觉得"公"就是义务和责任，就是束缚和桎梏，虽然道貌岸然却委实不讨人喜欢，而"私"却是自我宣泄与逃遁的出口，看上去，似乎是"私"而不是"公"才是中国人最迫切需要的东西。

而"校园"所标识的"公""私"却不尽如此。

首先是"校园"适于公共使用的尺度。

多数江南地区的私家园林尺度极其有限，像网师园面积只不过九亩，其中建筑面积约占园地三分之一（一说五分之一），苏州五大名园中面积最大的拙政园约六十亩，其中水面约占五分之三，北方地区皇家园林的尺度相对较大，颐和园面积达四千多亩。无论尺度大还是小，既有的中国园林几乎全部是"私"园，"私"的关键是土地所有权掌握在个人或家族手中，如此一来，对园林资源的占有和使用可以不计效率，完全从少数占有者的需要出发。比如北方皇家园林的代表颐和园，尽管尺度惊人，但可看而不可游的风景占去了整个园林的大部分面积，水面占去四分之三，陆地中有三分之二是山丘，平地只占全园面积的百分之七，但这并不妨碍颐和园在那个老佛爷的年代里的"功能性"。在园中，除了少量住宅供仆从居住，有多间住宅可供主子们选择，园中道路今天节假日里或许会显得交通拥挤，一个人往来却是绰绰有余了。

在偌大的园子里，主子和奴才之间，甚至男男女女之间，当没有"公共"生活可言，任何"私密"的存在也是非常值得怀疑的。

适于公共使用的"尺度"不仅关系着建筑的容积率，它主要体现在设计对于公众使用便利的考虑，也和公众表达自身的方式密切相关。中国传统中的私家园林参观者极为有限，仍以颐和园为例，虽然理论上这超大的"私家园林"可以容纳成千上万人同时游园，但它依然是一座私家园林。

显然，老佛爷不会敞开园门，一次性恩眷如此众多的参观者。即便今天的颐和园已经改造成公园，园林管理部门考虑到了大众游园的交通疏散，在园中的若干瓶颈地带，拥塞的情况依然难以避免。这娘胎里带来的"私"和新时代里的"公"之间的龃龉，使得对园林空间的预期感受不总都能兑现。例如，昆明湖前有名的彩画长廊，东起邀月门，西至石丈亭，中间并建有象征春、夏、秋、冬四季的"留佳""寄澜""秋水""清遥"四座八角冲檐亭子，沿途穿花透树，景随步移，本意是通过两面开敞的流动空间来重塑湖—山间的景观秩序，但在今天的现实中，由于游客太多，许多人会舍长廊而从长廊外的空地通过，随意进出长廊的不同段落，从而使看风景变成了人看人的无奈。与老佛爷的私人体面不同，燕京大学规划的一个基本前提，是要为数目不断增长的师生员工提供充足的校内住所。（图13）20世纪10年代末期燕大新校的建立，正是因为联合教会预见到教会教育的规模在未来二三十年内将会高速增长，"燕京大学是为了10年，15年甚至20年的需要而规划的，因此规划必须预期5000至10000名学生的居住

图13　西郊熙熙攘攘的燕大春游队伍，昔日的假山叠石对于他们来说，已经失去了既有的意义

需要"[1]。为此，茂飞设计的燕大校舍显著地增大了单体建筑的尺度，以至于面阔和纽约市街区的宽度相当，也比紫禁城中的任何一所殿堂都要高大。尤其在建校的早期阶段，小湖沿岸的土山没有完全恢复，植被没有充分长成，这些钢骨混凝土的巨构愈显突兀——有人已经评论过，湖边这些巨无霸似的怪物看上去就像是吴淞口内停泊的轮船。

　　同时，对于私人资本主导的校园开发而言，寸土寸金，风景区在学院内的面积因此被控制在一个可以理解的比例内。我们已经讨论过，保留小湖的动机实际和经济上的考量并不矛盾，但前提是地价相对于建筑成本而言并不那么重要。保留一定比例的风景区一方面是西方校园规划的通例，一方面也有为学校长远发展储备土地的考虑。从大的趋势来看，未名湖畔的四所男生宿舍后来仅仅增加到六所只是权

①　Julean Arnold to Reinsch, 1918/11/07, B304F4719.

宜之计，若不是因为全面抗日战争爆发、招生人数再次波动等一系列不可预见的困难，在燕京大学校园内至少还应该增加两组四所以上的男生宿舍，果然如此，对于未名湖南岸的山水地形，势必有不可漠视的影响。[1]

燕大的校园规划充分考虑了长远的公共需要，一切以此为准绳。校园建设开始的要务之一，就是铺设自来水、供热管道和电气线路，并且将管道线路深埋地下，这些管道供全校使用，而不是供某一个人专美。为了保持湖区的幽静，未名湖区没有为某一个人提供特别的便利，即使年长的教授和学校主管也不能例外；但在未名湖区以外的地方，便设置了可以行驶重型车辆的机动车道，以方便大众出入。

未名湖中那个曾寄托着和珅"蓬岛瑶台"遐想的湖心小岛，无论是茂飞原先设计的拼贴式的中国小园——斯克兰顿–路思社交岛，还是今天北大对它的使用都不强调"通达性"，但在燕京大学时代，在这个作为全校社会活动中心的小岛上，我们看到的却是另外一番景象：最终岛上建成的主要建筑，只有一座以路思家族命名的"思义亭"，亭前是一块开敞空地，几十排椅子摆在那里，可以轻松容纳一个中小型的集会，可以供全校师生就餐，甚至还可以作为露天"课堂"的所在——比如燕京大学国剧社等一些社团的活动都在岛上进行，校方曾经请来人称"侗五爷"的傅侗，也就是治贝子园的前主人，在燕大教授昆曲的选修课，授课地点也设在岛亭。（图14）

---

[1] 燕京大学的规模从一开始就远小于今天的大学，因为战争等原因，最终也没能大规模扩张，所以它才能比今天的大学更像传统的中国园林。尽管如此，这样生造出来的"中国园林"规模依然是有限的，它和当代大学的公共使用之间，依然有着不可调和的矛盾，它的持续存在其实是个偶然。

搬入燕园后，北大对湖心岛的经营使得小岛变成了一个树木葱茏、曲径幽深的所在，应该说，这样的安排或更能表现未名湖区清幽的性格，但已和燕京大学"社交岛"的愿景相去甚远了。

更进一个层面，如我们在讨论建筑的"中国样式"时所提及的那样，在20世纪20年代逐渐掀起的民族主义风潮中，燕京大学校方希望通过校园规划实践中对"中国样式"的强调，鼓励中国公众主动参与大学的建设。广义上，这是一种有意识地构筑"公共空间"的努力，而"公共空间"建设落实在具体的建筑规划实践上，就是从"使人闷迷"的乱石缭垣到"校园"中开敞的湖心岛的历程。

1911年民国建立以后，全国各地陆续有一批皇家园林和私人园林向公众开放，最著名的例子，莫过于原清代皇家的社稷坛及其附属建筑改建的中央公园，为纪念1925年在北京去世的孙中山，中央公园最终改名为中山公园。

图14　一直被赋予社交中心角色的湖心岛上，最终只建成唯一一所建筑
来源：Bettis Alston Garside, *One Increasing Purpose: The Life of Henry Winters Luce.*

"公共空间"在中央公园中的出现，不仅仅表现在昔日的皇家禁地对公众开放，同时也表现在园林所有权和管理方式的变化，以及游览公众对于园林使用的一定程度的支配。[①]（图15）在这公园里不仅仅有轩敞宏伟的皇家建筑、古柏垂杨、使人难以忘怀的别致美食，更重要的是，这"公园"真正松动了传统园林空间里的等级秩序，从头秃齿豁的垂垂老人，到黄发垂髫的童子，从议员将军到贩夫走卒，从文坛领袖到京剧名角，理论上都可以在一个屋顶下乘凉欢聚了：

> 从前北平有位专门用俏皮话写小说的"耿小的"，他说："中山公园里来今雨轩是'国务院'，因为一些政要公余都在来今雨轩碰头，谈点半公半私的事。长美轩叫'五方元音'，不管哪一省的人，只要是家庭娱乐聚餐小酌，都喜欢长美轩物美价廉，豁亮凉爽，所以长美轩茶座客人最杂，乃被称为五方元音。春明馆是老人堂，柏斯馨是青年会。"那真是形容得恰到好处。[②]

在这种情形下，旧有园林的空间秩序和象征含义，将毫无疑问发生巨大的变化，这样的变化在燕京大学的个案中表现得尤为具体。

---

① David Strand, *Rickshaw Beijing: City People and Politics in the 1920s*, University of California Press, 1989, p. 169. 董玥则进一步分析了这种新出现的公共空间中的"进步"与"落后"、西洋和本土的变奏，她引用陈独秀《北京十大特色》中的话谈到北京公共精神的缺乏，就中央公园而言，她所讨论的"新知识分子"们更看重人们在这个新辟的公共空间里的举止是否恰当，而非公园的景致。见董玥《国家视角与本土文化——民国文学中的北京》，陈平原、王德威编《北京：都市想像与文化记忆》，北京大学出版社，2005年，241—243页。
② 唐鲁孙：《故园情》，广西师范大学出版社，2004年，223页。

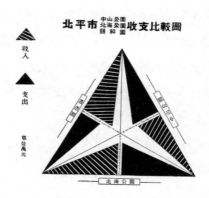

图15　由北京三所经过改造向公众开放的园林在1936年的收支情况统计可以看到，随
　　　　着地理方位、公园大小、"游园"的趣味和社会意义的不同，它们的境遇并不相
　　　　同，位于城区的中央（中山）公园有着最少的特别"景致"，受公众欢迎的程度
　　　　并不亚于其他园林，但是收入最少，支出则与其他园林相仿
　　　　　　　　　　来源：哈佛大学图书馆。

　　如果我们认同焦雄关于淑春园摹写福海景区的意见，那么，在和
珅的小园中，仿福海的湖区建筑应该是遵循了与圆明园相似的空间秩
序。"壶中天"的造景主题决定了整个未名湖区或福海景区是一个封
闭的独立空间，这封闭空间的含义有二：沿湖岸的土山和植被形成了
一个闭合的"逃逸空间"，它的造景是单面的，只有里子，没有外皮，
这样就把"内""外"相互配合的问题闪避过去了；与此同时，身处
其中的人不必看到外界的景观，从外界也没有机会瞥见闭合空间内的
景致，在这里只有环览四顾，没有偷窥觊觎的可能。

　　重要的是，这种原有的空间秩序建立在园主的绝对权威之上，和
占支配地位的园主的期求休戚相关。福海中一湖三山所构成的"蓬岛
瑶台"，依然是从汉武帝凿昆明池开始的传统造景主题，但值得注意
的是，"蓬岛瑶台"和沿湖以全国著名风景为主题的各景区间形成一

种看和被看，支配与被支配的空间关系，只有"蓬岛瑶台"上才建有皇帝的住所，是真正的可居可游之所，而其余建筑都不过是风景的一部分。湖心岛占有整个福海景区内唯一的不受遮拦的优势视点，而在湖岸上任何一处观景时，都会受到湖心岛的遮蔽而不能尽览所有风光——简单点说，皇帝可以方便地看到岸上，但岸上却不能方便地看到皇帝，[①] 一如法国传教士王致诚的观察：

> 从这里你获致的视野，可以见到所有宫殿以适当的距离遍布在这个福海沿岸的周围；所有山丘都伸展到此；所有溪流会聚在一起，不是溪水流向这里，就是这里的水流向溪涧；所有桥梁不是在溪头就是在溪尾；所有凉亭和壮观的牌楼衬托着这些桥梁；所有种植出来的树丛是用来区隔和装饰不同的宫殿，并避免住在里面的人会互相被窥视。[②]

在燕京大学的规划中，一开始对湖心岛的规划就不是将其作为住宅而是作为全校的社交中心，这一点在茂飞1921年12月的方案中就已经明确，而教堂最终被移出湖区中心，更使得湖心岛成为一块富于磁力的空场。事实上，湖心岛位于大学行政区和男女校之间的中心地理位置，决定了它绝不仅仅只具有"审美价值"。在最终实现的规划中，燕京大学校方抛弃了烦琐的设计：岛上的建筑只建思义亭一所，最大限度地利用了这个湖心岛的面积；原先象征着海上仙山起伏地形

---

① 参见何重义、曾昭奋：《圆明园园林艺术》，科学出版社，1995年，289页。又见谢凝高的类似分析：《燕园景观》，20页。

② Attiret, *A Particular Account*, pp. 16–17. 转引自汪荣祖《追寻失落的圆明园》，50—51页。

的棱嶒小岛，变成了一块清理出的空地，成为一个全校师生员工的集会场所。这一做法必不同于和珅淑春园中的造景，虽然可能有些寡趣淡味，却在公共使用的问题上无比切题。

燕大校园内的小湖和湖心岛依然是全校建筑规划的"中心"，只是这空洞的"中心"的意味，更多地建立在它对全校共同社区的凝聚力上，而并非个人权力对空间秩序的支配。

由此，陈树藩注定将不能在此归隐于他想象中的"林下"。

1925年4月30日，在费城，有一个我们尚不知姓名的，或在宾夕法尼亚大学学习建筑的中国人，帮助燕大纽约托事部完成了司徒雷登的住宅设计。早先费城的居礼先生和太太（Mr. and Mrs. Kurrie）表示愿意捐建一所校长的住宅，司徒一度表示谢绝，但他大概想到这间房子可以不仅仅为他所有，还可以为学校的社区生活起到些作用，还是接受了这所最终由冰心命名为"临湖轩"的校长住宅。（图16）

虽然建筑样式上，临湖轩的纯中国风格早有定论，它的位置却引发了燕京大学内部对于校长在学校生活中意义的争论。纽约托事部认为校长住宅最好不要建在校内，这样可以使得他和他的家庭免受无谓的袭扰，保证他们生活的隐私。身处美国的托事部成员觉得这道理是如此显然，即使费城捐款人的意见也不足为凭。但是，司徒雷登和一部分学校的同事却坚持认为，校长的住宅在校园中为好，只有这样校长才能成为整个校园生活的一部分。在理想化的情境中，司徒雷登认为自己不是独裁者，甚至也不完全是一个家长，而是同学的朋友和知心者。[1]

---

[1]　Stuart to North, 1925/4/25, B354F5459.

图16　司徒雷登的住宅暨校长办公室"临湖轩"

托事部的意见既然不便违拗，学校工程处最终决定，将校长住宅放在未名湖西南岸的一个土山环绕的位置上，既不至于太喧闹，又在校园中心，它的环境相对隐蔽，建筑性格不事声张，学生们也不会感觉自己被校长"监视"着。[1]

最终，校长住宅并不仅仅是司徒雷登的私宅，临湖轩的客厅、餐室以及几间卧室都归公众使用，每个学生都有机会来此举办和参加活动。除了一般餐聚茶会，还有婚典庆祝、学生舞会，它真正成了一个连接教师、男生和女生的纽带。据说，燕京大学著名的左翼教师埃德加·斯诺（Edgar Snow）拍摄的反映陕北苏区情况的影片最早就是在临湖轩播放的。[2]

这种空间使用的"公共性"并不是空穴来风，它取决于空间营造

---

[1]　"The Report of the Construction Bureau to the Board of Managers," 1925/06/13, B332F5677.

[2]　张文定：《斯诺在燕园》，燕大文史资料编委会编《燕大文史资料》第二辑，113页。

和设计的语境中特定的社会权力关系和政治意图。燕京大学校方所提倡的"公共性"，和中国人理解的带有乌托邦色彩的大同社会的"公"有所不同，每个人都有权利使用和参与公共空间，但同时他们也对此负有责任——利用临湖轩的学生必须遵守学校的规章制度，维护好房间的清洁卫生，更重要的是，他们应当把这种便利看成是有利于公共福祉的手段，而不是一种坐享其成的免费福利。正如白瑞华提醒燕大师生的那样，建造来供全校师生使用的湖上游船"属于全校师生"，但这个"属于"是指大家都可以负责任地使用，而非将其当作自己的所有物。

显然，白瑞华强调的是一种主动参与奉献的"社区精神"。[1]

于是，在为学生年刊撰写关于湖上游乐的文章时，燕大学生胡宝衡正确地理解，"对大家来说燕京是一个绝好的所在，并不仅仅是因为它美丽的风景"，还是由于它"带有社交性的娱乐活动深入人心"。他进一步写道："虽然湖很小而且没有出口，它却有益于社交。"湖上的滑冰或游船在他看来不仅是一种娱乐，而且也是一种"燕京人不容忽视的社交练习"。"湖就像南方的茶馆，"胡宝衡说，"当下（男女）

---

[1] 白瑞华提议由燕京大学的中国和美国教员共同修建一条邻近燕大校园的地方道路，他认为，这将使某些中国教工和学生产生更强的兴趣，因此可以帮助他们区别什么是"公用"什么是"为公"。白瑞华质疑说，现在在中国教工和学生中有一种情绪，他们认为"大学的所有设施就像阳光和新鲜空气一样是上帝赐予的免费礼物"。见 Roswell S. Britton to Stuart, 1926/10/25, B345F5465。就在燕大规划的初始阶段，大学就已经估计了这种公共性的意义：一方面校园将"吸引许多经过学校门前的旅游者"的注意力，这种声名将为大学带来"财政援助"；另一方面，他们同样希望这种声名能够"培育在大学教育中的中国公众的兴趣"，加强"公众精神的影响"，如学校所预计的那样，在将来他们很快就会"有至少一半的管理者是中国人，并且有数目稳定上升的中国教授"。比"数目的变化更基本的"，是"他们对指定大学政策的义务和责任"。"Meeting of the Executive Committee of the Board of the Manager of Peking University," 1920/02/13, B302F4690.

校际的合作还不是太现实，但湖上溜冰的合作却是一个相互理解和帮助的好例子。"[1] 那些往日里自矜自持的学生，无论他们是什么出身，都在冰上拉近了彼此的距离。

> 入冬以后，花神庙高搭喜棚，非有他故，为供冰客之取暖，初习冰戏，乐不敌苦，必得人挽架而驰，推椅徐行，亦能渐进，精娴之后，则内外两曲，运足如飞，从容笑谈，尤博一粲，某猎士初旁听于冰场，手持小册，记其进退疾徐之姿势，归室溜试，咸喜合节，于是巨其帽球，博其衣领，以肩负履，分置前后，噫气作声，阔步入场，陡闻戛然，声如裂帛，及视猎士，已犊裈碎而玉山颓矣，然猎士面不改色，徐起微哂曰，"不意卧溜式竟若是之难"。[2]

"溜达溜达在湖边"，燕大的公共娱乐要求大伙都要"起哄"——否则，就是再大的开放空间，也没有什么公共性可言。这种空间的公共使用中虽没什么高深道理可讲，却朴素地揭示了米万钟曲折幽深、使人"闷迷"的旧园林，和巨大而有效的现代公共场所间的差异。

建设"校景"的历程也不是校景委员会的独角戏，学生们也做到了"有钱出钱，有力出力"。燕大迁校不久，整个学期都有学生花费自己数个下午的时间从事挖土方的工作，运动场等一批公共设施就是

---

[1] 胡宝衡："Some Social Aspects of Yenching,"燕京大学《燕大年刊》编委会编《燕大年刊》，1929年，179页。

[2] 《枫湖丛话（二）》，燕京大学《燕大年刊》编委会编《燕大年刊》，169页。

由学生帮助而建立起来的。①

这种社区生活并不仅仅是穷苦人的"搭伙"攒份子，在年轻的燕大人心目中，它可以令他们为将来进入社会做好准备：

> 图书馆散后，熄灯以前，为募款家出动之时，宿舍内足音跫然，频闻剥啄，率皆手持绿簿，笔搁耳间，口中喃喃，若忧若喜，乐善者虽一再解囊，面无吝色，好义者则于慨助之上，必写无名氏三字，以树隐德，若敷衍面子，则详审捐册，觅其最少数而照填之，惜金之士，往往闭目佯睡，势难幸免，则从容婉辞曰，"鄙人对贵团宗旨，尚未了然，容稍考虑"，不幸值于甬道梯口，则转入浴室，侧耳屏息，等其去远。②

这些年轻的业余"募款家"已经不是闹着玩的大孩子了，他们是一群名副其实的未来政治家——在未来的几十年中，他们中间不乏各领域的学者专家，甚至包括那些我们耳熟能详的名字：黄华、龚澎、李慎之……

"校园"中的社区生活和从前的社会空间实践相比，既是私人的，又是公共的，在正式成为社会的一分子之前，每个人在这个空间中都磨砺自己的禀性，保持和培育自己的个性特征，但同时，不管是否情愿，他（她）又不得不给出自己的一部分隐私和自主权利，任凭别人

---

① Roswell S. Britton to Stuart, 1926/10/25, B345F5465.
② 微明：《枫湖丛话（一）》，燕京大学《燕大年刊》编委会编《燕大年刊》，159页。

评说或调笑：

> 陈文仙：言古论今，谈空说有，中的剖微，辩辞利口，广溥福音，洗化童叟，告往知来，三寸不朽。
>
> ……
>
> 宋以信：小宋萧洒出尘，已不输华伦梯诺，要讲浪漫政治，却比他还有一日之长。
>
> ……
>
> 陆庆：女士不但是文学家，并且是一位有眼光底Political Pamphleteer（政论家）。不信，请看附刊上她的时论，那一篇不教你拳拳服膺？
>
> ……
>
> 吴广钧：小官僚风神外伟，黄中内润，道上遇见你，不免先要对你"莞尔而笑"，等你和他招呼，他却又"端"起来了。
>
> ……
>
> T'ien Ts'ung：氏虽长不满三尺，而心雄万夫，抱烟斗狂，富主席热，书擘窠字绝佳，有神童之誉。①

今天，这群少年"选民"之间的戏谑已经成为一种惯常普遍的人生经验，就像《燕大年刊》的编辑们自己总结的一样：

> ……大学教育只是要养成一般社会上的平凡人，不是

---

① 《选民录》，燕京大学《燕大年刊》编委会编《燕大年刊》，1929年，182—183页。

要产生英雄，准太子，名媛，偶像，所以这"大选"底目的，是为成就一个全校普遍的兴趣，这般选民含有 popular（大众的）的性质，实在说起来：这不但是友谊底推崇，知交的调侃，并且仿佛还带着些细致的"起哄"……①

在旧有的社会结构里，固然也有书院经院之中，同学同伴之间的"年谊"，或是科举士子的交游，② 但它们很难是一种大规模且"popular"的现象，不曾被放到"校园"这样一个特定的物理场所中去。更重要的是，即使在八十年前，这"养成一般社会上的平凡人"的社会理想，也还是一种中国传统中罕见的新鲜事物。（图17）

图17　来往于海淀校园和北京城内的校车是一个"小社会"

---

① 《选民录》，燕京大学《燕大年刊》编委会编《燕大年刊》，185页。
② 例如，唐代长安有一种专门为新科进士操办各种宴饮活动的服务机构，创建者一般是游民闲人。进士们只需付出费用，彼此间交游的活动便可一概交由"进士团"去张罗。

在湖光山色间，一种新的成长模式就这样诞生了：

"五楼"在燕大学生宿舍楼中是独一无二的，因为它实际上算不上是个"楼"，而是一个小巧玲珑的两层的"阁"，底层只有3间宿舍，楼上可能多一间，而其他宿舍楼每幢都有数十间房间。"五楼"在燕园内的地理位置绝妙。它正在未名湖畔，面对着通向岛亭的道路的入口处。坐在我们的房间里，抬头便看见波光潋滟的湖水，湖畔的石船，近处的株株垂柳，远处的水塔。真是湖光塔影尽收眼底。冬季湖水冻结后，那挥舞着冰球杆子穿梭滑行的溜冰人和他们发出的阵阵欢笑声，往往会引起在室内读书的我们抬起头来，神往地注视片刻。[1]

一度，司徒雷登想说服陈树藩和燕京大学的同学们"分享"湖滨的五楼（湖滨楼）或六楼（平津楼），那也就是他向燕大"借住"临湖轩的模式——名义上这建筑为陈树藩所有（捐赠），但事实上归大家一起使用。但最终，陈并不能接受这种"亦公亦私"的分享模式——陈树藩或许永远也不能理解，在他欲求而终不可得的未名湖北岸，是什么让上面那段文字的作者念念不忘。那感人至深的并不是窗外的秀丽风光，而是室内同学们"偷"灯夜读的情景：

---

[1] 李延宁：《未名湖畔的夜读》，燕京大学45—51级同学《雄哉！壮哉！燕京大学：1945—1951级校友纪念刊》，336页。

……宿舍里按校方规定到晚11时也要拉闸熄灯的。但是我们住的这个"五楼"的电闸似乎同其他楼不同。拉闸时只断了电路两根电线中的"地线",而"火线"不断。于是前辈老同学便秘传下来一个"窍门":用一根皮线的两头各去掉一小节包皮,露出铜丝。每次校工拉闸断电以后,我们便拉上自制的黑布窗帘,把皮线的一头挂上电灯泡上端突出的铜尖头,另一头接触住窗前的暖气片,使它起了代替地线的作用,电灯就又亮了。我们还各用黑纸制作了一个灯罩,罩上它,灯下就只有饭碗大小的一块地方是亮的,从室外窗外很难发觉。[①]

多少年后,作者坦然说,这便是"偷"灯夜读的由来,俗语说"挑灯夜读",他们既然已不再用油灯,当然不可能再"挑"灯了。所以这"偷电"的办法,我们可以称之为"偷灯夜读"。

至今记忆犹新的是:几乎每晚11时左右,住在对门房间的冯祥光(冯之丹)就会来敲门,然后伸进头来,做个鬼脸,用英语问道:"有什么可吃的吗?"每逢这时,老丁就装出生气的样子,喊道:"滚,滚,滚!"于是大家哈哈一笑。[②]

到了燕京大学的校园建成将近八十年后,少年人朝夕共处间,

① 李延宁:《未名湖畔的夜读》,燕京大学45—51级同学《雄哉!壮哉!燕京大学:1945—1951级校友纪念刊》,336页。
② 同上。

"公"与"私"的融和，"受礼"和"犯规"的并存，已经成为一种中国各地共享的经验。时光流逝，但那拉闸熄灯、扯线偷电的故事不还就像是发生在昨天？

墙和门

新式大学这种亦公亦私、亦家庭亦社会的氛围，正像钱穆所形容的那样："团体即如家庭，职业即是人生。假期归家固属不同。然进学校如在客堂，归家如返卧室。不得谓卧室始是家，客堂即不是家。"[①] 民国以往涌现的大大小小的新"家"不是简单地把旧式家庭的权利和义务扩大到了整个社会，类同中国传统里的"家天下"或"化家为国"，重要的是，公共意识的确立反过来保障了个人自由，在那个什么是社会进步尚无定论的年代里，公共使用并不意味着无底线的开放和真正的平等，它只是用一种相对严格的新标准取代了过去模糊混融的定义，各种领域的分离独立之时，也是暧昧而混杂的"空间"显露为明晰而聚焦的"形象"之处。

"公"与"私"、集体与个人、参与和独立的并存，便也体现在"墙"和"门"的共举上：

（燕京大学城内的女校）本是清朝的佟王府第，在大门前抬头就看见当时女书法家吴芝瑛女士写的"协和女子大学

---

① 钱穆：《在北平燕京大学》，燕大文史资料编委会编《燕大文史资料》第五辑，9页。

① 钱穆：《在北平燕京大学》，燕大文史资料编委会编《燕大文史资料》第五辑，9页。

校"的金字蓝地花边的匾额。走进二门，忽然看见了由王府前三间大厅改成的大礼堂的长廊下，开满了长长的一大片猩红的大玫瑰花！这些玫瑰花第一次打进了我的眼帘，从此我就一辈子爱上了这我以为是艳冠群芳、又有风骨的花朵，又似乎是她揭开了我生命中最绚烂的一页。[①]

盔甲厂时代的燕大记忆里好像只有墙，墙内虽然珍藏着像冰心女士这样早期燕大学生的记忆，但这不显山、不显水的墙和门里所发生的一切，并未在有着万千类似庭院的北京留下什么太大的动静——它就像大时代里的一滴水珠，在皇城人海中悄悄消融了。海淀时期的燕京大学却大不一样，它虽然也有围墙庭院，也有重门叠户，但它们巨硕的体量，已经使得它们的建筑性格分外扎眼，而这些建筑的开合之处体现出的社会功用，更指示着一幅截然不同又分外明晰的图景。即便是远在北京城西北十数里处，这种与传统中国社会的物理形态大相径庭的图景，也依然引人注目。

燕京大学最外面的那一圈围墙，自然是用来将学校和那个纷扰的乱世分隔开来的，而燕大里面，却也有一堆分隔：(图18)

功能性的分隔——将学校划分为学术区、管理区、家属区、生活服务区等等，各主其事，各取其便。至今，这种建立在机械功能主义的"功能性"上的区分，依然是大多数中国大学规划校园的指导原则。

社会性的分隔——未名湖区对昔日园林（淑春园）的改造带来了一种可进入的公共景观，而其他的"园"们，像燕南园、朗润园、

---

① 冰心：《我的大学生涯》，燕大文史资料编委会编《燕大文史资料》第一辑，2页。

图18 墙和门
来源：哈佛大学图书馆。

燕东园等等更多的是一种私人的、亲密的，有所保留的内向空间，这中间，又有开敞喧闹的世俗区域和庄重安详的宗教氛围区域的区别，像司徒雷登所期望的那样，未名湖是一个给人们晚饭后漫步和沉思的所在。

空间性格的分隔——社会性的分隔是更为根本的空间使用上的区分，这区分便也带来了空间性格的差别。某种意义上，这差别不是因，而是果，就像秀美的未名湖区和庄严整饬的教学区的显著不同，本是无心插柳；但是，因和果有时也不免纠缠在一起，最终难分你我，就像1926年时，未名湖区园林风貌初呈，未必是为了真正的"中国风格"，却进一步推动了它在后来数十年中向着有更鲜明的"中国园林"特色的方向发展。

有分隔界限，就必有通道入口，有"墙"也便有门，最著名的自然是校友门，也就是今天的北大西门。燕大校友1926年集资修建的校友门是一座三开的朱漆宫门式建筑，高不过七八米，风格古朴、庄严典雅，与颐和园东宫门相似，原先正对着一面黄色的影壁。它的风格是由燕大校方在迁校以后广泛征集来的，与茂飞关系已经不大。在茂飞最初的规划中，燕京大学的西门曾经被设想成一座歇山顶建筑的样式，比起校友门来，这座最早构想出的燕园的"门"，在位置上便有些偏离燕大校址的实际，跨过西门外的大道伸展到蔚秀园那边去了。茂飞随后做的修改，便是将它挪得离贝公楼更近些，因为靠近两座拟议中体量迫人的大楼，这歇山顶建筑又缩了些水——无论如何，原先这座窄小的校门和如此大的现代学府是不太匹配的。

在燕大男生体育场建成之前，通往校外成府去的东门开在今天的东门北边，后来校园向东北角拓展，便有了开在东北角面向成府夹道的小门。因为抗战之前，燕大始终没能取得徐世昌家的地产淀北园，很长时间内，人们如果要去朗润园，也就是燕京大学位于淀北园再北边的宿舍区，并不是十分方便。人们出了东门之后，需要沿着围墙外叫作大成坊的小路，沿着今天已经填没的小沟，向北绕过淀北园的徐家花园的大门，才能找到朗润园位于东南角的偏僻小门。

在今天北大南墙外的海淀北路建成之前，燕京大学南部还是一片荒芜，只有一些低矮破败的平房。那片习惯上被称为南大地的地盘上面，因为既没有像西门那样的交通要道，也没有重要的目标可以通往，所以南门也就没有那么重要了，在那里只有一道简陋的铁栅栏小门，通向南大地燕南园的职工宿舍。

大多数人不知道的是，除了西门、东门、南门，还有所谓女校校门。根据桑美德（Margaret Bailey Speer）女士的回忆，从西校门去女校时，在通向女校的小路路口处还有一个门设在那里。这个门和今天方便汽车进出而设置的西偏门并无关系。

在轩敞的大门之外，这些少有人知的小门指示着一种与之同存并置的历史情境。

墙和门，分隔和勾连，这其中最显著的意义便发生在女校和男校的区分上。

且看1920年刚刚成立时的女校。

> 有的功课是在男校上课……有的是在女校上的……在男校上课时，我们就都到男校所在地的盔甲厂去。当时男女合校还是一件很新鲜的事，因此我们都很拘谨，在到男校上课以前，都注意把头上戴的玫瑰花蕊摘下。在上课前后，也轻易不同男同学交谈。他们似乎也很腼腆。一般上课时我们都安静地坐在第一排，但当坐在我们后面的男同学，把脚放在我们椅子下面的横杠上，簌簌抖动的时候，我们就使劲地把椅子往前一拉，他们的脚就忽然砰的一声砸到地上。我们自然没有回头，但都忍住笑，也不知道他们伸出舌头笑了没有？①

那时女校还有"监护人"制度，无论是白天或晚上，几个人或几

---

① 冰心：《我的大学生涯》，燕大文史资料编委会编《燕大文史资料》第一辑，3页。

十个人，会场座后总会有一位老师。在迁址海淀之后，这种"监护人"阴影下有些刻板的女校图景，这种"墙"和"门"的冲突，因为一个更为大方从容的校园，慢慢变得不同起来。在热心校园建设的金绍基先生的愿景中，女校的入口应该是充分和自然风景相整合的——

首先，学院前应该有宽敞的水池，北边的水池可以考虑在其南沿扩宽，这样便可以看到姊妹楼的反射全景，总体上就有丰富而富于变化的建筑外形；其次，女校应该有一个别致的入口，就像道路中间的安全岛一样，学院门前应该有这么一个绿化的"影壁"，围绕它的路在前端合拢，面向西面，在那里修一个大门。"安全岛"外围密植侧柏，内围是春日芬芳——在西方文化里象征着初恋的紫丁香，中心留点空地，好作看门人房间。通往学院的两小水池间的弯路沿途种植亲水的垂柳，株距十二英尺足矣，将来等它们长成了又太密时，可以每隔一株移出一株……

金绍基先生已经把这"女儿国"里的一切都考虑周详：

> 女校庭院中，两矩形楼间的花圃边沿为 2 英尺草坪，中央为牡丹树……两座方形大楼周围设置修剪的红松树篱。根据路的宽度来决定花坛的尺寸，使得花坛的长度比茂飞先生计划的长……铺设步行道，院子里敷设草皮，最好把院子弄成玫瑰园……中心草坪的四边，包括那四块地，其外沿种植开花的果树，株距约 15 英尺……间种杏树和梨树……[①]

---

① "Report on Landscaping by Soutsu King," 1927/04/07, B304F4720.

临湖的男生宿舍面对的是一片空阔的湖水，为花团锦簇所包围的女校则呈现了比较含蓄的性格，但是并不显得封闭。就在女生宿舍一院至四院之间，今天北大称为静园大草坪的所在，原本是一个小花园，周围有松墙。"内有花木、藤萝架和假山"，燕大女生形容说是"男校有水，女校有山"。[①]对于当时的中国来说，这专为女孩们所设计的天地不啻破天荒头一遭，虽然依然偏在深闺，它却并不是旧日里奴才主子二重唱的"大观园"。[②]（图19）

图19　燕大女生宿舍：花园之中的花园
来源：哈佛大学图书馆。

[①]　孙幼云、叶道纯：《尘迹拾零》，燕京大学38班同学《燕京大学三八班入学60周年纪念专刊》，160页。

[②]　在此我们不妨比较一下清朝末年初兴女学时，男权社会对于女子学校物理情境的期待："……令其住堂肄业，内外有别，严立门禁。所以，必使住堂者放假有定期，不使招摇过市，沾染恶习，至学堂衣装式样，定为一律以朴素为主，概行用布，不敷罗绮；其钗珥亦须一律，不准华丽……五年以后，妇女中深通国文者渐多，此项国文教习即一律用妇女充当，以归画一，而谨防闲。至堂中建置，应分别内堂外堂，外堂为各男职员所居，内堂为各女职员及女学生所居，界限谨严，力求整肃……"《光绪新法令》第七类，转引自程谪凡编《中国现代女子教育史》，中华书局，1936年，69页。

燕京大学女校一直可以追溯到北京公理会教会1895年开始增设四年制中学的女子学校，那就是大名鼎鼎的贝满中学（Bridgman Academy）——1899年，就是从这所中学毕业了中国历史上的最初两个女子高中毕业生。1920年春女校建立后，燕大与北京大学一起成为当时北京仅有的两所男女合校的高等学府。[①] 从1922年开始，女生毕业也可以获得学士学位，合校后，女生可在男校选课，三四年级开始合班上课，共用实验室及图书室——这一点，即使对于当时有些美国人而言，也是不可想象的，大概很多人都知道，迟至1924年，与梁思成同赴美国的林徽因，还因为这种对女生的限制，不能如愿进入宾夕法尼亚大学的建筑系学习。[②]（图20）

　　这种改革自然是小心谨慎的，迁入燕园后，那个无趣的"监护人"依然无处不在，学校仍规定一年级男、女生必须分班上课。这就是从西校门去女校时，通向女校的小路路口处的那个门的用意，它把守着一道无形的墙，不仅将男生排斥在外，也迫使女生们自己画地为牢。学校迁到海淀的初期，男、女校的权限区别相当严格，男、女校各有自己的教室、教堂和图书馆，教学生活中，大概只有实验室不得不男女共用。迁入燕园后的1927年春，燕京平剧社在校内公演，这种对外的"公演"通常是为社会福利工作筹款的——于是第一次出现了女社员参加演出，全校哗然；讽刺的是，反对者中反对得最为激烈的不是男性卫道士，而是女教员、女学生。几经疏通，平剧社才在贝公楼

---

① 一些人认为，从这个意义上来说，燕京大学是中国第一个正式实行男女同校学习生活的现代高等学府。程谪凡在《中国现代女子教育史》中则认为岭南大学实行男女同校的历史要早得多，从1905年开始，1920年时男女同学已经达到28人。

② 见［美］费慰梅《梁思成与林徽因》，中国文联出版公司，1997年，29页。

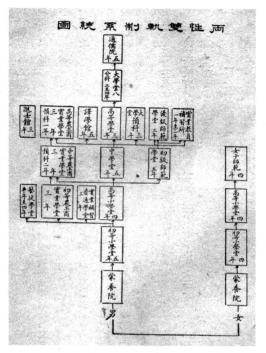

图20　清末，在现代意义的大学学制形成前实行的男女校双轨制
来源：程谪凡编《中国现代女子教育史》。

礼堂得以演出。演出三日，座无虚席，但观众中居然没有一个女性。

　　盉甲厂时期燕京大学男女之间壁垒森严，到20世纪20年代末期的海淀燕大，这壁垒伴随着花团锦簇的图景逐渐消失了。这种进步，当然不完全是建筑师的功劳，但是，先有鸡还是先有蛋的问题并不容易回答，任何一种文明的理念都要依赖合适的物质表达。正如前文所言，"表现"之物和"被表现"之物总是互相裹挟着一起向前发展的，在凝神观览的一瞬间，包含着观察者和观察对象之间的某种交流，这交流中有剧烈的冲突也有无可奈何的妥协。（图21）

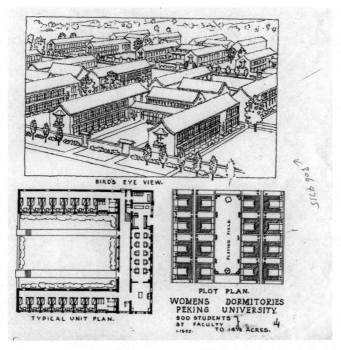

图21　茂飞最初的设计图景远远超过燕京大学女校最终建成的规模，并且女校宿舍各院的入口是两个，不是今天建成的一个

　　"燕园"的女校是私密的，又是公共的；它既含蓄矜持，又对外开放。这种相濡以沫的朝夕共处，某种意义上像是传统社会中的大家庭，但是实际上这其中又没有任何血缘关系的纽带，它是中国社会阶层在新的历史阶段的一种横向结合。

　　由姊妹楼南行，在一圈围墙的里面，是由三合院落组成的建筑群，那就是燕大男生心目中的"圣地"：女生宿舍一、二、三、四院。虽然它们比起茂飞计划的女校来大大缩水，可是直到1934年，燕大只有约八百名学生，全校的女生也不过二百五十人，分住在四个女生宿舍绰绰有余——这院落由两层的中国卷棚式小楼组成，男女生的住宿情况被燕大校友石埒壬戏称为"男生住楼，女生住院"，小院的门外还有大院，各有各的种植式样，马缨、迎春、紫藤、丁香……

> 在五月的夏天，院中那朵高大的白玫瑰盛开，千朵百朵，蜜也似的甜香，沁人心脾。二院门楼上的藤萝也盛开了，一束束淡紫色藤萝花穗摇曳在小小的门楼上。[1]

燕大校友自己记忆中的女校风景里，这个幽静的小花园是个无微不至的"家庭"，宿舍里有舍监"管家"，有"奶奶"照顾。学生有了病就到女校医院找大夫，学校里甚至还专门有个女生住院处：

> ……（女校宿舍）院门不大，是深红色，门框右上方有个门铃，男客不得入内。站在大门处，可见小院是方的，三面都有二层的房屋，每院约住60位同学。每个学生每年可亲自挑选住宿，在指定的日期由高年级开始到姊妹楼女部办公室选定室号。二人一屋，个别大房间是三、四人一屋……每院有一位中年妇女是舍监，是总管家也是家长，她每周一向女部主任……汇报情况，领取指示。另一位"奶奶"和善可亲，管清理学生房间，料理杂事，帮学生解决问题……还有一位中年男工友，做些动力气的杂事。就这三

---

[1] 冯宝琳：《点滴的回忆》，燕京大学37—41级同学《燕京大学37—41级校友入学50周年纪念刊》，21页。

位把宿舍管理得井井有条，干净整齐。①

　　女生宿舍里，配备有当时堪称讲究的一整套自助生活设施，它们提供了无上的便利，然而，和"大观园"不同的是，力所能及的事情，"小姐们"都要尽量自己动手（图22）——煤炉都已经由"奶奶"们代为烧好，但依然需要自己照料灶台：

　　　　在楼下的一个角落有一间水房，这是女宿舍的特点，那里有一个用砖砌起来的大灶，那时还没有煤气，由这煤炉供应开水、热水、学生可以煮药或自己做些零食之类。室内有个熨衣桌，用这煤炉烧的熨斗熨衣服，那时也没有电熨斗。室内有四个大缸盆嵌在水泥台供学生洗衣服，洗后晾在室内的绳子上或晒在两个宿舍之间的院子里……②

　　和男校一样，每个女校宿舍的院落里都有一个自带的小食堂：（图23）

　　　　食堂在二楼，南北两个入口；大约有八个圆桌，两排摆放，每桌坐八个学生。桌面棕红色，有圆凳相配。1934

---

① 唐冀雪：《燕大女生宿舍》，张玮英、王百强、钱辛波主编《燕京大学史稿》，439页。又，女生呼女佣为"某奶"，男佣为"某爷"，见陈礼颂《燕园杂咏并序》，燕大香港校友会《燕大校友通讯》，54页。
② 唐冀雪：《燕大女生宿舍》，张玮英、王百强、钱辛波主编《燕京大学史稿》，439—440。

图22　女生宿舍的洗衣室。据说，这组照片是为美国《生活》杂志刻意摆拍的

图23　燕大女生宿舍餐厅，今天北大各院的会议室所在

年刚提高了饭费，每人每月8元开学时交齐。听说当时一般大学饭费是6元，有人称燕大是贵族学校。食堂有一位固定的厨师餐前摆好每位的餐具，每位面前有盘、碗、勺、两双筷子架在一个小玻璃架上，长筷是公用筷。早餐有馒头、稀饭、咸菜，每人有一个鸡蛋，随你要煮的、煎的或炒的，厨房可现做。[①]

食堂使用的是和图书馆同样的"装备"——终于，中国样式的装修之中，现出了美国工程师的原形——窗口里，有个升降机直通地下室的厨房，里面是个可升降的装菜托盘，食堂的大师傅一喊"炒一个"，那位看不见的厨师就"一按电钮，托盘由滑轮推动送上一个炒鸡蛋"。

餐厅里，一桌八个学生一起围坐吃饭不是没有理由的。吃饭时间虽短，却是学生集体交流的重要机会。新生们常常害怕和高年级学生一起吃饭，但肩负义务的学长们，对她们的学妹们早已留意，迟到的人不必担心没有菜吃，因为会有同学早早把她的那一份留在菜盘里。新生也可以借此提出些学习上的问题，能够从经验丰富的高年级学生那里得到指点和帮助。

在这种编排好的精确性里，男女校也彼此往来。"姊妹楼"北面的那座麦风阁被设定为男女同学社交定时开放的"窗口"，它藏有上文说过的情侣们共眺西山的咖啡座，在制度许可的范围内，大家可以"各适其适"。抗战胜利，复校之后，燕京大学学生自治会一度还搬

---

① 　唐冀雪：《燕大女生宿舍》，张玮英、王百强、钱辛波主编《燕京大学史稿》，440页。

来此地，于是女校不仅是男生们的圣地，它还恰如其分地成了整个校园课外活动的神经中枢：

> 男生去访问女生，要到姊妹楼里的交谊室请见，由女佣打电话或到女生房间通知她到交谊室会见，谈话时，女佣远远坐在一角监视，虽然听不见甜言蜜语，但不准动手动脚。男生宿舍却没有交谊室，女生不能进男生宿舍，恕不招待。最初男女生结队出外游玩，还有女教员陪同去做监护人（Chaperone），后来才取消了这制度。[①]

这"公寓"亦开亦合，男女学生甚至还有机会互访。每年春季"宿舍开放"的那一天，是他们堂而皇之满足好奇心的日子，可以互到对方宿舍观察——除了恋爱对象有机会看到自己意中人的私密空间，那些暗恋者也可以趁此一近芳泽。因此，有心人都会把宿舍整理一番，女生们除了把宿舍收拾整齐，还有人到校园找些鲜花点缀一下自己的床铺。（图24）那些或是身边冷落，或是不愿敞开自己的学生也有选择回避的权力，他们干脆锁上门进城去了。

> 每年有一次男女生宿舍开放（Open House），男生可到女生宿舍参观，女生也可到男生宿舍参观。那天男女生都将自己房间收拾得干干净净，床上被褥，铺得整整齐齐，好让人来参观；尤其男生有女友，女生有男友的，更是将房

---

① 徐兆镛：《燕大的轶闻趣事》，李素等《学府纪闻·私立燕京大学》，241—242页。

图24　宿舍参观日前女生布置床铺

间布置得好看，墙上挂了画和像片，瓶里插了鲜花，桌上摆了糖果，可随便取食。有些同学不愿人参观他们的卧室，就把门锁起，自己或是走开。参观完毕，同学们都有很多谈论的。某次纷纷谈说张如怡的房间里时髦衣服和高跟鞋特别多。[①]

　　四个女生宿舍都有很大的阅览室，有中英文杂志报纸，当每晚10点半熄灯，走廊里小架子上的小煤油灯高高地点燃时，有人会在这里补课拉提琴，也有人在这里发奋开夜车。但在男生看不到的这个"小世界"的一角，更多的女生会展现她们的"爱美之心"：

---

① 　徐兆镛：《燕大的轶闻趣事》，李素等《学府纪闻·私立燕京大学》，242页。

第一院的小姐们，却没有忽略（美观的）这一层，有几位美术大家素负美人之名，更能讲究；斜领窄袖，短裙的时髦上海装；巴黎脂粉，花旗香水，满布装（妆）台。头发不喜光泽而求蓬松；羡慕洋鬼子的卷发缕缕，所以一到礼拜五，便端着镜子，拿着熨剪，跑到洗衣裳室。那小灶的火，也真有用，一边煮着香喷喷的红烧肉，一边又可以烧熨剪。素有经验的浪小姐，比较别人能干；她不求她人的帮忙，却自己对着镜熨。有时候不觉意失了手，误碰着头颅！"呷吔"一声，熨焦了一块肉，也（只）好忍住。有时候，灯火太盛，熨剪烧到白热，青丝忽然断了一缕，还发出怪味四散，但无论如何，经过一番工夫，头上便制造出艺术的千层梯子，恰似天坛的台阶……①

像女校一般相对独立的"小世界"在燕园里有若干个，依照它们历史渊源和校园生活的关系，有各种截然不同的情形。经过专门设计的临湖轩（校长的家）、女校主任住宅（女校主任的家），它们散布在主校园上，既是官方意义上的"家"，同时又是校园中所有人都可来往的"公共住宅"。（图25）但大多数私人住宅都隐没在与公共场合若即若离的"后花园"中，一系列小园依然保持着自己的"我行我素"。

燕大新校址上充任新式住宿区的各个小园有不同的来历。其中朗

---

① 梵因:《图书馆之花花絮絮》，燕京大学《燕大年刊》编委会编《燕大年刊》，1929年，164页。

图25　燕大最后一任教务长陆志韦，他身后的建筑铭牌上是个"家"字

润园、镜春园、达园，因旧园址上的房屋保存尚完整，燕大就地把它们翻建成教工住宅。这些表面上古色古香的宅院，全都装有新式的水暖和卫生设备。[1]

　　而燕南园和燕东园都是新建，大多数建筑是全然西式，很多材料，就连同门上的铜把手，都是从美国直接运来。（图26）里面厨卫客卧的布局，乃至灶具的装置方式，都和美国一般乡村住宅无异，但因为采用一部分本地工艺，细节上依然有很多中国特色，比如门楣上

[1]　熊正文：《三十年代初在燕大作研究生的回忆》，燕大文史资料编委会编《燕大文史资料》第九辑，32页。

图26　燕东园的西式住宅

精工细作的砖雕和仿造中国建筑样式的窗格。

　　再说起来，燕园周边还有散在成府的零散私人住宅。一部分是燕大刚刚迁校的时候教工们自行购入的。再后来，燕大教工人数增长，学校有时便给这些职工一些财政补贴，以租房补充正式宿舍的缺口。这些建筑虽然不为燕大建设，但大多屋宇轩敞，房屋高大，经过西式方法的整修，便也非常适于居住。

　　学生宿舍、官方住宅、旧园居、西式乡村别墅、零散私人住宅，在茂飞的轴线不能照料到的地方，"燕园"集成了这五种完全不同的居住方式。（图27、图28）

　　燕大的教职员工，无论中外老幼，都对他们的新"家"表示出由衷的赞美：

　　　　……像我这样的新来者，一下便为我们物理环境的不

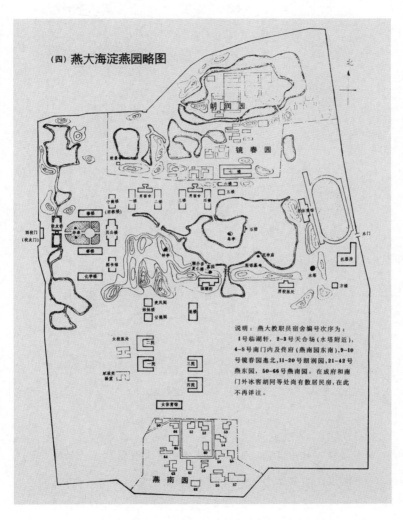

（四）燕大海淀燕园略图

说明：燕大教职员宿舍编号次序为：
1号临湖轩，2-3号天合场（水塔附近），
4-8号南门内及佟府（燕南园东南），9-10
号镜春园迤北，11-20号朗润园，21-42号
燕东园，50-66号燕南园。在成府和南
门外冰窖胡同等处尚有散居民房，在此
不再详注。

图27　燕大海淀燕园略图中给出了教职员宿舍编号规则
来源：张玮英、王百强、钱辛波主编《燕京大学史稿》。

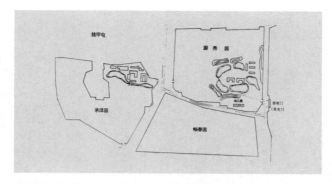

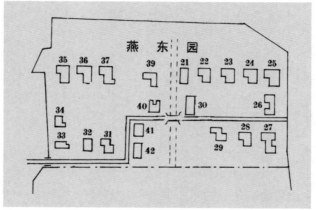

图28　蔚秀园、燕东园
来源：张玮英、王百强、钱辛波主编《燕京大学史稿》。

可形容的魅力倾倒。这是我必须先说说我们这怡人的地方
的原因，当燕京大学搬到它的新址时，这个地方（朗润园）
将成为一部分教工的家……这地方的魅力绝不仅仅是依存于
它的皇家色彩，相反，它的魅力隐藏在庄重的大门，蜿蜒
的柳荫路，横跨荷塘的石拱桥，低矮的、有着精细雕镂和
曲线屋顶的白色房屋，因为爬满青藤的墙壁和山石而充满野

趣的庭院。在此聚会时，人们很难将注意力转向正题，而离开这充满诱惑的环境。[①]

在这些园居者中，知名的如冰心住过燕南园53号，洪业住过燕南园54号，[②] 包贵思住过朗润园11号，在没有临湖轩之前，司徒雷登也住过朗润园16号。燕东园中，住着31号的林耀华、32号的高名凯，33号的鸟居龙藏，人称"鸟居高林"。很多人都在燕园左近留下了他们大半生的足迹，明清史专家邓之诚，也就是《骨董琐记》一书的作者，从1928年开始就在燕京大学教书。邓先生最早居住在燕大东门外的成府槐树街12号（1931年），然后搬到冰窖胡同17号，也就是现在北大校医室所在之处，因为时局变乱搬入南宿舍勺园4号（1937年），太平洋战争爆发后迁至东门外桑树园4号（1942年），复校后，又入住成府蒋家胡同2号（1945年）。[③]（图29）且不说后来邓之诚又执教于1952年搬迁到燕园的北大历史系，仅在燕京大学任教的历史，他已经安家于燕园前后二十余年。（图30、图31）

---

① "By a New Member of the Faculty," 耶鲁大学神学院图书馆藏燕京大学档案，September 19, 1923, Group No. 11, Series No. IV, Box No. 360。

② 燕南园的门牌号码已经变更多次，此处以叙述人的叙述以及燕京大学老编号为准。"洪家在燕南园五十四号的住宅是洪业自己设计的，他的书房另设门户，方便来访的学生不必经过客厅。客、饭厅之间有活动壁，请客时拿下来可摆坐得下二三十人的餐桌。外面园子里有一个亭子，亭前栽了两棵藤萝，每年五月藤萝花盛开时，洪业与邓之诚请了些能吟诗赋句的老先生来一起开藤萝花会，饮酒做诗，延续着中国读书人自古以来爱好的雅事。"见［美］陈毓贤《洪业传》，178页。

③ 蒋家胡同4号则住着郑因百，见滕茂椿《纪念郑因百先生》，燕大文史资料编委会编《燕大文史资料》第七辑，247页。

图29　蒋家胡同的中式教员宿舍

　　燕园这个"家"所牵系着的还有另一些特殊的人物。

　　出生于美国中西部的堪萨斯城人埃德加·斯诺（1905—1972）是年纪稍长的中国人耳熟能详的人物。饶有意味的是，1949年借《别了，司徒雷登》一文和美国划清界限的毛泽东，又在二十一年后的10月，借着邀请斯诺登上天安门城楼观礼的机会，向大洋彼岸抛去了和解的橄榄枝，而这位不久就在瑞士客死的美国人，却在来到中国的最后日子里希望"将他的一部分和中国褐色的山、碧玉似的梯田、沉雾笼罩的岛上庙宇留在一起"①。

　　他最终如愿以偿。

　　20世纪30年代任教新闻系的斯诺原住在海淀军机处8号，它"原是燕大出身的一个中国银行家的住宅"，那一块也是包贵思后来举办"晚山园会"的地方，现在，这座燕大南面的房子随着北大校园的南

---

①　张文定：《斯诺在燕园》，燕大文史资料编委会编《燕大文史资料》第二辑，109页。

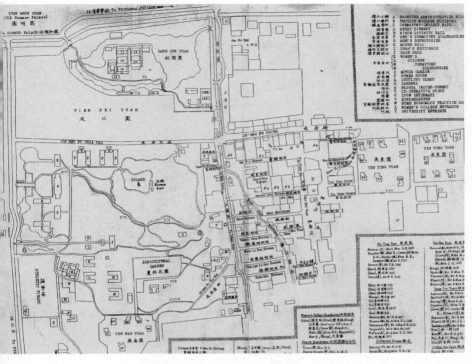

图30　20世纪30年代初期燕大教职员工住宅在校园中的分布，图中可见东校园之外的
　　　　成府地区。当时，燕大尚未购入时称淀北园的徐世昌花园（鸣鹤园和镜春园）。
　　　　在有籍可循的历史里，鸣鹤园—镜春园—朗润园所在的燕园北部园林区域，
　　　　和淑春园—勺园（集贤院）所在的南部园林区域，似乎从未同属过一个主人，这样
　　　　淀北园和燕大校园之间便有一条划分地界的"成府夹道"。成府村的主要街道成
　　　　府街正对着成府夹道，成为这一地区东西向的一条便道，而朗润园的正门开在
　　　　它的东部，面向北河沿。可以看出，燕园地区的园林分布同时反映了产权状况
　　　　的分割，它们和这一地区的村镇发展彼此依存，而且这种关系由来已久

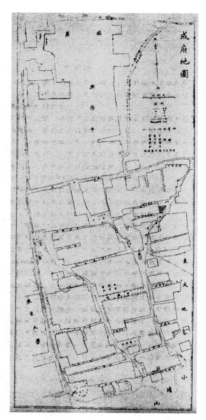

图31　1923年—1924年，在清华教授罗邦杰指导下，后来以物理学研究著名，并出任
北京大学校长的周培源和另外几个学生测绘了一份大比例的成府村地图，不仅建
筑物的轮廓准确可信，街道宽窄历历在目，甚至连基地上树木的位置数量，也
都标得清清楚楚。值得注意的是，成府街同时也是成府村的北界，再往北走就
是一片菜地，1948年，后来成为著名红学家的周汝昌便是走成府村北的"畦圃
之小径"到清华园去访问师友的。那条路上，据说还有一段是创办香山合作社的
熊希龄的地产。成府街和成府村的这种地理关系绝非偶然。比如，成府街以北
菜地的存在很可能是因为此处的地势显著低于南边的聚落所在，成府街因此构
成了成府村的南北狭长区域的北界，而燕京大学东界的"北河沿"的小路旁的那
条水沟，以及往东去的"红萝卜胡同"中的那条小沟，便也影响了成府村的东西
边界的状况

来源：《清华学报》1924年第1期。

展和海淀路的修建已经不复存在了。斯诺"喜欢这座中西合璧式的住宅，在宽敞的庭院里有果树，有竹子，还有一个小型的游泳池，房屋建在高地上"。在那个时候，透过他"居室明亮的玻璃窗"，还"可以眺望到颐和园、玉泉山"。①

斯诺在燕园稳定居住的时间其实并不算长，只有两年左右。可是在这段时间里他所领略的，却是长眠于地下的他将要长久观望的景象：

> 它的一部分占了圆明园的旧址，保持了原来的景色，包括花园一般的校园中心那个可爱的小湖。在冬天阳光灿烂的日子里，我们经常看海淀来的上了年纪的旗人在湖上表演令人炫眼的花样滑冰。②

> 我们在一个略为发灰的浅红色的亭子边停下来，眼光穿过它的拱顶，凝视阳光下碧波荡漾的一片湖面。在我们身后，拾几步石阶而上的那块稍为高起的地方，有一片蔓草丛生的空地，四周松树围绕，遮住了我们的视线……③

---

① 张文定:《斯诺在燕园》，燕大文史资料编委会编《燕大文史资料》第二辑，110页。
② 同上。
③ 张文定:《斯诺在燕园》，燕大文史资料编委会编《燕大文史资料》第二辑，114页。

第 三 节

"孤岛"

世界外的一个世界

1928年，湖北的有识之士提出建立一个中南地区的国立重点大学，新校舍建筑设备委员会的委员长，湖北人李四光请了毕业于麻省理工学院的美国建筑师开尔斯（F. H. Kales）设计校园总体布局和规划，校园位于风景秀丽的武昌东湖之滨的珞珈山。（图32）

后来，武汉大学早期建筑和未名湖燕园建筑、清华大学早期建筑一起成为第五批全国重点文物保护单位。无论是校园结合自然山水的特点，还是美国建筑师介入营造"中国风格"的历史渊源，武大校园和燕园都有类似之处，但由北大政治系转任武大的武大老校长周鲠生（1889—1971）却出人意料地反对这种"乡村办学"：

> ……我的观察点是在乡村大学与都市大学比较一方面。中国早些年有些教会大学，如北方的燕京大学特别设立在郊外乡村间，建筑宏大的校舍；又如国立的清华大学，也建设在乡村中间；近来本校也在这郊外珞珈山从事建设。这

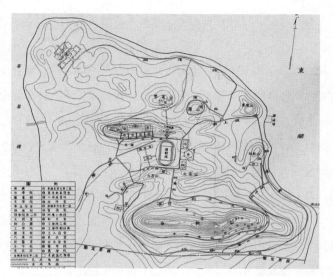

图32 同样由美国建筑师规划设计，和燕京大学的校园堪将比拟的武汉大学校园，规划
平面

种在乡村建设大学的趋势，很引起学术界和教育界的注意，都以为一个大学，必须要有新的环境，在山明水秀的地方，才合条件。因此，校外有许多人士在称赞我们学校的时候，也以为全国的大学都要搬到乡村中间去才好。从前蔡孑民先生在北京大学当校长的时候，也曾计划预备搬到西山去，并在西山买了一块很大的地皮，但当时因为经费太困难，学校都几于无法维持，所以终究没有实现；到现在凡是与北大有关系的人都是引为遗憾的。再如南京的中央大学，也曾有迁往中山陵的议论，前年在本校教过书的罗家伦先生就是极力主张的一个，本校王校长也是如此主张。大家都好像以为大学办在乡村里，乃是天经地义的原则；但我个

人却很反对，这种议论愈盛，我的反感便愈深……①

其实在燕京大学内部，也有人对乡村办学不以为然，那位反对在海淀寻找新校址的高厚德教授便是如此。在教育哲学上，他偏向于约翰·杜威的思想，主张"教育即生活"（education is life），这种生活是真正的惨淡人生，而非虚构出来的田园诗意。高厚德认为学校教育只是人生接受教育的一小部分，教育缩小到最小元素，"只有学生和要学的内容（教材）就够了"，"不一定要有教师。教室、校舍也不一定要存在"。在这一角度上，燕园的"乐园"氛围，在高厚德看来怕只是高昂学费经营出来的幻梦，因为学生多半来自城市，毕业后也留在城市工作，这目标和乡村教育的环境本无多少粘连。②

周鲠生反对燕京乡村教育的立场，却不妨碍他对武汉大学郊外校园的赞美，他的立论，主要是燕京大学是"教会设立"的学校，是"为教会造人才，为外国人关系事业造人才，并不预备对中国社会改造上有什么贡献"，所以它无须设立在都市中心。而国立大学的使命，第一是造就人才，第二是提高学术，还有第三个使命，就是社会的使命，我们的大学"要影响社会，要做社会改造的动力"。"要履行这种社会的使命，大学便不应与社会离开。"但武汉大学在郊外的建设，

---

① 周鲠生 1932 年 5 月 30 日在武大纪念周上的讲话，《国立武汉大学周刊》，第 130 期。张伯苓在燕大迁校典礼上的讲话可与之相参照："略谓燕京如此校舍，即美国十数年前尤未克有此，望诸君有此富丽校舍，勿流于安逸而乏奋斗之精神，兄弟此次游历各国，得悉能有奋斗精神之民族即强，不然即弱，深望诸君能奋力去做也。"张玮英、王百强、钱辛波主编：《燕京大学史稿》，1210 页。
② 廖泰初：《燕京大学建校初期的高厚德先生》，燕大文史资料编委会编《燕大文史资料》第一辑，75、79 页。

却是为中国的建设，它在山野间宏伟的校舍，更有助于弥补此前国立大学物质设备上趋于薄弱的缺陷。

按照周鲠生的意见，武汉大学校园的相对脱离社会，并不是为了忘记自己的社会使命，而是因为大学教育起步未稳之时，身处险恶的社会中，易受环境的同化。相反，燕京大学一类为"外国人关系事业"服务的大学，那便是孤芳自赏脱离社会了。周鲠生引述金陵女子大学的一位学生的感想，先是说到教会大学"生活的安适""物质设备的完美""环境的幽雅"，最后她却来了一个"但是"：

> 她说，虽然我在学校里享受了这几年的好生活，然而对于我又有什么用处呢？我出校之后，又怎样能够去解决社会的问题呢？而且说近一点，又怎能解决自己生活的问题呢？[①]

在20世纪二三十年代，孤悬郊外的燕京大学——还有那座虽是国立，却被罩上了一顶"留美预备学校"帽子的清华大学（学校），多少给北京的人们留下了一种不食人间烟火的贵族学校的印象：

> 北平女生间有一谣云："北大老，师大穷，燕京清华好通融。""好通融"就等于"很好"。事实上也确乎如此。西郊出来的学生比城里的着实光鲜些，年纪轻，态度潇洒，学问没有十分坏的，连脸孔也似乎因为少受北国出名的风

---

① 周鲠生1932年5月30日在武大纪念周上的讲话，《国立武汉大学周刊》，第130期。

沙吹打的缘故，显得比城里的学生漂亮……

挂了"国立清华大学"或"燕"字的徽章，踏进皮垫校车，让它顺着绿树成荫的柏油街道进城，在那辽阔的西长安街飞驰，军民人等不该咋舌么？旁若无人地昂着头大踏步于东安市场，胸口的三角招牌闪着亮光，穿着黑短裙的女学生们无怪不得不叹"好通融"了。是的，他们是天之骄子。做他们的同伴多么难呀！……每当校节或日暖风和的星期日，带了睁大惊讶眼睛的亲戚之类校内兜兜，不厌其详地指点着每一棵草的名贵，心中不免跳动着得意吧……①

这两段文字的作者本人就是这"好通融"的群体中的一员，但当他写到一所西郊大学"水汀的煤费就足以开办两所师范学校"的时候，也不能不对这"自成一小天地"的两所贵族学校略带揶揄：

如果一位高等美国人旅行到北平，觉得北京饭店的抽水马桶不行，上西郊去，一定可以满意而归。那儿什么都齐全：邮政局，电报局，银行，使皮鞋脚变成猫脚的软木地板，蹬不碎的玻璃地板，大理石的游泳池和厕所……南方大学生做梦都想不到的。那巍峨的屋子啊，简直是——！有皇宫般庄严，而比皇宫舒服，有洋房的各式优点，而比洋房美丽。②

---

① 任浩：《西郊两大学》，葛兆光主编《走近清华》，四川人民出版社，2000年，180—181页。
② 任浩：《西郊两大学》，葛兆光主编《走近清华》，181页。

外国人以最先进科技创办的中国大学校园，消耗的是煤和电力，但是它产出的形象却截然不同，是和皇宫一般庄严的"古色古香的玩意儿"：

> 远看着一层灰色的瓦，中间更矗立着一座灰色的塔……
>
> 燕京就是这样：外观纯然是灰色，而内容却具有很复杂的古色古香的玩意儿。朱红色的柱子，彩画的天棚，结绮的窗棂，衬着八角的宫灯。此外便是几千年前的甲骨、钟鼎、彝尊和脆黄的纸鲜兰（蓝）的套的真真假假的宋版线装书。这是一个世界，是世纪外的一个世界。[①]

在时人的眼里，燕京大学的翩翩少年和娉婷仕女最让人印象深刻的，首先就是他们讲究的穿着了，这身衣装不是把他们装扮成现代公民，却是世界外的一个世界中的仕女王孙。（图33、图34）

> 湖上少年，多着西服，革履橐橐，理直气壮，冬日不耐寒逼，一变而为轻裘缓带，南院同窗，喜穿旗袍，或酌罩节俭蓝布褂，秋深则斗篷外套，频频加身矣，新装衫服，长仅及膝，故西氅亦足适用，若加毛绒衣于袍外，虽属不经，却有仪态，有某"坤"者，雪朝犹御彩丝斗篷一袭，临风翩跹，人艳其衣，遂忘其寒。
>
> 初来湖上，男革履皆长方头而厚胶底，皮以黄褐色为

---

① 罗慕华：《留燕旧话》，燕大文史资料编委会编《燕大文史资料》第五辑，74页。

图33　燕京大学的校园中，西装、旗袍和长衫并存
来源：哈佛大学图书馆。

图34　原题为莺歌燕舞出门去
来源：燕大北京校友会《建校80周年纪念历史影集》。

多，制革科所制，色虽浅坚韧颇能耐久，戊辰后，御胶底者渐少，鞋顶转圆阔，几多黑色，亦有别制漆皮履，为宴乐之用，冬日则加鞋罩取暖，兼示缙绅体统，女履初亦流行平底圆头，及辰岁改兴高跟浅缘，而以窄带搭踝骨上，皮作檀色者，春秋最宜。①

在城里时，燕大的学生都是在中国土生土长的"典型的中国人"，穿的中国衣服、中国鞋。女生"头梳髻子，上穿褂子，褂子的扣子是布结的，在衣襟的右边"。冬天，有人还穿着"毛窝子鞋"，那是用芦苇秆头手工编制的一种草棉鞋，这种鞋不大能在泥泞处行走，只能天气好的时候穿，但非常便宜，很受穷人们的欢迎。男生们则是穿"短褂及裤子，开襟在前面，也是布结的扣子"，加上五四青年的招牌穿着，夏天长衫，冬天棉袍。那时男生西装革履的几乎没有，女生穿旗袍也是20世纪20年代以后的事。②

和国立大学相比，海淀燕京大学带着洋气的"国际化"形象立现——即使放到今天也是无与伦比的。学生来自好几个国家，外籍教师也并不都是美国人。像翟伯所说的那样，这些来自不同国度的人构成了一个小的"国联"（图35），这个"国联"暂时超越了现实世界里面人们的仇恨：

外国人并不都是美国人，过去有德奥籍，俄国籍不必

① 微明：《枫湖丛话（一）》，燕京大学《燕大年刊》编委会编《燕大年刊》，157页。
② 钟文惠：《回忆七十二年前的燕京大学》，燕大文史资料编委会编《燕大文史资料》第九辑，16页。

图35 燕大的教职员工，一个小小的"国联"

说。以现在而论，还有向来忠于燕京的日籍考古家鸟居龙藏教授，还有多年在中国服务，而永远中立的瑞士国人王克思先生［(Philipe) de Va(r)gas］，他在太平洋战争初期，代表大英帝国，（美利坚）合众国，监督日本接收。胜利以后，又从日本手里接收回来……他（西语系主任谢迪克先生）生在伦敦，在加拿大毕业，夫人是俄国的血统的，到中国来讲西洋文学。最近，又接受康奈尔大学的聘请，下年休假时，到美国去讲授中国文学。请算算吧，多少国！……图书馆的罗文达先生，他是反纳粹的德国犹太人，来到中国，入了中国籍。初来时法文说得好，英文都不行。到燕京十年，不但中文懂些，英文学得很好，他还学会俄文了。至于娶美国太太的刘茂龄，和娶中国同学的林迈可更不必说了。[①]

---

① 王林：《燕大的国籍》，《燕大双周刊》，第19期，169页。

在燕京人看来，这种他们引以为豪的教育制度和文化上的多元性，首先就体现在燕京大学的校园上：

> 燕京有中学为体，西学为用的建筑——内部设有代表西洋近代文明的自来水，电灯，热气汀，外表却是十足的中国式的宫殿……
>
> 校园是明清以来，几经沧桑的若干名园所组成的。可是建筑是西式的居多。说起建筑，水塔是典型的中国宝塔，而用钢筋洋灰。大楼都是宫殿式房顶，加外国式玻璃窗。有几所中国房子吧，还是旧式格子窗，唯一不古香古色的就是不用纸而安上玻璃。[1]

在清华和燕大两所学校都有过任教经历的钱穆却一眼看穿，清华大学表面西化，骨子里却是中国式的学府，燕京大学表面上中国味道，骨子里却是一所美国大学。引用他一位懂得建筑学的朋友的"行家名言"，钱穆揶揄道：

> 燕大建筑皆仿中国宫殿式，楼角四面翘起，屋脊亦高耸，望之巍然，在世界建筑中，洵不失为一特色。然中国宫殿，其殿基必高峙地上，始为相称。今燕大诸建筑，殿基皆平铺地面，如人峨冠高冕，而两足只穿薄底鞋，不穿

---

① 　王林：《燕大的国籍》，《燕大双周刊》，第19期，169页。

厚底靴，望之有失体统。[①]

钱穆的“薄底鞋”“厚底靴”大概没有把美国建筑中时有，而中国建筑常无的地下室算在里面，但钱先生的醉翁之意，显然并不在于建筑理念的比附：

> 屋舍宏伟堪与燕大伯仲者，首推其毗邻之清华。高楼矗立，皆西式洋楼。然游燕大校园中者，路上一砖一石，道旁一花一树，皆派人每日整修清理，一尘不染，秩然有序。显似一外国公园。即路旁电灯，月光上即灭，无月光始亮，又显然寓有一种经济企业节约之精神。若游清华，一水一木，均见自然胜于人工，有幽茜深邃之致，依稀乃一中国之园林。即就此两校园言，中国人虽尽力模仿西方，而终不掩其中国之情调。西方人虽刻意模仿中国，而仍亦涵（含）有西方之色彩。余每漫步两校之校园，终自叹其文不灭质，双方各有其心向往之而不能至之限止，此又一无可奈何之事也。[②]

钱穆的揶揄多少道出了燕园外那个更大的世界对于它的看法，口气和武大校长周鲠生如出一辙。教会学校不管如何“中国化”，如何致力于弥补它和外部世界的差异，在那个因社会政治斗争而剧烈变化

① 钱穆引用的是南开大学教授冯柳漪的话，见钱穆《在北平燕京大学》，燕大文史资料编委会编《燕大文史资料》第五辑，12—13页。

② 钱穆：《在北平燕京大学》，燕大文史资料编委会编《燕大文史资料》第五辑，13页。

着的现代中国，这种独善其身的奢侈多少显得有些不合时宜。

　　未名湖畔茂飞设计的四所"宫殿式"男生住宅，可以说是超标准的设计：普通房间每房二人。宽敞舒适，光线空气俱佳，每房还配有防沙防虫的铜纱窗，以及书架、衣柜和取暖的汽管，在当时而言，可以算是极高规格。但是，男生宿舍中除这样的房间外，也还有顶楼的廉价房间，每月租金约十二元，比普通房间便宜了一半。[①] 由于这些房间处在大屋顶下，没法自然开窗，光线和空气比起正常房间就差了很多。住在宿舍顶上阁楼里手头紧的同学，"天天都到小饭馆里吃一碗面条，或者几个窝窝头"；极端的情况下，有一位手头紧的同学，为了计划好自己的日用开支，大学四年，把一辆祖传的自行车"当当赎赎十多次"。[②]

失乐园，复乐园

　　这种"世界外的一个世界"的美梦却不能长久，1929年燕大正式迁校海淀之后，只来得及送走了五届学生，在黑云压城的内忧外患中，全面抗日战争的烽火已经点燃。1937年7月，燕大教师包贵思在她燕南园的家中向美国朋友报告了"卢沟桥事变"那个月海淀园居的情形：

---

①　陈礼颂:《燕京梦痕忆录》，李素等《学府纪闻·私立燕京大学》，217页。

②　李素:《燕大学生生活》，李素等《学府纪闻·私立燕京大学》，205页。

那一夜我在小园中安睡，在这样一个炎热的夜晚，你能以闪亮的天穹为卧室天顶、绵延的西山为四壁是件很棒的事。我被枪声惊醒了，在睡梦中，它们劈劈啪啪地甚是扰人，我在卧榻上坐起；但是我完全清醒时意识到它们离我还远，一会儿枪声就停了……第二夜我再次被更多的枪声惊醒了，这次是长枪的声音，声音很远。[1]

7月10日，包贵思去城里看牙医，她发现平时洞开的城门只有一扇开着，另有一扇已经用沙袋加固。从此，小园中从未被叨扰过的安稳生活被打乱了，在庭院中的夏眠不再是一种享受，而是情非得已：包贵思半卧在那里的凉床上，整夜地听着重武器开火的声音。

在一个不寻常的时刻，这自成天地的校园现出它脆弱人工构物的原形，它的全部生命其实都寄寓在外界的补给和支持上，而一旦后者受到了威胁，前者也岌岌可危。当动力工厂和水塔都可能不再运作时，包贵思们不得不准备足够的"灯油和蜡烛"，以及一个月的粮食储备。但另一方面，在这危难的时刻，即使美国大使馆已经号召人们撤离海淀，也没有人主动提出要离开学校：

当炮火和机枪声爆发的时候，我们正沿着村子的道路走着，它们是如此之近，以至于我想它们就在这条街上。我们看见大批的难民抢着要进大学的围墙里面去，门摇着

---

① Grace M. Boynton, "At Yenching University, August, 1937," 燕大文史资料编委会编《燕大文史资料》第七辑，31页。

关上了，我的孩子们极度安静，他们看着我，我的意思是我们只能从门上爬过去……大门的小门开了一条缝，我将孩子递进去……我不能明白为什么门外的难民不如法炮制，一拥而入，但他们只是祈求着把大门打开，门不开，他们就待在那里。

……

我依然在我的园中，当我写这封信时，一架日本侦察机正在园子上空盘旋，一队日本士兵就在我们大学的门外。现在燕京的历史将要写下另外的一段篇章了。[①]

他们还腾出房子来竭尽所能地收容了附近的难民。

燕京大学此时成了不折不扣的"孤岛"。

1937年的秋天，燕大照常开学，但不是所有人都履行了大考后在校友桥边握别的赠语"秋季见"，36学号的近两百名学生，现在只剩下六十四位。然而，校园中涌进了一批家庭背景和从前的燕大学生有所不同的穷苦学生，1938级的"新生"，接纳了在沦陷区不想做亡国学生的华北同学，既有新同学，也有客学生（guest student），达到四百人之多。

用学生们自己的话来说，在这个无助严冬来临的时刻，风景不殊，却自有山河之异，他们"如同秋野的枝头一样可怜"，"光秃秃的树梢，挂着疏疏的几片黄叶，摇摇欲坠的姿态，使人心里涌起一个漩

<hr>

[①] Grace M. Boynton, "At Yenching University, August, 1937," 燕大文史资料编委会编《燕大文史资料》第七辑，38—41页。

涡"。"这群熟识的朋友，见面后握握手，脸孔上泛起不自然的笑颜，那欢腾活跃，都要化成蒸汽的心，现在都要结冰了呢!"①

在这样不自由的天地里，"孤岛"却第一次有了正面的意义，在新学期致辞中，司徒雷登别有深意地鼓励他们：

> 燕京不仅是一所大学，盖广义之大学教育，乃在实验室、图书馆以外之共同生活。于不知不觉中彼此互相感化，以造成燕京特有之精神。吾人能完成此种民主集团之精神，始克有为中国公民之资格。
>
> 希望大家预备为将来中国做有用的人，换句话说就是：不把这求学的机会，空空放过去。我们不但不应当悲观，更应当努力奋斗，假使更黑暗，便要更努力。②

在这个特殊的历史时期，这自我封闭的燕园反成了自由的田园，理由和周鲠生赞许武大校园的一样——在日伪统治下这片弥漫的黑暗中，燕京大学的独善其身现在是件好事，20世纪二三十年代一度遭遇困境的基督教，在沦陷时期戏剧性地变得重新具有吸引力了，③日趋浓郁的宗教气氛支持着对前途悲观失望的人们，成就了这校园独守的精神品格：

---

① 《36学号校友纪念刊》，1940年5月9日。
② 同上。
③ 参见沙逸仙提供的《耶稣之友》循环信，《燕京大学三八班入学60周年纪念专刊》，126页。

在这长长的，严冷的冬日里，我们带不来"春天"。我们没有这能力，也没有这野心。我们要说话，我们要歌唱，可是我们的"歌声"也许会很低，很轻，轻得别人连听都听不见……①

国难当头的一刻，原先这仅仅时尚美丽的校园中起了些显著的变化：学生的衣着不再像从前那般时髦讲究，即使家境宽余者也开始关心生活实际；开设在岛亭，帮助学生自助生活的"合作社"有史以来第一次这么红火；在学习之余人们也开始留心园外的世界，贝公楼内墙壁上张贴着的路透社和海洋社的新闻稿旁总是挤满了人，在沦陷区里，这是他们有关中国前途的可靠消息的唯一来源。②

1941年12月8日清晨，燕园之中的钟声突然响了，但那不是上课或是下课，也不是半小时一次的报时，它响个不停，听起来像是警报，它打断了"乐园"中那口古钟多少年来自我承传的时间。

待同学们匆匆赶到贝公楼的礼堂，才发现气氛不对，礼堂里站满了人，讲坛的位置上站着的不是司徒雷登或学校老师，却是一个戴眼镜、挎军刀，身体横宽的日本军官：

最后一次在湖上溜冰，是1941年12月7日……学生则还在按时上班上课，钟亭的大钟每隔半小时依然悠悠敲响。日军突然把学校包围，禁止出入。当时我正在图书馆采编部

---

① 《〈燕京文学〉发刊词》，《燕京文学》，1940年第1卷第1期。
② 《燕京大学史稿》称转贴新闻稿的地点是穆楼。见张玮英、王百强、钱辛波主编《燕京大学史稿》，1296页。

仔细阅读书商送来的善本书样，这个消息如晴天霹雳，使我手足无措。[1]

珍珠港事变后日军侵占燕京大学校园，是燕京大学三十多年历程中遭遇到的第一次重大波折，就像周良彦在36学号校友毕业纪念册中所说的那样，在这时代的巨变中，长袍代替了西装，中国本位的思想在"洋"燕京开始深深扎根。而这仅仅是一切变化的开始。（图36、图37）

1945年抗战胜利之后的燕园，已经完全拥有了左近的土地。它的面积虽大，围墙之内，却已不再是远离尘嚣的"乐园"。在南方，从来没有去过北方的学生们憧憬着"湖光塔影的校园，那个亲王的府邸，钢丝床，自来水"……待燕大复校，到了北京，他们看到的"王侯府邸，美国配备"却在一再飞涨的物价面前黯然失色。此前大油大肉的燕大膳厅，而今摆的是丝糕和窝头，复校后一年之久，全靠政府接济食粮。[2]

"穷学生装满了燕园的课堂，对于富丽堂皇的建筑和校舍，也许是'不调和'的，但这是发人深省的不调和，因为在这个社会里，不调和的事情有的是！今天，也就是'贫穷'和'苦难'在制造着多少高贵而善良的灵魂啊！"[3]

"自力更生"从此成为校园的主旋律。燕大复校后，"英国援华会给了学校一笔钱，限定只准用在给学生购买营养品上，于是学校用这

---

① 劳允荣：《日军进校的那天和翌晨》，《38班入学69周年纪念刊》，91页。
② 同上。
③ 同上。

图 36 珍珠港事变后的燕大被日军占领，改为华北综合调查研究所，曾经担任燕大教
　　　授的周作人一度出任这个研究所的副理事长。在沦陷区度过大学时光的36学号，
　　　毕业纪念册的背景是万里长城

图 37　1940班，"黑暗中的光明"
来源：哈佛大学图书馆。

笔钱买进一批花生米，建了个磨房”，分配自助工作的学生，推磨磨花生酱。参加自助工作的学生“每天下课后，两人一班去推磨，每一星期给同学们分一次花生酱”。[1]

这带着花生酱味道的战后燕大，只是那个时代的一角，《燕大双周刊》说：

> 外中内西的大建筑舒适总算过得去，而且房租也便宜……但今年也发生问题了，复员仓卒，修理不易，求快就不能求好，玻（璃）窗是否按（安）齐，水管是否不漏，大毛病保险不会有的，小的地方可就难说了。再说：学校今年是真穷，物价又这样涨，水力电力这笔挑费相当可观。为了学生读书，停电是不行的，可是，夏天的热水，冬天的暖汽（气），这些享受在今年恐怕仍然得作相当的牺牲。[2]

雕梁画栋的宿舍楼的先进设施，却因为配不上玻璃，供不上热水而形同虚设，迎来了抗战胜利后的第一个寒冷的冬天。1947年以来，由于校园内的左倾学生的活动日益引人注目，军警搜查燕园，激起了学生们的义愤，以及对于中国前途的思索。校工们和自助工作者们的劳动号子成了燕园中新的旋律，麦风阁的狐步舞和绵绵情话，已经被男女青年们的“红着脸争论着，闭着眼睛沉思着服务计划”[3]所取代

---

① 董天民：《燕园杂忆》，燕大文史资料编委会编《燕大文史资料》第一辑，173页。
② 《衣食住行在燕京》，《燕大双周刊》，21期，188页。
③ 《不要介意那“止步”的牌子：男女之间在燕京》，燕京大学学生自治会编《燕大三年》，9页。

了，原先提醒情侣们分手的闹钟的声音再也听不见。

司徒雷登和他的同事们现在处于一个尴尬的地位。燕京大学本不缺乏服务社会的传统。作为中国社会学的发源地，燕京大学社会学系社会服务家庭专题部，曾经对学校周边的社区进行过系统的家庭情况调查，做了翔实的家庭个案研究，并且帮助贫苦居民学习手艺自谋生路；在灾荒年景，燕大的各学生团体，包括学生自治会和"团契"在内，都积极参与社区救济工作。（图38）只是，公是公，私是私，在燕大的美国人看来，二者泾渭分明，例如定义为公共区域的道路，哪怕穿过校园，也不是学校的管理范畴，大家各行其是，无须互相扯皮，私立学校纵然对社会负有责任，但那终究是在有限的范围内。[①]可是，在抗战后中国的独特社会环境下，围墙里面的独立王国到底不合时宜，1945年后燕园墙外的愤怒吼声，或许是那些一开始对要不要围墙都觉得无所谓的燕大教师所始料未及的。

图38　燕京大学社会学系组织的社会实践活动。在当时的中国，对于两个来自迥然不同生活背景的人来说，这样的邂逅还是多少有些戏剧性的

[①]　1926年，从东大地（燕东园）到学校去的路，但凡下雨天就泥泞不堪，作为直接受害者的学校本该及时修理，但深谙中国政府行事风格的学校当局担心的是，一旦他们插手，地方当局会就此赖上他们，再修路的时候，一切就全变成了学校的差事。Gibb to North, 1926/01/22, B332F5080.

燕京大学也本不缺乏学生运动的传统，这在许多材料里都有所反映，"一二·九"运动中进城请愿抗日救亡的学生领袖中，包含分属国共两党阵营的人，据说日后成为一位台湾地区"立委"夫人的燕大女生还曾经带头打着大旗，爬上城门紧闭的城墙。[①] 司徒雷登曾不无自矜地说，（1937年以前）燕大的学生风潮从来没有闹到不可收拾的程度。然而，如果说过去的燕园里还只是有一部分人显得激进，抗战胜利后的这四年，国共政治和军事斗争的白热化却几乎让所有人都不能置身事外。

　　在这时代的狂澜中，就像它那美轮美奂却供给不足的校园一样，燕园内世外桃源的梦境处于一个相当窘迫的境遇中。此时，司徒雷登引以为豪的燕大从未发生严重学潮的纪录并不是光荣，反而是一种耻辱了。

　　1948年春季开始，随着国共内战的加剧，各大专院校之间频繁串联，华北学联举办了平津同学大联欢，动员两城市大中学生七千多人参加，第一天在北大民主广场，第二天便转到清华、燕大，在未名湖边的大体育场进行了声势壮大的集会。那座体育场，也就是博雅塔下的那座男生体育场，它的选址曾经让茂飞和翟伯都着实头痛。燕大迁址海淀初期，未名湖畔还很清冷寂静，体育馆仍在建造之中，这一度没有灯火的古堡似的巨大建筑，曾经让人们不敢在夜晚从它的旁边走过。

　　1948年的那个春日：

<hr />

①　韩迪厚：《司徒雷登略传》，李素等《学府纪闻·私立燕京大学》，110页。

像一支巨流，从早上七点到正午，一辆辆的脚踏车，大卡车在西直门外的公路上络绎不绝。从天津来的南开，北洋，冀工，工商……还有城内的北大，师院，中法，朝阳及各中学的同学……啊，来客有这么多！

燕京同学四百人出动了，在校门口，打着大锣大鼓，兴奋地欢迎他们的四千多伙伴，远道来的嘉宾。

……贝公楼，麦风阁挤满了人……

在未名湖边，在石船，在临湖轩和各楼前的草坪，燕京同学和来访的伙伴们开始小型的联欢会。彼此谈话，一块唱歌游戏，燕园的每一个角落，都充满了春天的歌声和欢笑。[①]

那个"烟雨迷蒙、晓雾残云""西山万寿，画来眼底"的燕园不复平静。

后来……

后来的历史众所周知——1948年年末的冬天，西郊的燕京大学成为北京最早被解放的大专院校之一。1949年上半年，已由燕大校长转任美国驻华大使的司徒雷登，因为燕大和美国政府的特殊关系，戏剧

[①]《春游在燕京：四千青年大联欢》，燕京大学学生自治会编《燕大三年》，91页。

性地见证了一个敏感的历史时刻。[①]（图39）

　　三年后，对于中国教育意义重大的1952年，随着一场全国高等学校的院系调整，燕京大学悄悄地消失了，燕园"变成"了北京大学的校园，在这湖光山色的校园中又陆续发生了许多惊心动魄的故事。经过五十多年的风风雨雨，今天，许多人只知道北大未名湖，却不知道这湖之所以"未名"的原委。

　　自它们的草创算起，这两所学校距今都已有百年的历史，一个世纪后的北大和燕大已经难分彼此。不光燕京大学的师资力量传承在北大的血脉中（如费孝通、侯仁之），燕大的标志性建筑也为北大所继承，如今人们说起北大来，是西校门（燕大校友门），是未名湖畔的塔影天光，北大百年校庆典礼的场地也正是在原燕大女生宿舍间的静园草坪上，相反，倒是马神庙、沙滩、红楼这些个老北大人耳熟能详的名字渐行渐远了。（图40）

　　这种物理遭际的历史流变凸显了某种微妙的意义。从一方面来说，正如这世上大多数人事，自清、自足总是相对、有限的，燕园的虎皮墙所能遮蔽的，也就是一方的风雨，更不用说在这园中发生过那

[①]　1948年4月24日解放军攻克南京前后，司徒雷登依然留在南京，他得到了当时美国国务卿艾奇逊的授权，试图寻找机会和中共接触。在5月和6月，司徒雷登多次和他以前的学生，时任中共南京军管会外事处处长的黄华会晤。黄华在5月13日与司徒雷登首次会晤时向他转达了中共中央的意见，希望美国承认新中国政府。中共在6月通过燕大校长陆志韦写信给司徒雷登。

　　因为这段经过，有一小部分人认为，1949年的共产党中国和美国之间并非没有合作，甚至建立外交关系的可能，因此，许多使得双方付出沉重代价的冲突，如朝鲜战争和越南战争，都可以避免。围绕着在中国出生，并两次陪同美国军事观察组到延安的谢伟思（John Service）的经历所撰写的《在中国失去的机会》就是这种观点的代表，见 Joseph W. Esherick ed., *Lost Chance in China —The World War II Despatches of John S. Service*, Random House, 1974。当然，更多的人认为，这种观点只是一厢情愿。

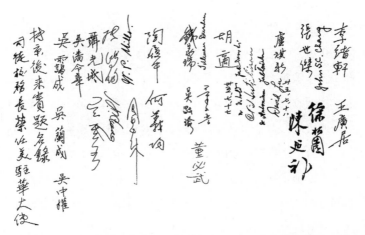

图39　宾客在庆祝司徒雷登出任美国驻华大使的活动上签名，来宾中有周恩来、胡适和董必武，这一事件极大地影响了司徒雷登的命运

图40　北大时期的未名湖

来源：《北京大学》画册。

些意义深远的事件，驻留过举足轻重的人物……从另一方面而言，皇城人海中的那个老北大在已经被牵扯着远离了它曾肩负的时代使命，脱卸了不能承受之重之后，教育的意义还归教育自身，平静的书桌已经成了"学府"二字的首要含义，一个身处围墙之内、有藤萝绿荫环绕的新北大的形象已经为人们所接受。对燕园而言，它并不能算长的历史已经有了"新"和"旧"的细微层次，当新的时代凯歌前行的那一刻，对于那永远留在过去时里的影像，人们产生了回望的留恋，这种时间上的差距感，既是旧时月色的回光返照，也是一种新的文化表达的清楚显现。

这园的物理存在和建筑演变自身，就是一部20世纪中国历史的缩影。

比起宏大的历史叙事而言，燕园的历史自有其感性的、具象的魅力。有时候，这种含蓄的、富于包容的历史，比起抽象的、被剥离了具体情境的概念更能图解中国近现代历史面临的机遇和困境。

桃李不言，下自成蹊。

对大多数燕京大学的校友而言，无论他们在时间洪流中的哪一刻想起燕园，他们的回忆并没有像我们所想那样，带着太多时代的烙印。燕园的景物是美丽的，而它所见证的青春韶光的流逝和成长经历所带来的惆怅，对于这四年一个轮回的"校园"来说，并没有由不同人生世代而引起的差异，有的至多只是被"过去时"淘洗过的柔和影调。

抗战胜利后的苦中作乐：

第一次到燕园我就被陶醉了。多美的校园，多么亲切的老师和同学们！我不是个用功的学生，参加了许多活动，唱诗班、合唱团、"咏团"团契。冬天在湖上滑冰，课外活动跳土风舞……星期天和王宜琛沿湖边一边二重唱一边散步。和胡鉴美去朗润园坐在树枝上吃桑葚，把咀唇都吃紫了！……虽然我很穷，但生活是丰富多彩的，精神很愉快。我成天哼着歌，高高兴兴。[①]

抗日战争时期流亡到成都的燕京人遥望故园：

时光很快地过了五年，那秀丽的湖色，以及在天畔泛起的紫骝色的云霞，仍是如此鲜明地溶在我的记忆中。此刻，我流浪到蓉西光华村，卷起珠帘，依稀见到那久别的湖光塔影，在一缕沉烟里向我招手，我依然看到了青青的岸柳伴着风在泣诉……[②]

或是回忆20世纪二三十年代燕京大学的黄金时代：

月已上兮柳梢头，人未来兮黄昏后。于是革履咯咯，徘徊于女校门前；电铃叮叮，叫喧于寝室窗外。偕爱侣兮闲

[①] 林美庆：《怀念燕京》，燕京大学45—51级同学《雄哉！壮哉！燕京大学：1945—1951级校友纪念刊》，349页。

[②] 秦佩珩：《埋情记》。转引自滕茂椿《沦陷期间的燕大经济系（1937—1941）》，燕大文史资料编委会编《燕大文史资料》第九辑，254页。

步，笑语轻轻；邀良朋兮共酌，谑浪声声。时逢日曜，驰车兮结队进城；每当休假，骑驴兮联辔郊行。风飘飘兮衣香馥馥，尘滚滚兮帽影亭亭。乘良辰兮行乐，对美景兮赏心。春秋佳节，丽日晴天，神游功课之外，魂销静美之境，浪漫逍遥，从未感流光之易逝也。①

"造园"的起点在1922年。那"造园"之初有个独特的奠基仪式："女生主任带去一个 Metal Box（金属盒子），她把每件东西都给我们看，然后放在盒子内。其中有一张我们全体签名的纸，还有很多照片，盒子盛满、封固，把盒子放在右角的地基上。大约要等贝公楼拆建时，才可以取出那盒子。"②

如果有谁曾目击燕园在1922年初建的情景，他一定会意识到，这校园并不是从来如此。未名湖边葱茏的树木，有一些是从和珅的笙歌绮梦里遗落，有一些是在茂飞规划校园时植下，有一些则是在北大的经营中入据了芜草蔓生的空地，大多数树木是这八十年内逐渐覆盖校园的，有一些却是在更晚近一些时候长成。1922年校园植树运动（图41）以来在湖边扎根的这些树木，见证了许多我们在文中来不及细表的重大历史事件，1926年和刘和珍一同被北洋政府枪杀的魏士毅烈士的纪念碑，曾经目睹了这些树木的成长；1925年，诺思还在给翟伯的信中提到，希望随着时间的增长，"那些（建筑）僵硬的线条终将

---

① 李素：《燕大学生生活》，李素等《学府纪闻·私立燕京大学》，208页。
② 钟文惠：《回忆七十二年前的燕京大学》，燕大文史资料编委会编《燕大文史资料》第九辑，14页。

会淹没在灌木丛中"[①]。

图41　迁校伊始的植树运动

当树木开始生长的时候，平芜的土山逐渐变得丰茂，这中间有人工的堆砌，更多的是岁月里沉积的尘土。（图42）

只是这一切从表面上已经看不出什么端倪：

> 嗨，懒人、穷人，都不必发愁！偌大的未名湖便是消闲遣闷，调剂生活，澡雪精神，及寻章觅句的最佳去处。霞光映照之下，四面楼阁辉煌，波光潋滟。沿岸有杂花璨彩，垂柳摇风，有岛亭娇俏，塔影玲珑。湖中展出千变万化的彩画，晴雨不同，昼夜各异，都足以悦目怡情。并且可以持竿垂钓，或嬉水浮游。[②]

---

① North to Gibb, 1925/11/25, B332F5079.
② 李素：《燕大学生生活》，李素等《学府纪闻·私立燕京大学》，206—207页。

图42 通过几代人的种植和呵护，未名湖最终变成了一个"更亲密和个别的，更私人和休闲"的场所，从这幅照片中可以看出，湖畔没有铺设机动车道，使得六七个女生可以走成一排

胡适在评论司徒雷登的传记的时候说："作为一个对燕京大学有兴趣并关注它成长的朋友和邻居，我觉得司徒博士的成功主要在以下两方面。首先，他和他的同事们，白手起家地策划并建立了一所规模完整的大学。它是中国13所基督教大学中最好的一所，也是校园最美丽的学校之一。其次，在致力于中国研究的哈佛大学燕京学社的帮助下，他逐渐建立的这所梦想中的大学成为中国所有基督教大学中中国研究方面最杰出的学校。"①

将"校园最美丽的学校之一"和致力于"中国研究"的卓越表现联系在一起。胡适的评语绝非偶然。对中国近代高等教育草创时期所发生的一切，校"园"和"造"园是一对理想的、绝妙的象征。

---

① 胡适：《〈在华五十年：从传教士到大使——司徒雷登回忆录〉引论》，[美]司徒雷登著，陈丽颖译《在华五十年：从传教士到大使——司徒雷登回忆录》，文前3页。

尾 声

一部未完结的历史

1990年，北京市人民政府确定"原燕京大学未名湖区"为文物保护单位——以一个其实多半是人工营就的小"湖"作为保护对象，这大概是全国也少见的一个现象。那块在未名湖畔树起的石碑上镌刻着如下文字：

（正面）

北京市文物保护单位

原燕京大学未名湖区

北京市人民政府

一九九零年二月二十三日公布

北京市文物事业管理局一九九零年十月立

（背面）

该区主要建筑有校门、科学实验楼、办公楼、外文楼、图书馆、体育馆、临湖轩、南北阁、男女生宿舍、水塔及附属园林小品等。整组建筑采用中国传统建筑布局手法，结合原有山形水系，注重空间围合及轴线对应关系，格局完整，区划分明。建筑造型比例严谨，尺度合宜，工艺精致，是中国近代建筑中传统形式与现代功能相结合的一项重要创作，具有很高的环境艺术价值。

侯仁之撰稿

这短短的文字之中充满着未完满解决或解释的矛盾：一个其实多半是人工营就的小"湖"，成了一群"建筑"历史保护的缘起——但是"园林小品"最终却是附属设施；整组"造型比例严谨，尺度合宜，工艺精致"的建筑，"注重空间围合"的同时仍有着"轴线对应"的关系，这着意于"传统形式与现代功能相结合的"建筑，它的最终价值却是"环境艺术"方面的……

当越来越多的人已不可能安居于前现代中国的环境时，燕大校园规划设计的价值怕不仅仅在于它的折中中西，"一塔湖图"也谈不上是放之四海而皆准的样板。当历史介入生活时，它不是符号的组合，或博物馆里供瞻仰的偶像，而是活生生的社会情境的载体和社会实践运作的场所。建筑史书写，或历史保护的意义并不在于指定规范，或不加区分地认同过往为理想，而在于从历史变迁，尤其是新旧交替之际的有趣现象里找到积极的意义。

这部历史并未完结。

旧日的先锋变成了古董，转型时期的实验成为今日的经典，由此有了文化的沉积。一方面，这沉积构成了一种误读，指认燕园"古色古香"和"民族样式"的同时，观览者已不在意那水泥砌就的斗拱已全然不反映木构既有的结构逻辑，忘却了燕园其实是中西文化邂逅的产物；另一方面，"燕园"或"校园"，这20世纪内新生的事物，又确乎是中国传统的延续，它甚至距离我们传统上以苏州园林和北方官式园林为圭臬的中国园林文化也并不遥远。

特别地，当苏州园林由私居变成空园，皇家园林成了博物馆，仍然充满年轻人的朝气的燕园代表着一种活的传统。一方面，这种传统能动地吸收新的空间经验，另一方面，这种传统也必然受制于随时变动的社会情境。

从1958年开始，北京大学的扩大发展显然大大改变了一度不过千人的燕京大学的既有图景（图1），这种改变曾经被图解为向过去时代的告别：

> 北京大学的校园，是北京西北郊旧日有名的苑林
> 区……1920年以后，美国教会办的燕京大学利用这一带苑

图1　1957年由校园东侧鸟瞰。从这一年开始，新迁入的北大在东、南两侧经历了大规
　　　模的校园改扩建
来源：《北京》画册。

林旧址，兴建校舍，于是过去的封建贵族优游享乐之所，又成为帝国主义文化侵略的据点。

自从 1952 年以来，校园进行大规模的扩建，新增加的校舍建筑面积约有 21 万平方公尺，相当于燕京大学原有校舍的建筑面积的两倍。先后建筑起来的学生宿舍，阅览室及饭厅等共计 42 幢……①

相对于那个从校友门进出的"西门的燕园"，1958 年开始骤然加快建设的北大校园，或许可以被称为"南门的燕园"。（图 2、图 3）随着校园南部学生宿舍和东部新教学楼的扩充，这个时期的燕园有了一条从新的南门进出的轴线，它串起了一系列排列在它两边的教学和生活建筑，并穿越燕大女校校园，最终到达象征着燕园历史之初的西门。20 世纪 70 年代末建起的体量巨硕的图书馆，其高度超越了燕大校园内除了博雅塔外所有的建筑物，成为这个时期建设的顶峰，也为风格上更剧烈的变化做了承前启后的铺垫。（图 4）

20 多年前在燕园生活过的人，很多人或许还记得那著名的"南墙现象"——1993 年 3 月 4 日，北大拆掉南墙建起了一条招商引资的商业街；2001 年 4 月，北大又决定重建八年前的南墙，两次都成为媒体关注的重要新闻，只是前后墙外的风景殊异。关于 20 世纪 90 年代"南门燕园"时代末墙外的世相，北大 95 级学生江南的小说《此间的少年》开头曾有这样一段生动有趣的描写：

---

① 《北京大学》画册引言。21 万平方公尺即 21 万平方米。

图2　由燕京大学工学院学生自行测绘的校园总图

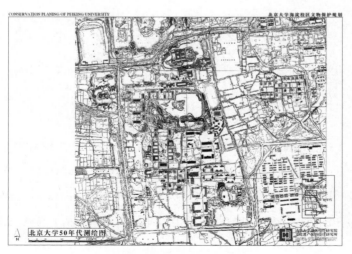

图3　北京大学20世纪50年代测绘图

来源：清华大学建筑学院。

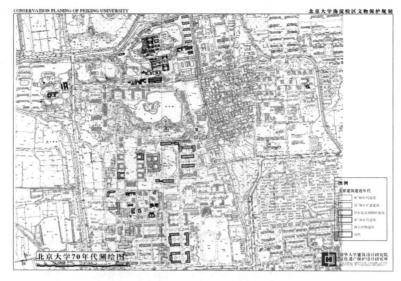

图4　北京大学20世纪70年代测绘图
来源：清华大学建筑学院。

　　郭靖骑自行车来到汴京大学门口，刚一停住，立马就有七八条黑影从不同方向围了上来，问："光盘要吗？""要游戏吗？""软件游戏毛片嘞。"而几分钟前，他们都还是行人和抱着小孩的妇女。[①]

　　今天的燕园，也就是以1998年翻新后的新图书馆为标志的燕园，或许可以称为"东门的燕园"，东门外一条大道——同时也是新的东门轴线，东连清华南门和五道口的城铁站，向西直通向那座比博雅塔还高出一头的新图书馆。"南门燕园"时代，那些风格上与燕大旧建

仍有所勾连的北大新构，或许表明人们尚犹疑于两个时代建筑之间的关系。但到了"东门燕园"风风火火拔地而起的时候，人们似乎已经没有多少犹豫的时间。为席卷的时代潮流付出代价的不仅仅是东门外的拆迁户，还有承载着许多历史记忆的成府街。

西—南—东——和一般规划的形式逻辑不同，三条盛大的轴线，都戏剧性地没有贯穿校园，而是各自形成了自己的"势力范围"。现在，只剩下一个方向了，但北大或许永远也不会有一个北门，北校墙外是一片注定不能再发展的区域——圆明园已经在20世纪80年代进一步巩固了它作为中国独一无二的巨型"遗址公园"的地位，于是，任何新的意义，都不易从校园的北部取得了，这反倒使得燕园北部的旧园林得以保全。燕园北边巨大而寂寞的风景，连同西门内外的小桥流水、低矮平房，南门槐荫下的筒子楼式样的学生宿舍，它面对的单元住宅楼，以及东门外那片极为开阔的草坪，和体量巨硕而孤落的新教学楼，恰恰构成一部历史。

在这一切的中间，躲藏着那"未始有名"的小湖。

今天，有许多对北大之"大"充满兴趣的人络绎不绝地造访这小湖，要把它腾挪到中国文化风景的中心。这些人或许不会满足于这本书里所得到的结论：有名是因为未名，而无名更胜过盛名。这小湖之畔确乎走过了许多赫赫有名的人物，如司徒雷登，如冰心，如钱穆，"未名"二字的含义，因为这种光环而显得欠缺说服力。在北大，这湖水也曾经掀起许多惊心动魄的波澜，惊心动魄的程度与它物理上的"小"不大相称，但是托起这些波澜的水底的青泥与湖里的水藻，却是被渐渐地忘却了。

在未名湖诞生后的六十余年，有一个由湖边一路走来的不起眼的老人，却对这泓湖水有着比众多名人更清醒、更深刻的议论。而引起她这番思绪的，是一个二十年前就已逝去的燕京亡友，一位曾经漫步在这湖畔的莎士比亚专家，前北大西语系教授吴兴华（图5）。在群星璀璨的光芒下，或许少有人追怀那些因为种种原因被忘却的逝者。这个曾经被夏志清誉为20世纪中国最有学养的知识分子的代表[1]，才华与钱锺书比肩（王世襄语）的燕大校友，是第一个将詹姆斯·乔伊斯的《尤利西斯》译介到中国的人：

　　　　他的精神天地就象（像）我们校园里的未名湖一样，波平似镜，深浅可知；而随着时令和气候的变化，风霜雨雪，自有难以描绘的千姿百态，不测之际，也能使人灭顶。一个摄影者来到湖畔，可以从这个或那个角度，拍摄水塔的朦胧倒影，花树掩映的岛亭，或是阅尽人间沧桑的石舫。[2]

图5　吴兴华

①　参见杜庆春《吴兴华：逝去的人是沉默的森林》，《中华读书报》，2005年8月10日。
②　郭蕊：《从诗人到翻译家的道路：为亡友吴兴华画像》，燕大文史资料编委会编《燕大文史资料》第二辑，236页。

这个老人喃喃自语着，她知道，很多人心目中的湖光山色和她的印象是不同的。在她的心目中，往事就像湖中的倒影一般历历在目，但是她心里想到的不仅仅是历史的某个瞬间，而是千万个同时在她心中涌起的影像，就像眼前的这一泓并不深的湖水，随着"时令和气候的变化"，随着风霜雨雪自然呈现出千姿百态，使得任何描摹的文字都黯然失色。

她忽然想到了一种新的发明——全息摄影，这种摄影据说是利用光波的干涉特性进行"立体显像"，它所拍摄的东西不再是平板，而是从各个不同的角度看起来都栩栩如生：

　　但是谁能为吴兴华拍下全息艺术摄影呢？只凭我的几笔素描，会不会给别人，给后代留下一个错误的印象？①

——她走累了，便坐在未名湖南岸的花神庙前小憩，她凝望着波光粼粼的湖水，心中涌现出一种沉重的历史感。

① 郭蕊:《从诗人到翻译家的道路：为亡友吴兴华画像》，燕大文史资料编委会编《燕大文史资料》第二辑，236页。

尾声　447

后 记

　　这本书的性质属于"个案研究"（case study）。一些性子急的人可能会直接看这书的结论。然而，以《中国建筑 × ×》为名的大书已经很多，以论代史的"脑筋急转弯"式的建筑批评书籍也不算很少，前者往往不太着意历史叙述的细节，而后者也易建成一厢情愿的空中楼阁，这本书的意图是对这两种写作的形式进行一点调和，它有三个隐含的目标：一是交代清楚基本的史实，二是讲好一个"故事"，三是提出一些有意义的理论问题。

　　为了照顾一般中国读者的兴趣，为了使本书阅读起来不至于过于拖沓、枝蔓太多，对一些不是十分重要的，人所周知的材料，处理上稍稍简略了一些，对一般读者无意义的详细资料检索，也尽量从略。

　　最后，本书的一大特色是使用了百余张与正文内容密切相关的图片，这种形象的资料，或许会使人们从未名湖的物理遭际里，感性地认识到历史变迁的意义，视觉表现本身所引起的兴趣，也部分地说明了这本书的一些观点。

　　在本书写作的过程中，除了三联书店郑勇兄的长期支持与鼓励，我还受到了许多熟识或不曾谋面的前辈的悉心指点、帮助和启发，他们的经验和著作使我受益良多。这些前辈和师友包括，但不止于曾经赐予我负笈燕园机遇的乐黛云、陈跃红和孟华老师，亦师亦友的朱青生老师，曾经见证燕大发展历史的卢懿庄、傅铎若女士，在美术史、中美关系史等方面卓成大家的巫鸿老师、菲利普·韦斯特（Philip West）教授，研究中国近代建筑史的著名学者郭伟杰教授、董黎教授，慷慨借阅参考书籍的李卉女士，以及同是北大毕业的家兄唐克培。更不用说，这本书里饱含着我的父母、岳父母和我妻子长久的理解、宽容和支持。对于我本人的疏落和浅陋之处，我将文责自负，但这本书若有些许可取之处，我愿意借此向他们表示由衷的感谢。我本人并没有在那个时代生活过，错漏之处在所难免，还请广大燕大、北大的老校友们，以及研究中国近代建筑史的专家们指正。

最后，请允许我作一个俗气的"奉献"，此书不仅仅献给曾在这园中生活过的燕大和北大校友，更重要的是，它献给那些和我们共享这校园所象征的理想的人。当年没有一部自己相机的我，没能拍下太多那个时代的影像，但军机处的小饭馆或成府街流逝的青春记忆，这生机勃勃的"北大边上"的历史，相信有许多人和我们在回忆中共享。

2008年

2019年略订

再版补记

　　很高兴，《从废园到燕园》能成为拙作中首种再版者，它验证了那句格言——"书籍自有命运"乐观的一面。很多人误以为本书改编自我的博士论文，其实它只是1999年夏天开始的一项普通研究论文写作计划，始于我在芝加哥大学艺术史系就读博士期间的一项基本学业要求。但是，这篇论文却为我未来的写作生涯指明了一个方向：那些朴素的好奇心，往往成为意义更重要的探究的驱动力。或者，具体而言，这本书的起点，实在仅仅是一个富于魅力的空间，是1992年夏天我懵懂间看到的神秘而美好的未名湖，那时的我还没有能力想象它复杂的起源，也无从感性地理解这校园绝不算短的历史。

　　更重要的是：在中国的土地上兴建一所崭新的大学，这样的计划并不仅仅是历史。近年以来，我个人就已经目睹了好些新兴的高等教育机构应运而生，甚至参与了部分校园建设工作。这其中既有触目所及的成就，也有很多失去的机遇。一所杰出的大学存在的意义不仅是解决了若干年轻人的就业问题，它实则关系到一个国家的伟大前程，一个古老文明尚未被充分唤醒的心智潜力——连带"校园"，大学教育的"容器"，也往往成为一个人一生中最值得回忆的梦境般的所在。显然，这样大的话题，实在并非我的研究能力可以驾驭。本书讨论的绝大部分议题都是物质文化层面的，我的写作框架，主要还是经由燕京大学校园建设的史实架设，但是如果说我对于前述的那些重大命题毫无思绪，那确实也不是最初写作本书的实情。

如果有很多人抱有同样的好奇心，那么即使一个貌似小众的题目也能拥有好几代的读者。我是幸运的，不光是对燕京大学和北京大学的校史有兴趣的人，就连关心其他一般话题（比如园林史、中国近现代历史、中国近代建筑史，甚至北京史、中国近代传教史……）的读者们，也给了我很多的赞美与鼓励。就他们中间有些人更为"专业"的兴趣而言，遗憾的是，在这个版本中我并未有机会逐一"改订"那些不尽如人意的地方，源源不断浮现的新史料，有待进一步辨析的疑难问题，都已经超越了我目前的所能。在实践工作、新的写作兴趣与其他琐务之间，我的现实选择是让新书更易读，体例更合理，插图更清晰，错漏尽可能更少，以减初版不够周全之憾。

在原始资料大量流失的状况下，广西师范大学出版社的同事们殚精竭智，与我共同审读原稿，历经各种困难，使得本书的再版变成可能，在此谨致谢意。余不一一赘述。

2020 年 9 月 13 日，深圳

主要参考书目

Bettis Alston Garside, *One Increasing Purpose: The Life of Henry Winters Luce*, New York: F. H. Revell Co., 1948.

Bernard Rudofsky, *Architecture Without Architects: A Short Introduction to Non-Pedigreed Architecture*, Albuquerque: University of New Mexico Press, 1987.

Carol Willis, *Form Follows Finance: Skyscrapers and Skylines in New York and Chicago*, New York: Princeton Architectural Press, 1995.

Dana Cuff, *Architecture: The Story of a Practice*, Cambridge: The MIT Press, 1992.

David Strand, *Rickshaw Beijing: City People and Politics in the 1920s*, Berkeley: University of California Press, 1989.

Dwight W. Edwards, *Yenching University*, New York: United Board for Christian Higher Education in Asia, 1959.

Gin-Djin Su, *Chinese Architecture: Past and Contemporary*, Hong Kong: Sin Poh Amalgamated (H.K.), 1964.

Ellen Widmer and Kang-i Sun Chang, eds., *Writing Women in Late Imperial China*, Stanford: Stanford University Press, 1997.

Helen H. Robbins, *Our First Ambassador to China*, London: J. Murray, 1908.

Jeffrey W. Cody, *Building in China: Henry K. Murphy's "Adaptive Architecture," 1914–1935*, Seattle: Chinese University Press, 2001.

Joachim Wolschke-Bulmahn ed., *Nature and Ideology: Natural Garden Design in the Twentieth Century*, Washington D.C.: Dumbarton Oaks Research Library and Collection, 1997.

John Dixon Hunt, *Greater Perfections: The Practice of Garden Theory*, Philadelphia: University of Pennsylvania Press, 2000.

John Harris and Michael Snodin, *Sir William Chambers: Architect to George III*, New

Haven: Yale University Press, 1996.

John J. Donovan, ed., *School Architecture: Principles and Practices*, New York: Macmillan, 1921.

Jonathan D. Spence, *The Chan's Great Continent: China in Western Minds*, New York: W. W. Norton & Company, 1998.

Joseph W. Esherick ed., *Lost Chance in China—The World War II Despatches of John S. Service*, New York: Random House, 1974.

Malcolm Andrews, *Landscape and Western Art*, Oxford: Oxford University Press, 2000.

Paul Decker, *Chinese Architecture, Civil and Ornamental*, printed for the author, and sold by Henry Parker and Elirabeth [sic] Bakewell, opposite Birchin Lane, Cornhill; H. Piers and Partner, at Bible and Crown, near Chancery-Lane, in Holborn, 1759.

Philip West, *Yenching University and Sino-Western Relations, 1916–1952*, Cambridge: Harvard University Press, 1976.

Robert Goldwater and Marco Treves eds., *Artists on Art*, New York: Parthenon Books, 1974.

［法］阿兰·佩雷菲特著，王国卿、毛凤支、谷昕、夏春丽、钮静籁、薛建成译：《停滞的帝国——两个世界的撞击》，北京：生活·读书·新知三联书店，1993年。

北京市规划委员会、北京城市规划学会主编：《长安街——过去·现在·未来》，北京：机械工业出版社，2004年。

冰心：《冰心选集》，北京：人民文学出版社，1979年。

陈平原、王德威编：《北京：都市想像与文化记忆》，北京：北京大学出版社，2005年。

［美］陈毓贤：《洪业传》，北京：商务印书馆，2013年。

程谪凡编：《中国现代女子教育史》，上海：中华书局，1936年。

董黎：《中国教会大学建筑研究》，珠海：珠海出版社，1998年。

［美］费慰梅：《梁思成与林徽因》，北京：中国文联出版公司，1997年。

［日］服部宇之吉等编，张宗平、吕永和等译：《清末北京志资料》，北京：北

京燕山出版社，1994年。

葛兆光主编：《走近清华》，成都：四川人民出版社，2000年。

何重义、曾昭奋：《圆明园园林艺术》，北京：科学出版社，1995年。

洪业：《勺园图录考》，《哈佛燕京学社汉学引得丛刊》特刊第五号，1933年。

侯仁之：《侯仁之文集》，北京大学出版社，1998年。

侯仁之：《燕园史话》，北京：北京大学出版社，1988年。

焦雄：《北京西郊宅园记》，北京：北京燕山出版社，1996年。

李楚材：《帝国主义侵华教育史资料》，北京：教育科学出版社，1987年。

李素等：《学府纪闻·私立燕京大学》，台北：南京出版有限公司，1982年。

李素：《燕京旧梦》，香港：纯一出版社，1977年。

李允鉌：《华夏意匠——中国古典建筑设计原理分析》，天津：天津大学出版社，2005年。

梁思成：《梁思成文集》，北京：中国建筑工业出版社，1984年。

梁思成：《中国建筑史》，天津：百花文艺出版社，1998年。

梁思成：《拙匠随笔》，北京：中国建筑工业出版社，1991年。

梁思成主编，刘致平编纂：《中国建筑艺术图集》，天津：百花文艺出版社，1999年。

林立树：《司徒雷登调解国共冲突之理念与实践》，台北：稻香出版社，2000年。

史明正著，王业龙、周卫红译：《走向近代化的北京城》，北京：北京大学出版社，1995年。

［美］司徒雷登著，陈丽颖译：《在华五十年：从传教士到大使——司徒雷登回忆录》，上海：东方出版中心，2012年。

唐鲁孙：《故园情》，桂林：广西师范大学出版社，2004年。

童寯：《江南园林志》，北京：中国建筑工业出版社，1984年。

汪荣祖：《追寻失落的圆明园》，南京：江苏教育出版社，2005年。

王伟杰、任家生、韩文生、马振玉、李铁军编著：《北京环境史话》，北京：地质出版社，1989年。

王毅：《园林与中国文化》，上海人民出版社，1990年。

肖东发主编：《风物：燕园景观及人文底蕴》，北京：北京图书馆出版社，

2003年。

谢凝高、陈青慧、何绿萍:《燕园景观》，北京：北京大学出版社，1988年。

燕大文史资料编委会编:《燕大文史资料》一至十辑，北京：北京大学出版社，1988—1997年。

杨廷宝著，齐康记述:《杨廷宝谈建筑》，北京：中国建筑工业出版社，1991年。

[美]宇文所安著，郑学勤译:《追忆：中国古典文学中的往事再现》，北京：生活·读书·新知三联书店，2004年。

袁行霈主编:《国学研究》第一卷，北京：北京大学出版社，1993年。

张玮英、王百强、钱辛波主编:《燕京大学史稿》，北京：人民中国出版社，1999年。

中国建筑学会建筑历史学术委员会主编:《建筑历史与理论》第二辑，南京：江苏人民出版社，1982年。